THILO URATZ

Heidelberger Taschenbücher Band 180

Walter Borchardt-Ott

Kristallographie

Eine Einführung für Naturwissenschaftler

Mit 140 Abbildungen

Springer-Verlag
Berlin Heidelberg New York 1976

Dr. Walter Borchardt-Ott, Westf.-Wilhelms-Universität,
Institut für Mineralogie, Gievenbecker Weg 61, 4400 Münster

ISBN 3-540-07771-5 Springer-Verlag Berlin Heidelberg New York
ISBN 0-387-07771-5 Springer-Verlag New York Heidelberg Berlin

Library of Congress Cataloging in Publication Data. Borchardt-Ott, Walter, 1933 – Kristallographie. (Heidelberger Taschenbücher; 180). Bibliography: p. 1. Crystallography. I. Title. QD905.2.B7 548 76-28351.

Printed in Germany

Satz, Druck und Bindearbeiten: Carl Ritter & Co., Wiesbaden

Vorwort

Dieses Buch ist aus einer einstündigen Kristallographie-Vorlesung entstanden, die ich seit Jahren speziell für Chemiker, aber auch für Physiker und andere Naturwissenschaftler der Anfangssemester halte. Ich hatte dabei immer Schwierigkeiten, den Studenten ein Buch zu empfehlen, das den Inhalt der Lehrveranstaltung behandelt.

Es ist für Hörer einer Kristallographie-Vorlesung erfahrungsgemäß schwierig, dreidimensionale Gebilde wie Raumgitter oder Kristallstrukturen, die als Modell auf dem Hörsaaltisch stehen oder mit einem Tageslichtprojektor an die Wand projiziert werden, schnell und einigermaßen genau mitzuskizzieren. Hat der Hörer die Abbildungen bereits vor sich liegen, so kann die Lehrveranstaltung erheblich effektiver gestaltet werden. Existiert zu den Abbildungen noch ein Text, so ist es dem Studenten möglich, sich voll auf den Vortrag zu konzentrieren, ohne mitschreiben zu müssen. Aus dieser Überlegung heraus habe ich ein Skriptum zur Vorlesung angefertigt, das nun verbessert als Buch herausgegeben wird.

Der Text des vorliegenden Buches ist nur geringfügig gegenüber meinem Vorlesungsmanuskript erweitert worden. Dem größten Teil der Kapitel sind Aufgaben hinzugefügt, die z.T. in den parallel zur Vorlesung abgehaltenen Übungen erprobt worden sind. Da das Buch sich an die Studierenden der Anfangssemester richtet, ist es verhältnismäßig elementar gehalten; auf großen mathematischen Aufwand wurde verzichtet.

Naturgemäß kann in diesem Rahmen das Gesamtgebiet der Kristallographie nicht abgehandelt werden. Es mußte eine Auswahl aus den Teilgebieten der Kristallographie getroffen werden, die für den Naturwissenschaftler besonders interessant sind.

Den größten Raum nimmt die geometrische Kristallographie ein. Dabei wurde Wert auf das Erkennen von Zusammenhängen gelegt. Auf die Kristalloptik mußte leider verzichtet werden, weil eine auch nur einführende Darstellung dieses Teilgebiets den Rahmen dieses Buches gesprengt hätte. Auch andere Gebiete der Kristallographie konnten nicht in dem Maße behandelt werden, wie sie es eigentlich verdient hätten. Hierzu sind dann aber zahlreiche Angaben im Literaturverzeichnis enthalten.

Wer sich mit Kristallographie befaßt, muß sich darüber im klaren sein, daß die Beschäftigung mit dreidimensionalen Gebilden viel Geduld, Sorgfalt und Nachdenken erfordert. Es ist wichtig, daß das räumliche Vorstellungsvermögen entwickelt wird. Man muß in der Lage sein, aus den perspektivischen Abbildungen und Projektionen die wesentlichen Informationen herauszulesen. In den Aufgaben wird auch der Bau von Modellen angeregt. Man sollte sich dieser Mühe nicht entziehen, da diese Modelle das Verständnis außerordentlich erleichtern können.

Herrn Prof. Dr. H. KIRSCH möchte ich für sein förderndes Interesse und Herrn Prof. Dr. H.U. BAMBAUER für Anregungen und Hinweise herzlich danken. Mein Dank gilt auch Herrn Prof. Dr. W. FISCHER, Frau Dr. E. KOCH und Herrn Prof. Dr. R. MATTES, die das Manuskript kritisch durchgesehen haben. Den Herren Dr. J. LÖNS, Dr. H.E. NAGER und Dr. P. SEIDEL, die seit Jahren mit mir die Übungen zu der obengenannten Vorlesung abgehalten haben, sei für viele Diskussionen gedankt. Der überwiegende Teil der Abbildungen wurde dankenswerterweise von Herrn Ing. (grad.) H.D. MAURY gezeichnet. Schließlich möchte ich meiner Frau Dank sagen, die mit viel Geduld das Manuskript geschrieben hat.

Herrn Prof. Dr. H. STRUNZ (Berlin) danke ich für die freundliche Genehmigung, einige Abbildungen aus seinen Lehrbüchern verwenden zu dürfen.

Münster, Herbst 1976 W. BORCHARDT-OTT

Inhaltsverzeichnis

Einleitung

Im Mittelpunkt der Kristallographie steht ein Objekt, der *Kristall*. Die Kristallographie beschäftigt sich mit den Gesetzmäßigkeiten des kristallisierten Zustandes der festen Materie, der Anordnung der Bausteine in den Kristallen, den physikalischen und chemischen Eigenschaften, der Synthese und dem Wachstum der Kristalle.

Kristalle spielen in vielen Disziplinen eine Rolle, in Mineralogie, Anorganischer Chemie, Organischer Chemie, Physikalischer Chemie, Physik, Metallkunde, Werkstoffwissenschaften, Geologie, Geophysik, Biologie usw.. Diesen Zusammenhang erkennt man vielleicht noch besser, wenn man einmal zusammenstellt, wo überall Kristalle auftreten: Praktisch alle natürlich gebildeten Festkörper (Mineralien) sind Kristalle. Dazu gehören auch die Rohstoffe für die Chemie, z.B. die Erze. Ein Felsmassiv besteht in der Regel aus Kristallen unterschiedlicher Art, ein Eisberg dagegen aus vielen kleinen gleichartigen Eiskristallen. Fast alle festen anorganischen Chemikalien sind kristallin, auch viele feste organische Verbindungen haben einen kristallinen Aufbau, z.B. Naphthalin, Benzol, Zellulose, Eiweiße, Vitamine, Kautschuk, Polyamide. Die Metalle und die Legierungen, die Keramiken, die Baustoffe bestehen aus Kristallen. Die Hartsubstanzen der Zähne und Knochen sind kristallin. Der Verkalkungsprozeß der Gefäße und Muskeln im menschlichen und tierischen Körper ist auf Kristallbildungen zurückzuführen. Viele Viren haben einen kristallinen Aufbau.

Diese Aufzählung könnte noch beliebig weiter fortgesetzt werden, aber es ist wohl klar geworden, daß fast alle Substanzen, die man allgemein als fest bezeichnet, kristallisiert sind.

1. Der Kristallzustand

Das Erscheinungsbild der Kristalle ist außerordentlich vielfältig, aber alle Erscheinungsformen sollten sich auf ein Grundprinzip zurückführen lassen. Es ist daher notwendig, sich mit dem Kristallzustand an sich auseinanderzusetzen. Dazu sollen zunächst einige typische Kristalleigenschaften diskutiert werden:

a) Viele Kristalle besitzen nicht nur ebene Begrenzungsflächen, sondern bilden im Idealfall auch regelmäßige geometrische Formen aus (Abb. 1.1–1.3).

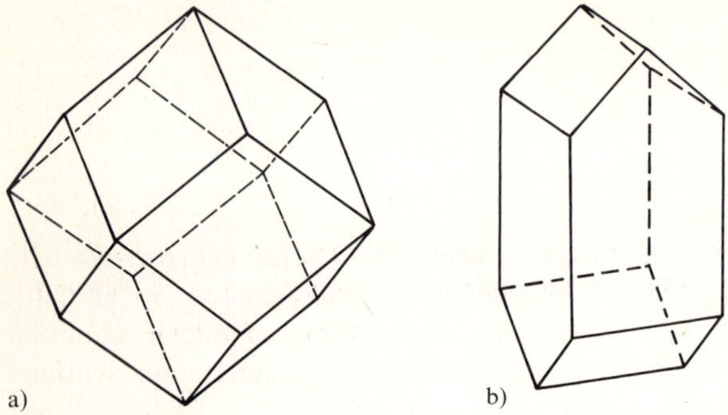

Abb. 1.1. Granat-Kristall als Rhombendodekaeder (a), Vitamin B_{12}-Kristall (b)

b) Zerschlägt man bestimmte Kristalle (z.B. NaCl), so zerfallen sie in geometrisch gleichartige Körper mit ebenen Begrenzungsflächen, beim NaCl in kleine Würfel. Diese Eigenschaft nennt man *Spaltbarkeit*, und sie ist nur für Kristalle typisch.

c) Durchstrahlt man eine Glimmer-Kristallplatte mit linear polarisiertem Licht[1] und dreht sie senkrecht zum Lichtstrahl, so erfolgt eine Farbänderung. Die Absorption des Lichtes ist in unterschiedlichen Richtungen des Kristalls ungleich. Diese Erscheinung wird als *Pleochroismus* bezeichnet.

d) Ritzt man unter sonst gleichen Bedingungen einen Disthen-Kristall mit einem Diamant-Kristall, so entsteht parallel zur Längsrichtung des Kristalls eine tiefe, senkrecht dazu aber nur eine schwache Ritzspur (Abb. 1.2). Dieser Kristall ist in den genannten Richtungen unterschiedlich hart.

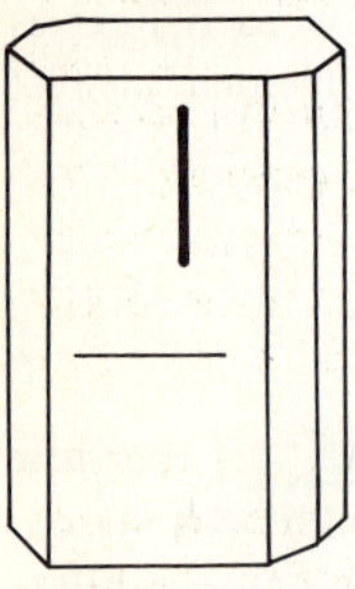

Abb. 1.2. Disthen-Kristall mit Ritzspuren zur Veranschaulichung der Härteanisotropie

[1] Das Licht schwingt nur in einer Ebene

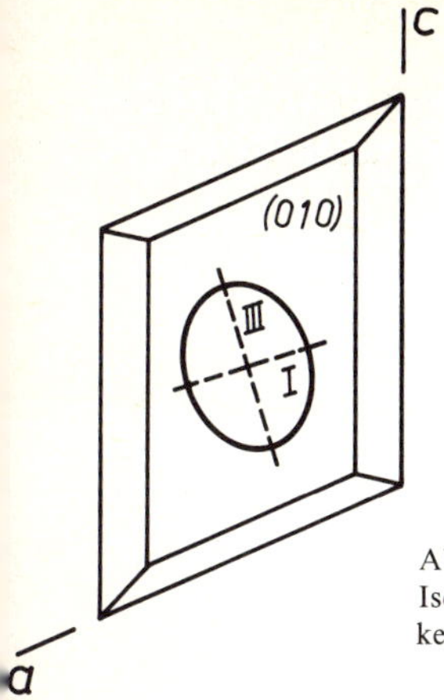

Abb. 1.3. Gips-Kristall mit Wachs-Schmelzwulst. Die Ellipse stellt eine Isotherme dar und charakterisiert die Anisotropie der Wärmeleitfähigkeit

e) Überzieht man eine Gips-Kristallfläche mit einer dünnen Wachsschicht und setzt man eine glühende Metallspitze auf die Kristallfläche, so breitet sich der Aufschmelzwulst nicht kreis-, sondern ellipsenförmig aus (Abb. 1.3), d.h. die Wärmeleitfähigkeit ist in Richtung III größer als in Richtung I. Ein solches Verhalten – verschiedene Beträge einer physikalischen Eigenschaft in verschiedenen Richtungen – nennt man *anisotrop*. Hätte sich ein Kreiswulst ausgebildet, so wäre die Wärmeleitung in allen Richtungen gleich groß gewesen. Dieses Verhalten – gleiche Beträge einer physikalischen Eigenschaft in allen Richtungen – nennt man *isotrop*.

Für den Kristallzustand ist anisotropes physikalisches Verhalten typisch! Dies gilt aber nicht allgemein, denn es gibt auch Kristalleigenschaften, die sich bei bestimmten Kristallen isotrop verhalten. Die Ursache aller von a)–e) genannten Phänomene liegt im *inneren* Aufbau der Kristalle begründet. Um ihn besser zu verstehen, soll er im Rahmen der Aggregatzustände betrachtet werden.

Die *Materie (Gase, Flüssigkeiten, Kristalle)* ist aus *Bausteinen (Atomen, Ionen* und *Molekeln)* zusammengesetzt und stellt deshalb ein *Diskontinuum* dar. Die Größe der Bausteine liegt aber im Å-Bereich ($1\,\text{Å} = 10^{-8}$ cm), und darum erscheint uns die Materie nur als *Kontinuum*. Die Physik definiert die Aggregatzustände durch die Begriffe *form*- und *volumenbeständig*. Das Gas ist weder form- noch volumenbeständig, die Flüssigkeit ist zwar volumen-, aber nicht formbeständig, und der Kristall ist form- und volumenbeständig (Abb. 1.4).

Gas: In Abbildung 1.4a ist die Anordnung der Molekeln in einem Gas veranschaulicht. Die Molekeln fliegen mit großer Geschwindigkeit durch den Raum, besitzen also eine hohe Bewegungsenergie (kinetische Energie). Die Bindungskräfte zwischen den Molekeln sind denkbar schwach, die

Modellvorstellung der Aggregatzustände	form-beständig	volumen-beständig	Verteilung der Bausteine	Physikalisches Verhalten
a) **Gas** 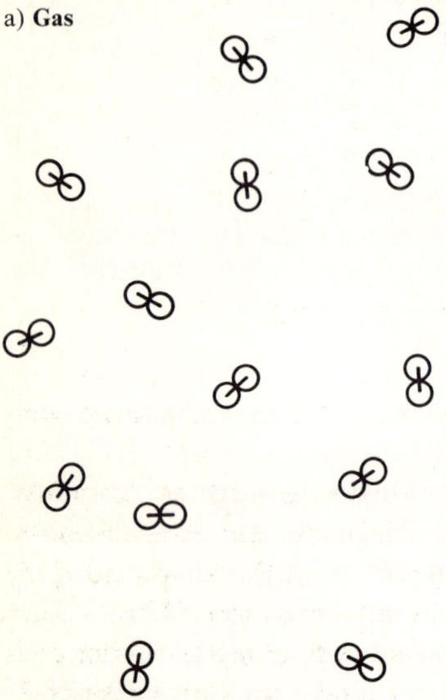	⊖	⊖	statistisch homogen[1]	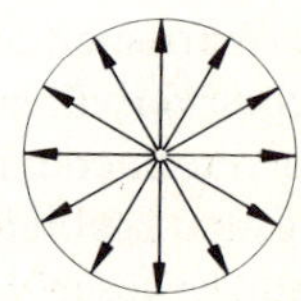 isotrop[2]
Siedepunkt				
b) **Flüssigkeit** 	⊖	⊕		
Schmelzpunkt				
c) **Kristall** 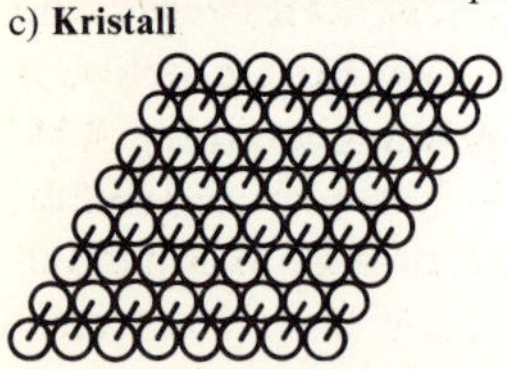	⊕	⊕	periodisch homogen[1]	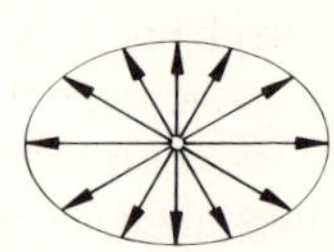 anisotrop[3]

[1] Ein Stoff ist homogen, wenn er in parallelen Richtungen gleiches Verhalten zeigt 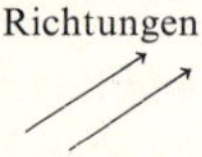

[2] Gleiche physikalische Eigenschaften in allen Richtungen

[3] Verschiedene physikalische Eigenschaften in verschiedenen Richtungen

Abb. 1.4. Schematische Darstellung der Aggregatzustände: (a) Gas, (b) Flüssigkeit, (c) Kristall

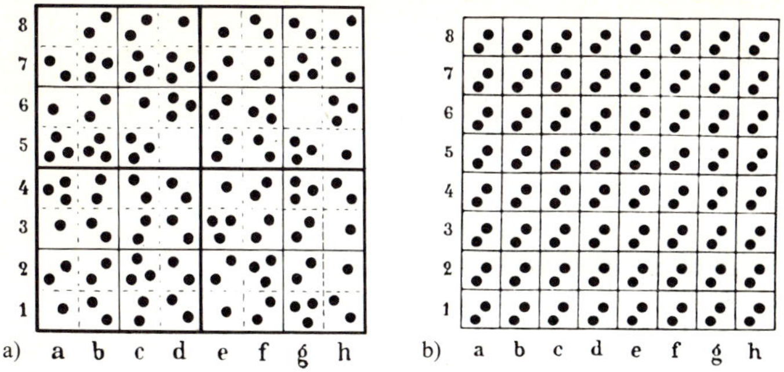

Abb. 1.5. Statistische (a) und periodische (b) Homogenität, nach Johnsen [15]

entsprechende Energie ist im Verhältnis zur kinetischen Energie zu vernachlässigen.

Wie ist nun die Verteilung der Molekeln zu einem bestimmten Zeitpunkt (Momentaufnahme)? Es gibt sicherlich keine Häufung von Bausteinen an speziellen Orten, da ein „Streben nach Ausgleich" besteht. A. Johnsen [15] hat die Verteilung an einem Gedankenexperiment erläutert (Abb. 1.5a): Wir schütten 128 Linsen auf die 64 Felder eines Schachbretts. Dann entfallen auf die einzelnen Felder 0, 1, 2, 3,..., Linsen, im Durchschnitt 2. Gleichgroße Teilbereiche auf dem Schachbrett werden einander um so ähnlicher, je größer sie sind. Diese Art der Verteilung wird als *statistisch homogen* bezeichnet[2]. Bei statistisch homogener Verteilung der Bausteine ist das physikalische Verhalten – wie leicht einzusehen ist – isotrop, es ist in allen Richtungen gleich.

Flüssigkeit: Sinkt die Temperatur eines Gases, so nimmt die kinetische Energie der Molekeln ab. Beim Erreichen des Siedepunktes wird die kinetische Energie gleich der Bindungsenergie zwischen den Molekeln. Das Gas kondensiert bei weiterem Abkühlen zur Flüssigkeit. Die Bindungskräfte ziehen die Bausteine bis zur „Berührung" aneinander; sie sind aber nicht dauernd, sondern nur im zeitlichen Mittel aneinander gebunden (Abb. 1.4b). Die Molekeln wechseln häufig ihre Plätze. Es kann zwar in kleinen Bereichen bereits eine Ordnung der Bausteine vorliegen (Nahordnung); wenn jedoch die Einheit nur groß genug gewählt wird, so kann auch hier angenähert von einer statistisch homogenen Verteilung der Bausteine gesprochen werden. Daraus folgt isotropes physikalisches Verhalten.

[2] Ein Stoff ist homogen, wenn er in parallelen Richtungen gleiches Verhalten zeigt

Kristall: Sinkt die Temperatur unter den Schmelzpunkt, so wird die kinetische Energie so klein, daß die Bausteine feste Bindungen eingehen können. Es entsteht ein dreidimensionales Gerüst aus Bindungsbrücken zwischen den Molekeln, und der Körper wird fest, er kristallisiert. In Abb. 1.4c ist nur eine Ebene des entstandenen Kristalls dargestellt. Die Bausteine des Kristalls führen nur noch Schwingungen um eine Ruhelage aus. Durch das Eingehen einer festen Bindung haben sich die Bausteine regelmäßig angeordnet. Ihre Verteilung ist nicht mehr statistisch, sondern *periodisch homogen*. Es liegt eine *Periodizität in drei Dimensionen* vor.

Wie würden sich nun diese Verhältnisse am Schachbrettmodell äußern (Abb. 1.5b)? Auf jedes Feld kämen 2 Linsen, die periodisch zueinander angeordnet sind. Die Anordnung der Linsen parallel zu den Kanten und zur Diagonalen ist stark unterschiedlich, und daraus kann kein gleichartiges, sondern nur unterschiedliches physikalisches Verhalten in diesen Richtungen resultieren, d.h. ein Kristall verhält sich anisotrop. Diese Anisotropie ist das typische Kennzeichnen für den Kristallzustand.

Definition: *Ein* **Kristall** *ist ein anisotroper homogener Körper, der eine dreidimensional periodische Anordnung der Bausteine besitzt.*

Die Materie strebt bei entsprechender Temperatur unbedingt zum Kristallzustand hin, da er der feste Aggregatzustand kleinster Energie ist. Es gibt aber Stoffe (z.B. Glas), die dieses Ziel nicht erreichen. Eine Glasschmelze ist sehr viskos, und die Bausteine können sich bei der Abkühlung aus Zeitgründen nicht ordnen. Die Gläser besitzen einen höheren Energieinhalt und können als eingefrorene zähe Flüssigkeiten angesehen werden. Man nennt sie *amorphe Körper*. Amorph bedeutet „ohne Gestalt". Diese Körper können keine ebenen Begrenzungsflächen oder Polyeder ausbilden, weil ihnen der innere geordnete Aufbau fehlt (vgl. Kap. 4.).

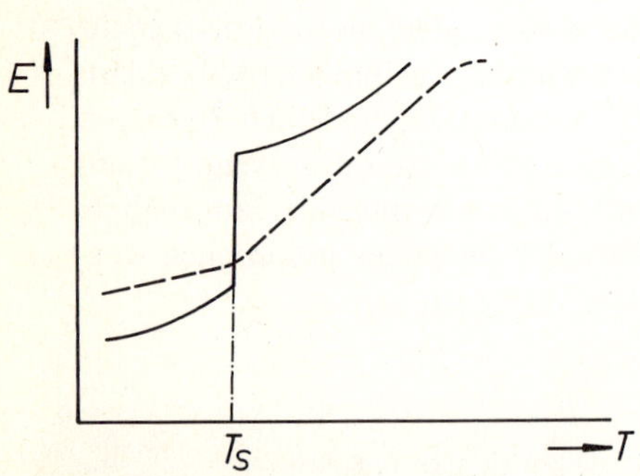

Abb. 1.6. Aufheizkurven eines Kristalls (—) und eines Glases (---), T_s ist die Schmelztemperatur des Kristalls

Wie kann man nun Kristalle und amorphe Körper voneinander unterscheiden? Eine Möglichkeit stellt das Schmelzverhalten dar. Ein Kristall besitzt einen Schmelzpunkt T_s, ein amorpher Körper aber einen Erweichungsbereich (Abb. 1.6). Eine andere Möglichkeit bietet das Verhalten gegenüber Röntgenstrahlen. Kristalle können Röntgenstrahlen beugen (vgl. Kap. 12.), amorphe Körper sind dazu nicht in der Lage.

2. Das Raumgitter und seine Eigenschaften

In den Kristallen liegt eine periodische Anordnung der Bausteine in drei Dimensionen vor. Dies ist an dem α-Polonium-Kristall in Abb. 2.1a ersichtlich. Die Poloniumatome wiederholen sich nach dem Prinzip eines Raumgitters; sie lassen sich praktisch durch Punkte ersetzen (vgl. Abb. 2.1b).

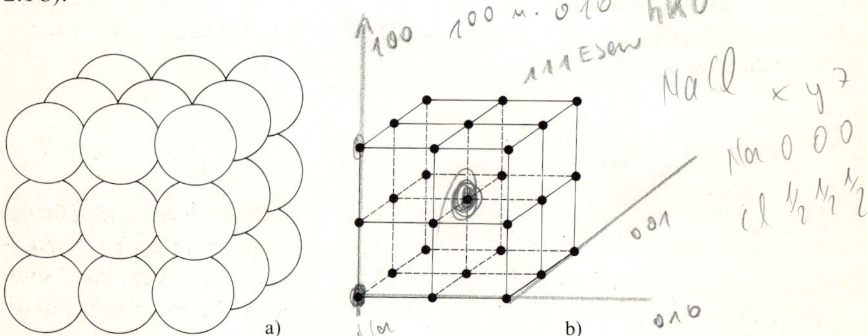

Abb. 2.1. Dreidimensionale periodische Anordnung der Bausteine in einem α-Polonium-Kristall (a); Raumgitter des Kristalls (b)

Das Raumgitter oder Punktgitter soll nun vom Gitterpunkt über die Gittergerade und Gitterebene zum Raumgitter entwickelt und allgemein betrachtet werden.

2.1 Die Gittergerade

Geht man in Abb. 2.2 vom Punkt 0 aus, und verschiebt man diesen um den Vektor $\vec{a}$ [1], so kommt man zum Punkt 1, bei Verschiebung um $2\vec{a}$ zum Punkt 2 usw. Durch diesen Vorgang werden die Punkte zur Deckung gebracht; es

[1] Vektoren sind durch einen Pfeil über dem Buchstaben gekennzeichnet.

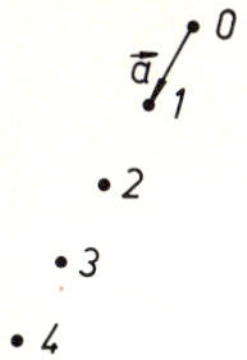

Abb. 2.2

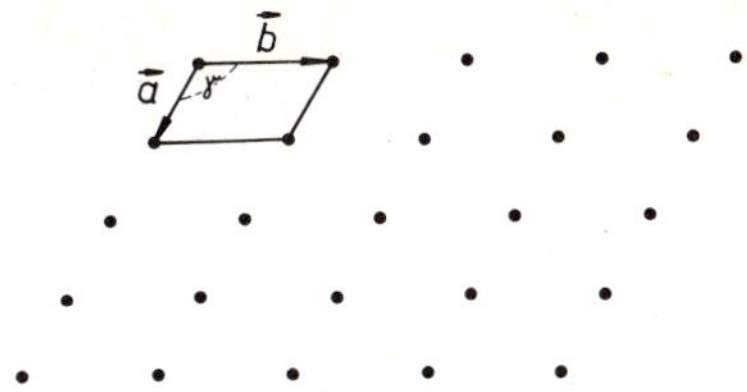

Abb. 2.3

Abb. 2.2. Gittergerade mit der Gitterkonstanten $|\vec{a}| = a_0$

Abb. 2.3. Gitterebene (Netzebene) mit der von den Vektoren $\vec{a}$ und $\vec{b}$ aufgespannten Elementarmasche

wird eine *Deckoperation* ausgeführt. Durch diese Deckoperation – man nennt sie *Gitter-Translation* – ist eine Gittergerade entstanden. Alle Punkte, die durch Gitter-Translationen ineinander überführt werden, heißen *identische Punkte*. $|\vec{a}| = a_0$ wird als *Gitterkonstante* bezeichnet.

2.2 Die Gitterebene

Führt man nun eine Gitter-Translation mit einem Vektor $\vec{b}$ ein und läßt sie auf die Gittergerade in Abb. 2.2 einwirken, so entsteht eine *Gitter-* oder *Netzebene* (Abb. 2.3), wenn $\vec{b}$ nicht parallel $\vec{a}$ verläuft. Die Vektoren $\vec{a}$ und $\vec{b}$ spannen eine *Elementarmasche* (EM) auf. Durch die Kenntnis dieses Bereichs ($|\vec{a}| = a_0$, $|\vec{b}| = b_0$, γ) kann die ganze Netzebene beschrieben werden. Führt man mit der Elementarmasche eine beliebige Gitter-Translation durch, so kommt sie immer wieder zur Deckung. Eine Netzebene enthält nicht nur die Gitter-Translationen $//\vec{a}$ und $//\vec{b}$, sondern eine unendliche Zahl anderer Gitter-Translationen.

2.3 Das Raumgitter

Führt man nun eine Gitter-Translation mit einem zu $\vec{a}$ und $\vec{b}$ nicht komplanaren Vektor $\vec{c}$ ein und läßt sie auf die Gitterebene in Abb. 2.3 einwirken, so entsteht ein *Raumgitter* (Abb. 2.4). Das Raumgitter wird also allein durch die Deckoperation Gitter-Translation, die in drei Dimensionen wirksam wird, erzeugt.

Entsprechend der Lage der Vektoren $\vec{a}$, $\vec{b}$, $\vec{c}$ legt man ein *Koordinatensystem* oder *Achsenkreuz* mit den *kristallographischen Achsen* a, b, c in das Gitter. Die Vektoren $\vec{a}$, $\vec{b}$, $\vec{c}$ bzw. die kristallographischen Achsen a, b, c bilden ein Rechtssystem. Ein Gitter bzw. die zugehörigen Kristalle werden nach

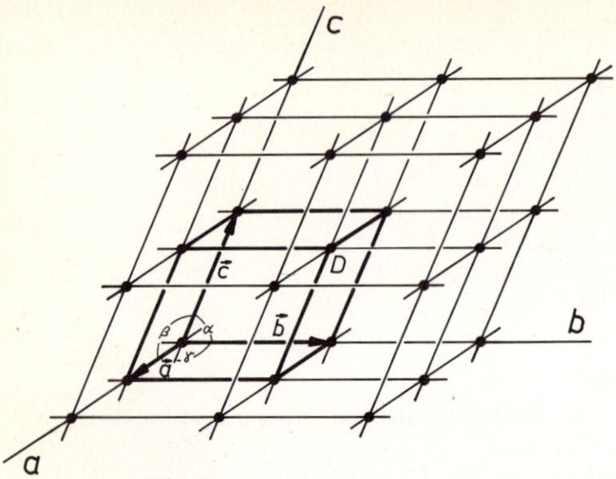

Abb. 2.4. Raumgitter mit der von den Vektoren $\vec{a}$, $\vec{b}$, $\vec{c}$ aufgespannten Elementarzelle

Konvention so aufgestellt, daß $\vec{a}$ bzw. a nach vorn, $\vec{b}$ bzw. b nach rechts und $\vec{c}$ bzw. c nach oben zeigen (Abb. 2.4).

Die Vektoren $\vec{a}$, $\vec{b}$, $\vec{c}$ spannen eine *Elementarzelle* (EZ) auf, die durch die Angabe von sechs Gitterkonstanten beschrieben werden kann:

Translationsbeträge	Winkel zwischen den Vektoren
$\lvert\vec{a}\rvert = a_0$	$\vec{a} \wedge \vec{b} = \gamma$
$\lvert\vec{b}\rvert = b_0$	$\vec{a} \wedge \vec{c} = \beta$
$\lvert\vec{c}\rvert = c_0$	$\vec{b} \wedge \vec{c} = \alpha$

Ein Einwirken der Gitter-Translationen auf die Elementarzelle ergibt wieder das Raumgitter. *Die Elementarzelle enthält also die Gesamtinformation des Raumgitters.*

Jede Elementarzelle hat stets acht „Ecken" und sechs „Flächen". Auf den Ecken sitzt je ein identischer Punkt. Können aber alle diese Punkte der Elementarzelle zugeordnet werden? Der Gitterpunkt D in Abb. 2.4 gehört nicht nur zur markierten Elementarzelle, sondern zu allen 8 dargestellten Zellen des Gitters, d. h. zur markierten Elementarzelle nur zu $\frac{1}{8}$, und $8 \cdot \frac{1}{8} = 1$, d. h. die Elementarzelle enthält nur einen Gitterpunkt. Elementarzellen mit nur einen Gitterpunkt heißen *einfach primitiv* und werden mit einem P gekennzeichnet.

2.4 Die Bezeichnung von Punkten, Geraden und Ebenen im Raumgitter

2.4.1 Gitterpunkt uvw

Jeder Gitterpunkt kann durch den vom Nullpunkt ausgehenden, zu ihm führenden Vektor $\vec{r} = u\vec{a} + v\vec{b} + w\vec{c}$ bezeichnet werden. Die Beträge von $\vec{a}$, $\vec{b}$, $\vec{c}$ sind die Gitterkonstanten, folglich spielen nur die Koordinaten

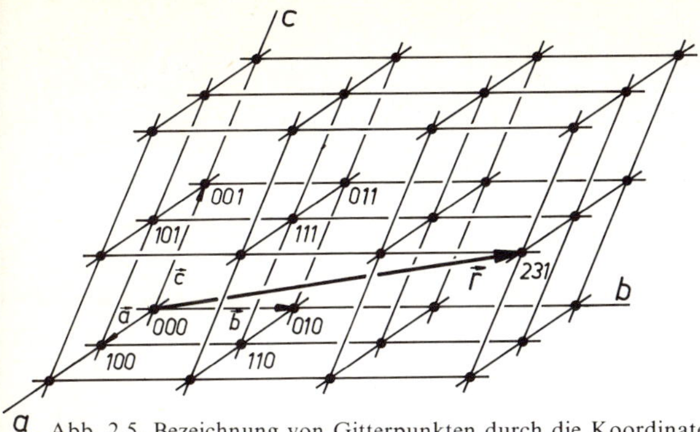

Abb. 2.5. Bezeichnung von Gitterpunkten durch die Koordinaten uvw der vom Ursprung des Gitters zu den Gitterpunkten verlaufenden Vektoren $\vec{r} = u\vec{a} + v\vec{b} + w\vec{c}$

u, v und w eine Rolle. Sie werden zu einem Tripel uvw zusammengefaßt. In Abb. 2.5 bezeichnet der Vektor $\vec{r}$ den Punkt 231. Außerdem sind die Koordinaten der Gitterpunkte der Elementarzelle angegeben.

2.4.2 Gittergerade [uvw]

In einem Koordinatensystem kann man eine Gerade mathematisch durch die Angabe zweier Punkte festlegen. Die Gittergerade I in Abb. 2.6 enthält die Gitterpunkte 000 und 231. Da die Gittergerade durch den Nullpunkt geht, bestimmt der andere Gitterpunkt allein die Lage der Gittergeraden im Raumgitter. Man nimmt deshalb das Koordinatentripel dieses Punktes zur Beschreibung der Gittergeraden, setzt es aber in eckige Klammern [231], allgemein [uvw], um damit zu dokumentieren, daß es sich um eine Richtungsangabe handelt.

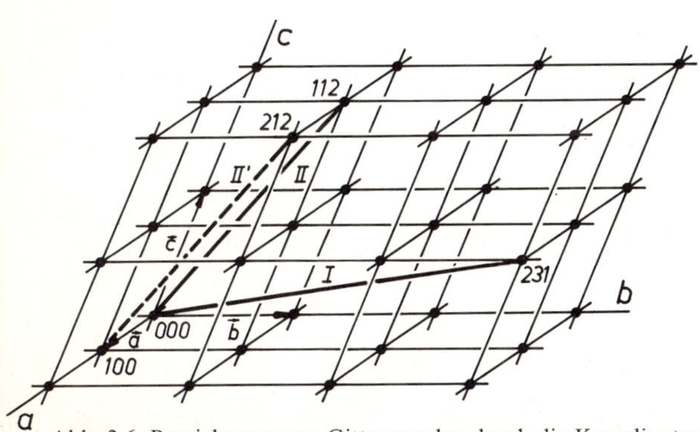

Abb. 2.6. Bezeichnung von Gittergeraden durch die Koordinaten [uvw] (in eckigen Klammern) des vom Ursprung des Gitters zu einem Punkt der Gittergeraden geführten Vektors $\vec{r} = u\vec{a} + v\vec{b} + w\vec{c}$ (I [231], II [112])

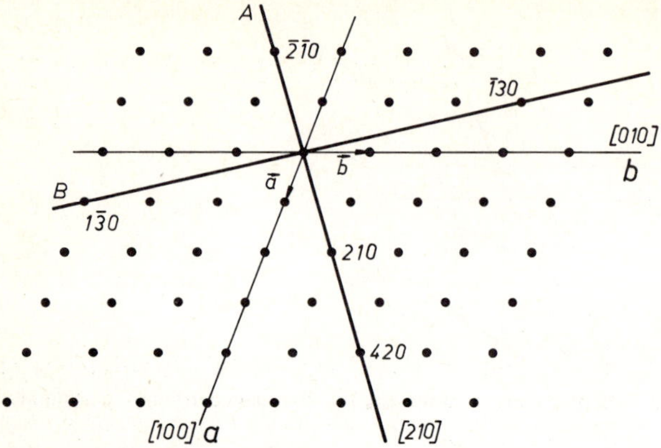

Abb. 2.7. Projektion eines Raumgitters parallel c auf die a, b-Ebene. Der Gittergeraden A ist das Tripel [210], der Gittergeraden B [$1\bar{3}0$] oder [$\bar{1}30$] zuzuordnen

Die Gittergerade II′ schneidet die Punkte 100 und 212. Durch Parallelverschiebung zum Nullpunkt erhält man die Gittergerade II, die außer 000 noch 112 schneidet und folglich mit [112] zu bezeichnen ist. *Das Tripel [uvw] gibt nicht nur die Lage einer Gittergeraden, sondern die einer unendlichen Schar zu ihr paralleler Gittergeraden an, die den gleichen Translationsbetrag besitzen.*

Die Abb. 2.7 zeigt die Projektion eines Raumgitters parallel c auf die a, b-Ebene. Die Gittergerade A schneidet die Punkte mit den Koordinaten 000, 210, 420, $\bar{2}\bar{1}0$ (bei negativen Werten setzt man das Minus-Zeichen über die Ziffer). Jeder Punkt auf der Geraden hat ein anderes uvw, aber das Verhältnis u : v : w ist gleich. Man wählt hier das kleinste positive Zahlentripel. Die Gittergeraden $\|\vec{a}$ bzw. $\|\vec{b}$ sind dann mit [100] bzw. [010] zu benennen, während man der Gittergeraden B [$\bar{1}30$] oder [$1\bar{3}0$] zuordnet.

2.4.3 Gitterebene (Netzebene) (hkl)

Eine Gitterebene schneidet die Achsen a, b, c in Punkten mit den Koordinaten auf der

a-Achse: m00
b-Achse: 0n0
c-Achse: 00p[2]

[2] Man kann sich nicht auf die Koordinaten u bzw. v bzw. w beziehen, weil m, n und p nicht ganzzahlig sein müssen. Nicht jede Netzebene schneidet die kristallographischen Achsen in Gitterpunkten, vgl. z. B. später die Netzebene D in Abb. 2.10.

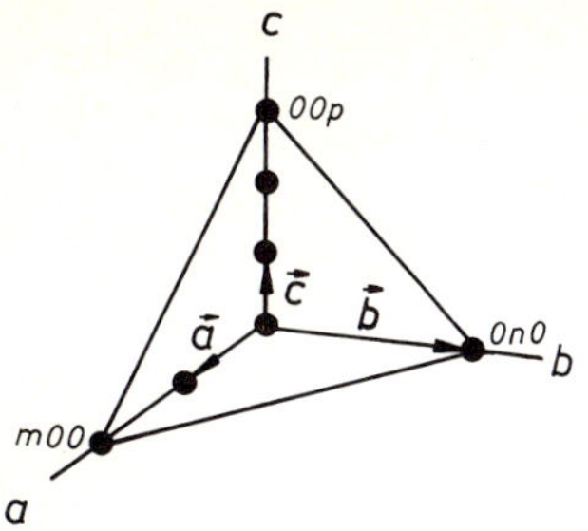

Abb. 2.8. Die Achsenabschnitte einer Netzebene mit den Millerschen Indizes (362)

Durch die Koordinaten dieser 3 Punkte ist die Lage der Netzebene eindeutig festgelegt (Abb. 2.8). Man benutzt aber nicht die direkten Koordinaten (Achsenabschnitte), sondern die reziproken:

$$\text{a-Achse:}\quad h \sim \frac{1}{m}$$

$$\text{b-Achse:}\quad k \sim \frac{1}{n}$$

$$\text{c-Achse:}\quad l \sim \frac{1}{p}$$

Man faßt diese reziproken Achsenabschnitte in einem Tripel zusammen und setzt es in runde Klammern (hkl). (hkl) nennt man die *Millerschen Indizes;* sie sind als *das kleinste ganzzahlige Vielfache der reziproken Achsenabschnitte* definiert.

Bei der Netzebene in der Abb. 2.8 sind $m|n|p = 2|1|3$; reziprok $\frac{1}{2}|1|\frac{1}{3}$; dies führt zu (362) als Millersche Indizes.

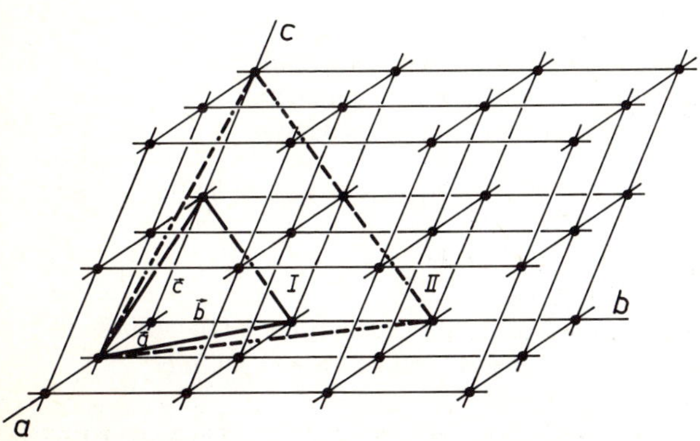

Abb. 2.9. Indizierung von Netzebenen durch Millersche Indizes, die ganzzahligen Vielfachen der reziproken Achsenabschnitte; I (111), II (211)

In das Raumgitter in Abb. 2.9 wurden 2 Netzebenen eingezeichnet:

	m	n	p	$\frac{1}{m}$	$\frac{1}{n}$	$\frac{1}{p}$	(hkl)
I	1	1	1	1	1	1	(111)
II	1	2	2	1	$\frac{1}{2}$	$\frac{1}{2}$	(211)

Die in die Projektion des Gitters in Abb. 2.10 gezeichneten Geraden seien die Spuren von Netzebenen, die senkrecht zur Papierebene und parallel zur c-Achse angeordnet sind. Diese Netzebenen sollen indiziert werden:

	m	n	p	$\frac{1}{m}$	$\frac{1}{n}$	$\frac{1}{p}$	(hkl)
A	2	4	∞	$\frac{1}{2}$	$\frac{1}{4}$	0	(210)
B	$\frac{3}{2}$	3	∞	$\frac{2}{3}$	$\frac{1}{3}$	0	(210)
C	1	2	∞	1	$\frac{1}{2}$	0	(210)
D	$\frac{1}{2}$	1	∞	2	1	0	(210)
E	—	—	—	—	—	—	
F	$\frac{\bar{1}}{2}$	$\bar{1}$	∞	$\bar{2}$	$\bar{1}$	0	($\bar{2}\bar{1}0$) [3]
G	$\bar{1}$	$\bar{2}$	∞	$\bar{1}$	$\frac{\bar{1}}{2}$	0	($\bar{2}\bar{1}0$)
H	3	$\bar{2}$	∞	$\frac{1}{3}$	$\frac{\bar{1}}{2}$	0	($2\bar{3}0$)

Die Netzebenen A bis G gehören einer Parallelschar von Netzebenen mit gleicher Elementarmasche und gleichem Netzebenenabstand an, d.h. (hkl) gibt nicht nur die Lage einer Netzebene, sondern die einer unendlichen Parallelschar an. Die Netzebene E schneidet den Nullpunkt und kann in dieser Lage nicht indiziert werden. Netzebenen, die parallel zu b und c verlaufen, also nur a schneiden, sind mit (100) zu indizieren. Entsprechend schneidet (010) nur die b-Achse und (001) nur die c-Achse.

2.5 Die Zonengleichung

In welcher Beziehung stehen [uvw] und (hkl) zueinander? Die Achsenabschnittsgleichung einer Ebene in der analytischen Geometrie lautet:

[3] Auch bei den (hkl) setzt man bei negativen Werten das Minus-Zeichen über die Ziffer. ($\bar{2}\bar{1}0$) ist beim Raumgitter mit (210) identisch, vgl. später S. 16.

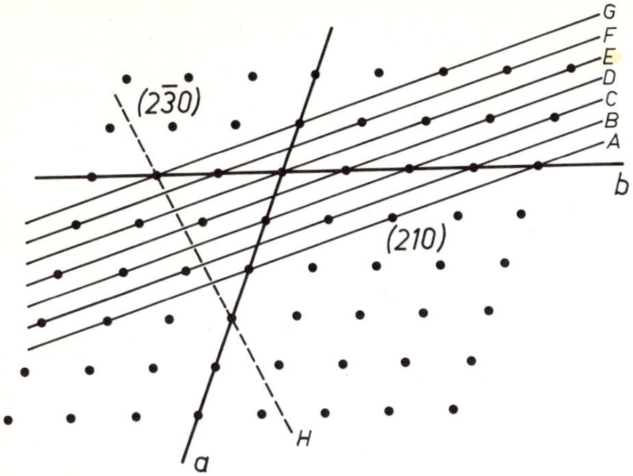

Abb. 2.10. Projektion eines Raumgitters parallel c auf die a, b-Ebene. Die „Geraden" A – G sind die Spuren einer Netzebenenschar parallel zu c mit den Millerschen Indizes (210). Die „Gerade" H ist die Spur einer Netzebene (2$\bar{3}$0)

$$\frac{X}{A}+\frac{Y}{B}+\frac{Z}{C}=1$$

A, B, C sind die Abschnitte auf den Achsen a, b und c. Sie sind proportional zu $\frac{1}{h}, \frac{1}{k}, \frac{1}{l}$.

$$hX+kY+lZ=\text{const.}$$

Die Konstante steht für die Parallelschar der Netzbenen (hkl); 1 würde jene Netzebene beschreiben, die dem Ursprung am nächsten liegt. X, Y, Z sind die mathematischen Variablen, die als Tripel die Koordinaten eines Punktes angeben, der auf der Netzebene liegt. Die Netzebene (hkl), die den Nullpunkt schneidet, folgt dann der Gleichung

$$hX+kY+lZ=0$$

Jetzt kann das Tripel XYZ eine Gittergerade – festgelegt durch die Punkte mit den Koordinaten XYZ und 000 – beschreiben, die in der Netzebene liegt, und man kann setzen

$$hu+kv+lw=0.$$

Man nennt diese Gleichung aus einem später ersichtlichen Grund (S. 24) *Zonengleichung*.

a) Zwei Gittergeraden $[u_1v_1w_1]$, $[u_2v_2w_2]$ bestimmen die Lage der Netzebene (hkl), deren Indizes man durch Einsetzen in die Zonengleichung errechnen kann

$$hu_1 + kv_1 + lw_1 = 0$$
$$hu_2 + kv_2 + lw_2 = 0$$

Die Auflösung dieser Gleichungen nach hkl ist nach dem Determinantenschema möglich und führt zu zwei Ergebnissen:

$$1. \quad h : k : l = \begin{vmatrix} v_1 w_1 \\ v_2 w_2 \end{vmatrix} : \begin{vmatrix} w_1 u_1 \\ w_2 u_2 \end{vmatrix} : \begin{vmatrix} u_1 v_1 \\ u_2 v_2 \end{vmatrix}$$

$$2. \quad \bar{h} : \bar{k} : \bar{l} = \begin{vmatrix} v_2 w_2 \\ v_1 w_1 \end{vmatrix} : \begin{vmatrix} w_2 u_2 \\ w_1 u_1 \end{vmatrix} : \begin{vmatrix} u_2 v_2 \\ u_1 v_1 \end{vmatrix}$$

Die Netzebenen (hkl) und $(\overline{hkl})$ gehören aber der gleichen Parallelschar an

$$h : k : l = (v_1w_2 - v_2w_1) : (w_1u_2 - w_2u_1) : (u_1v_2 - u_2v_1)$$

Die folgende Form prägt sich aber besser ein:

$$\begin{array}{c|cccc|c} u_1 & v_1 & w_1 & u_1 & v_1 & w_1 \\ & \multicolumn{4}{c|}{\times \quad \times \quad \times} & \\ u_2 & v_2 & w_2 & u_2 & v_2 & w_2 \\ \hline & \multicolumn{4}{c}{(h \quad k \quad l)} & \end{array}$$

Beispiel: Welcher gemeinsamen Netzebene gehören die Gittergeraden $[10\bar{1}]$ und $[\bar{1}2\bar{1}]$ an?

$$\begin{array}{c|cccc|c} 1 & 0 & \bar{1} & 1 & 0 & \bar{1} \\ \bar{1} & 2 & \bar{1} & \bar{1} & 2 & \bar{1} \\ \hline & \multicolumn{4}{c}{2 \quad 2 \quad 2 \quad \rightarrow (111)} & \end{array}$$

Dieses Ergebnis kann auch aus dem Raumgitter entnommen werden (Abb. 2.11). Die Gittergeraden $[10\bar{1}]$ und $[\bar{1}2\bar{1}]$ (–·–·–) gehören der Netzebene (–––––) an. Weitere Gittergeraden der Netzebene (–·–·–) sind zur besseren Übersicht ebenfalls eingezeichnet. Die gezeichnete Netzebene kann nicht direkt indiziert werden, weil sie durch den Nullpunkt N geht. Eine Parallelverschiebung des Nullpunktes von N nach N′ ermöglicht die Indizierung $m|n|p = 1|1|1 \rightarrow (111)$.

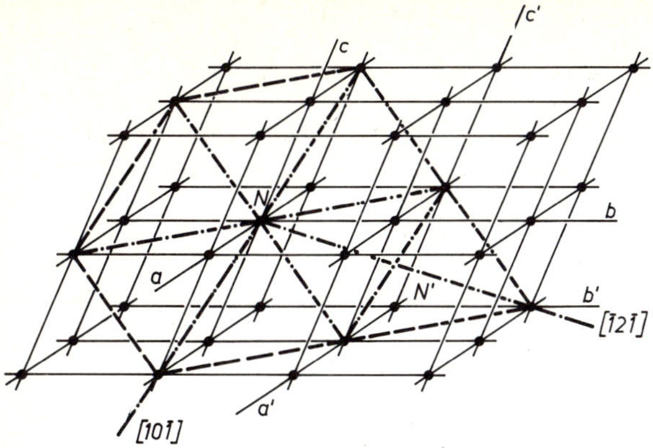

Abb. 2.11. Die Gittergeraden [$10\bar{1}$] und [$\bar{1}2\bar{1}$] gehören der gestrichelt dargestellten Netzebene an, die aber durch den Nullpunkt N geht und daher erst nach einer Parallelverschiebung des Nullpunktes z.B. nach N′ mit (111) indiziert werden kann.

b) Zwei Netzebenen $(h_1k_1l_1)$, $(h_2k_2l_2)$ schneiden sich in der Gittergeraden [uvw].

Durch Lösung der Gleichungen

$$h_1u + k_1v + l_1w = 0$$
$$h_2u + k_2v + l_2w = 0$$

kann die Lage der gemeinsamen Gittergeraden [uvw][4] bestimmt werden. Man verfährt analog wie bei a).

h_1	k_1	l_1	h_1	k_1	l_1
	⤡	⤡	⤡		
h_2	k_2	l_2	h_2	k_2	l_2

[u v w]

Beispiel: Welche Gittergerade ist den Netzebenen (101) und ($\bar{1}12$) gemeinsam?

$\bar{1}$	1	2	$\bar{1}$	1	2
1	0	1	1	0	1

[1 3 $\bar{1}$]

[4] Auch hier gibt es analog a) zwei Lösungen: [uvw] und [$\bar{u}\bar{v}\bar{w}$]. Es handelt sich um Richtung und Gegenrichtung.

Aufgabe 2.1. Kopieren Sie die Gitterpunkte der Elementarzelle des Gitters in Abb. 2.5 auf Transparentpapier. Legen Sie die Elementarzellen übereinander und führen Sie mit der Elementarzelle auf dem Transparentpapier Parallelverschiebungen um beliebige Gitter-Translationen durch.

Aufgabe 2.2. a) Geben Sie im Raumgitter in Abb. 2.12 die Koordinaten der Gitterpunkte P_1, P_2, P_3, P_4 und die [uvw] der ins Gitter eingezeichneten Gittergeraden an.

b) Zeichnen Sie die Gittergeraden $[2\bar{1}1]$, [120], [212] in das Raumgitter in Abb. 2.12 ein.

c) Bestimmen Sie die Netzebene, der die Gittergeraden [212] und [111] angehören.

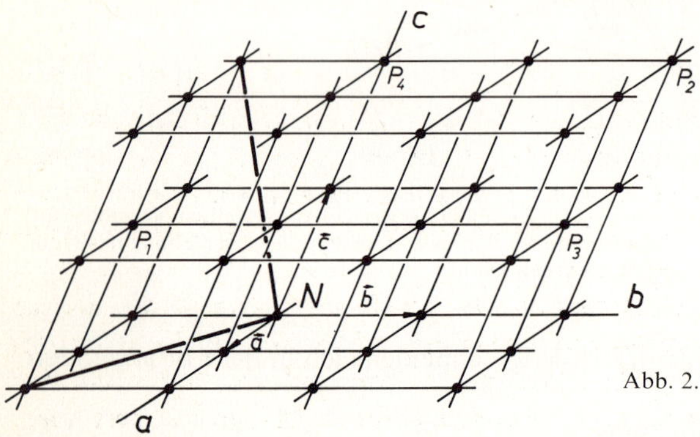

Abb. 2.12

Aufgabe 2.3. Die Abb. 2.13 ist die Projektion eines Raumgitters parallel zur c-Achse auf die a, b-Ebene. Die stark gezeichneteten Geraden sind die Spuren von Netzebenen, die parallel zur c-Achse verlaufen.

a) Indizieren Sie die Netzebenen I und II.

b) Geben Sie die [uvw] der Schnittgeraden beider Netzebenen an.

c) Zeichnen Sie die Spuren der Netzebenen (320) und $(1\bar{2}0)$ in die Projektion ein.

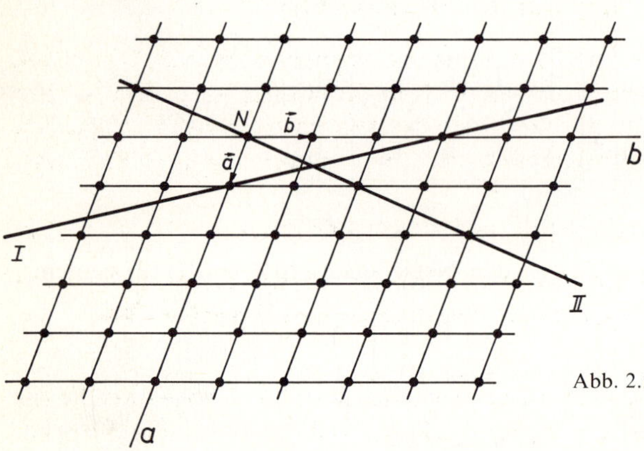

Abb. 2.13

Aufgabe 2.4. Geben Sie einige Netzebenen an, die die Gittergerade $[21\bar{1}]$ enthalten, und einige Gittergeraden, die in der Netzebene (121) liegen.

Aufgabe 2.5. Welche Bedingungen müssen erfüllt sein, damit [111] auf (111) senkrecht steht?

Aufgabe 2.6. In welcher Beziehung stehen (110) und $(\bar{1}\bar{1}0)$, $(\bar{2}11)$ und $(2\bar{1}\bar{1})$, [110] und $[\bar{1}\bar{1}0]$, $[\bar{2}11]$ und $[2\bar{1}\bar{1}]$?

3. Die Kristallstruktur

Um wieder vom Raumgitter zum Kristall zu kommen, muß man sich die Punkte des Raumgitters von Bausteinen (Atomen, Ionen, Molekeln) besetzt denken. Da es sich um identische Punkte handelt, müssen auch die Bausteine gleichartig sein. Die Kristalle sind in der Regel nicht so einfach aufgebaut wie beim α-Polonium in Abb. 2.1.

Setzt man in Abb. 3.1 die Molekeln ABC auf die Gitterpunkte, so hat man den Schritt zur Kristallstruktur durchgeführt. Es interessiert die Lage von A, B und C in bezug auf die Gitterpunkte bzw. auf den Nullpunkt des Gitters. Sie wird für jeden Baustein durch den Vektor $x\vec{a}+y\vec{b}+z\vec{c}$ bestimmt. Man gibt nur die Koordinaten x,y,z [1] an. Im Beispiel wären dies für:

A: 0,0,0; B: $x_1, y_1, 0$; C: $x_2, y_2, 0$

Man nennt diese Anordnung *Basis* und formuliert:

Gitter + Basis = Kristallstruktur.

Daraus folgt, daß nicht nur die A-Bausteine, sondern auch B und C auf den Eckpunkten von kongruenten Gittern (Abb. 3.2) liegen, die jeweils nur um die Beträge, wie sie sich aus der Basis ergeben, gegeneinander verschoben sind. Alle Bausteine einer Kristallstruktur unterliegen dem gleichen Translationsprinzip.

Jetzt läßt sich der Kristall noch einfacher definieren:

Kristalle *sind diejenigen festen chemischen Substanzen, die eine dreidimensional periodische Anordnung der Bausteine –* **eine Kristallstruktur** *– besitzen.*

Eine einfache Kristallstruktur liegt beim CsJ vor. Die Elementarzelle hat die Form eines Würfels ($a_0 = b_0 = c_0 = 4{,}57$ Å; $\alpha = \beta = \gamma = 90°$)[2]. Die Basis ist: J^-: 0,0,0; Cs^+: $\frac{1}{2},\frac{1}{2},\frac{1}{2}$. In Abb. 3.3a ist eine Elementarzelle der Kristallstruktur als perspektivisches Bild dargestellt. Die Größenverhältnisse der Bausteine sind berücksichtigt. Diese Darstellungsart ist besonders bei kom-

[1] $0 \leq x, y, z < +1$, für alle Bausteine innerhalb der Elementarzelle
[2] $1\,\text{Å} = 10^{-8}$ cm $= 0{,}1$ nm

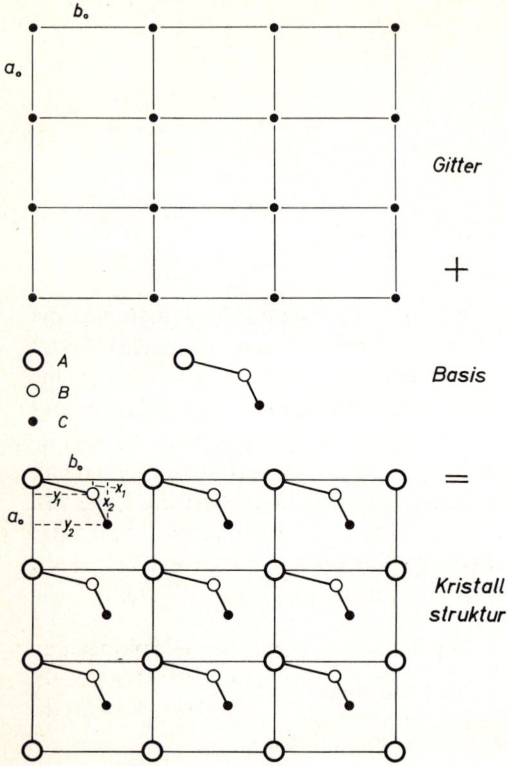

Abb. 3.1. Beziehung von Gitter, Basis und Kristallstruktur zueinander; Gitter und Kristallstruktur sind Projektionen auf (001)

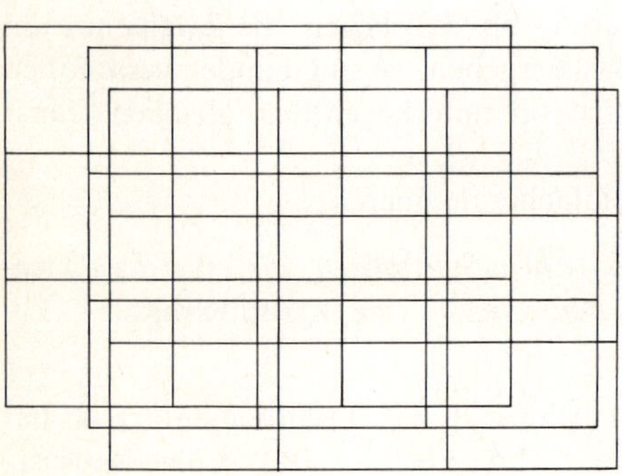

Abb. 3.2. Alle Bausteine der in Abb. 3.1 gezeigten Kristallstruktur liegen auf den Eckpunkten von kongruenten Gittern

plizierteren Strukturen wenig informativ, da man die Lage aller Bausteine nicht erkennen kann. Deshalb gibt man meist nur die Schwerpunkte der Bausteine an (Abb. 3.3b). Neben den perspektivischen Bildern werden auch Parallelprojektionen auf eine Ebene verwendet (Abb. 3.3c).

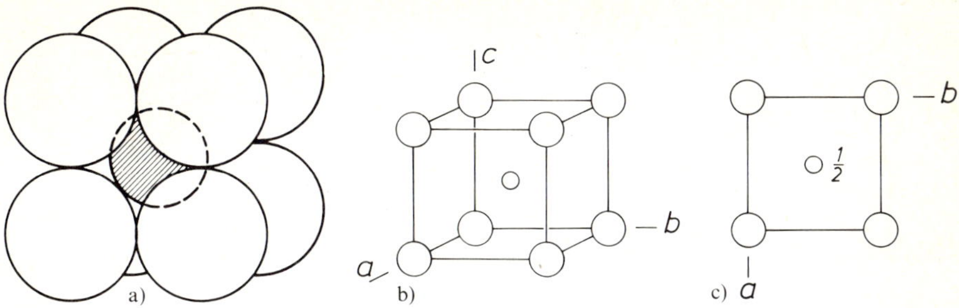

Abb. 3.3. Die CsJ-Kristallstruktur als perspektivisches Bild unter Berücksichtigung der Größenverhältnisse der Bausteine (a), nur der Schwerpunkte der Bausteine (b), als Parallelprojektion auf (001) (c)

Eine wichtige Strukturgröße ist *Z*, die *Zahl der Formeleinheiten pro Elementarzelle*. Beim CsJ ist Z = 1, da nur ein Cs^+- und ein J^--Baustein in der Elementarzelle enthalten sind.

Aufgrund von Strukturdaten ist es möglich, die Dichte des CsJ zu berechnen:

$$\varrho = \frac{m}{V} \; [g/cm^3]$$

Darin bedeutet m die Masse der sich in der Elementarzelle befindenden Bausteine und V das Volumen der Elementarzelle (in cm^3!). Die Masse einer Formeleinheit erhält man aus der Beziehung M/N_L (M = Grammolekel, N_L = Loschmidtsche Zahl)[3], dann ist

$$m = \frac{Z \cdot M}{N_L} \quad \text{und}$$

$$\varrho = \frac{Z \cdot M}{N_L \cdot V} \; [g/cm^3]$$

Daraus ergibt sich:

$$\varrho_{CsJ} = \frac{1 \cdot 259{,}81}{6{,}023 \cdot 10^{23} \cdot 4{,}57^3 \cdot 10^{-24}} = 4{,}52 \; [g/cm^3]$$

$$M = 259{,}81 \; [g/mol]$$

$$N_L = 6{,}023 \cdot 10^{23} \; [mol^{-1}]$$

Bei einer Strukturbestimmung geht man den umgekehrten Weg. Man bestimmt über die gemessene Dichte die Zahl der Formeleinheiten/Elementarzelle.

[3] Die Grammolekel einer chemischen Verbindung entspricht ihrem Molekulargewicht in Gramm. Sie enthält $N_L = 6{,}023 \cdot 10^{23}$ Molekeln (Formeleinheiten).

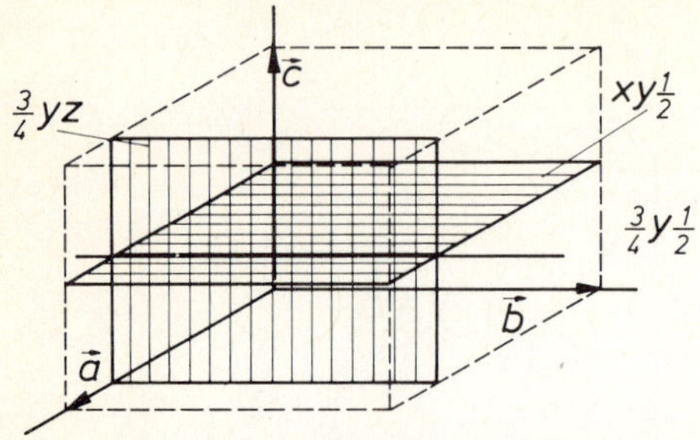

Abb. 3.4. Beschreibung von Richtungen und Ebenen in der Elementarzelle durch die Koordinaten x,y,z

Die (hkl) und [uvw] geben nur die Lage von Scharen von Netzebenen und Gittergeraden an, aber es ist häufig zweckmäßig, bestimmte Ebenen und Geraden in der Elementarzelle zu beschreiben. Dies ist mit den Koordinaten x,y,z möglich. So legen z. B. die Koordinaten $x,y,\frac{1}{2}$ alle jene Punkte fest, die auf der Ebene liegen, die parallel zur a,b-Ebene angeordnet ist und $\vec{c}$ in $\frac{1}{2}$ schneidet. In Abb. 3.4 sind die Ebenen $x,y,\frac{1}{2}$ und $\frac{3}{4},y,z$ eingetragen. Die Schnittgerade der beiden Ebenen hat – wie man leicht erkennen kann – die Koordinaten $\frac{3}{4},y,\frac{1}{2}$.

Aufgabe 3.1. Am Cuprit – einem Kupferoxid – wurde bestimmt:

Gitter: $a_0 = b_0 = c_0 = 4{,}27$ Å; $\alpha = \beta = \gamma = 90°$

Basis: Cu: $\frac{1}{4},\frac{1}{4},\frac{1}{4}$; $\frac{3}{4},\frac{3}{4},\frac{1}{4}$; $\frac{3}{4},\frac{1}{4},\frac{3}{4}$; $\frac{1}{4},\frac{3}{4},\frac{3}{4}$

O: 0,0,0; $\frac{1}{2},\frac{1}{2},\frac{1}{2}$

a) Zeichnen Sie eine Projektion der Struktur auf (001) und ein perspektivisches Bild der Struktur.

b) Geben Sie der Verbindung eine chemische Formel. Wie groß ist Z (Zahl der Formeleinheiten/Elementarzelle)?

c) Berechnen Sie den kleinsten Cu-O-Abstand.

d) Wie groß ist die Dichte des Cuprits?

Aufgabe 3.2. An einem AlB_2-Kristall wurden die Gitterkonstanten $a_0 = b_0 = 3{,}00$ Å, $c_0 = 3{,}24$ Å; $\alpha = \beta = 90°$, $\gamma = 120°$ bestimmt. Al liegt auf 0,0,0; B hat die Koordinaten $\frac{1}{3},\frac{2}{3},\frac{1}{2}$ und $\frac{2}{3},\frac{1}{3},\frac{1}{2}$.

a) Zeichnen Sie von der Kristallstruktur eine Projektion auf (001) und ein perspektivisches Bild.

b) Berechnen Sie den kleinsten Al-B-Abstand.

c) Wie groß ist die Dichte des AlB_2?

4. Die Morphologie

Aufgrund des *inneren* gitterartigen Aufbaus sind die Kristalle häufig von ebenen Flächen begrenzt oder bilden im Idealfall sogar regelmäßige geometrische Formen aus. In welcher Beziehung stehen *Kristallstruktur* (innerer Aufbau) und *Morphologie* (äußere Begrenzung)? In Abb. 4.1 sind die Kristallstruktur und die Morphologie des Minerals Galenit (PbS) dargestellt. Parallel zu Kristallflächen verlaufen Netzebenen und parallel zu Kristallkanten Gittergeraden[1]. Man kann die Korrespondenz noch genauer fassen:

a) Jede *Kristallfläche* verläuft parallel zu einer Schar von *Netzebenen*. Parallele Kristallflächen gehören der gleichen Netzebenenschar an.

b) Jede *Kristallkante* verläuft parallel zu einer Schar von *Gittergeraden*.

Dieser Schluß ist nicht unbedingt umkehrbar, denn ein Kristall hat unendlich viele Scharen von Gittergeraden und Netzebenen, aber nur wenige Kristallkanten und Kristallflächen.

Außerdem sollte beachtet werden, daß beide Körper in Abb. 4.1 von unterschiedlicher Größenordnung sind. Nimmt man an, daß die mit dem Pfeil

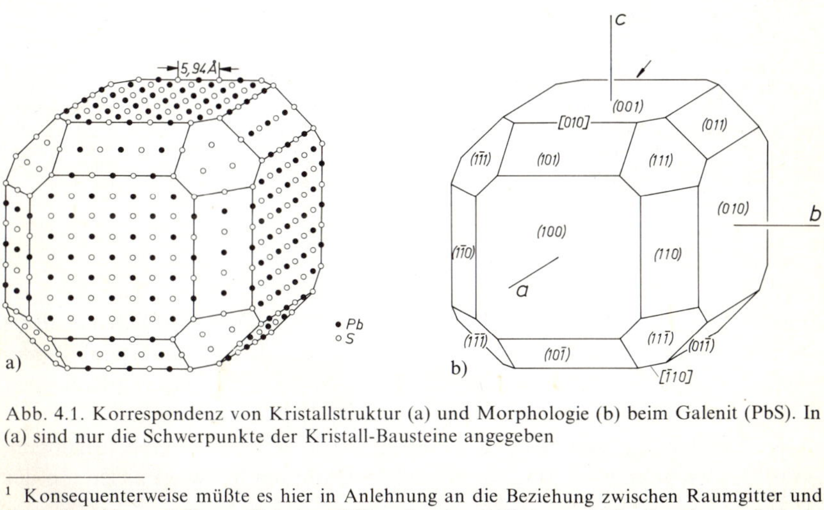

Abb. 4.1. Korrespondenz von Kristallstruktur (a) und Morphologie (b) beim Galenit (PbS). In (a) sind nur die Schwerpunkte der Kristall-Bausteine angegeben

[1] Konsequenterweise müßte es hier in Anlehnung an die Beziehung zwischen Raumgitter und Kristallstruktur anstelle von Netzebene (Gitterebene) und Gittergerade *Strukturebene* und *Strukturgerade* heißen. Beide Begriffe sind aber nicht üblich.

markierte Kristallkante 6 mm lang ist, so enthält sie etwa 10 Mill. Translationen, da die korrespondierende Gittergerade eine Gitterkonstante von 5,94 Å besitzt.
Kristallflächen sind parallel zu Scharen von Netzebenen, Kristallkanten parallel zu Scharen von Gittergeraden angeordnet. Darum kann die Lage einer Kristallfläche durch die Millerschen Indizes (hkl) und die einer Kante durch [uvw] festgelegt werden. Die Morphologie eines Kristalls kann nichts über die Translationsbeträge der Elementarzelle selbst, sondern nur über ihr Verhältnis zueinander aussagen. In der Regel sind aber die Gitterkonstanten der Kristalle bekannt, und man kann die Winkel zwischen den Netzebenen auf der Grundlage der Gitterkonstanten berechnen und mit den Winkeln zwischen den Kristallflächen vergleichen.

Der Galenit-Kristall in Abb. 4.1 b ist indiziert, d. h. seinen Kristallflächen sind (hkl) zugeordnet. (100) schneidet z. B. nur die a-Achse und verläuft parallel zu b und c; (110) schneidet die gleichen Beträge auf der a- und b-Achse ab und ist der c-Achse parallel; (111) schneidet auf a, b und c die gleichen Beträge ab.

Die Indizierung eines Kristalls auf der Grundlage der Gitterkonstanten ist in Kap. 15.2 durchgeführt.

Zwei wichtige morphologische Begriffe sind:

a) *Zone:* Eine Zone ist eine Schar von Kristallflächen, deren Schnittkanten parallel verlaufen. Die Richtung dieser Schnittkanten nennt man *Zonenachse.* In Abb. 4.1 gehören (001), (101), (100), $(10\bar{1})$ einer Zone mit der Zonenachse [010] an. Die Zonengleichung (vgl. S. 15) gilt nicht nur für die Beziehung zwischen Netzebenen und Gittergeraden, sondern natürlich auch für die ihnen parallelen Kristallflächen und -kanten. Auch die Flächen (001), (111), (110), $(11\bar{1})$ bilden einen Zonenverband. Nach dem Determinantenschema ergibt sich als Zonenachse

$$\begin{array}{c|cccc|c} 1 & 1 & 0 & 1 & 1 & 0 \\ 1 & 1 & 1 & 1 & 1 & 1 \\ \hline \end{array}$$
$$[1\ \bar{1}\ 0]$$

b) *Habitus:* Unter Habitus versteht man das relative Größenverhältnis der Flächen an einem Kristall. Man unterscheidet drei Grundtypen: *isometrisch, planar* oder *taflig* und *nadelig* oder prismatisch. Diese Grundtypen sind in Abb. 4.2 anhand des hexagonalen Prismas[2] veranschaulicht.

Die Entstehung eines Kristalls vollzieht sich in übersättigten Lösungen, unterkühlten Schmelzen und unterkühlten Dämpfen in zwei Phasen: In der

[2] Ein Prisma mit einem regelmäßigen Sechseck (Hexagon) als Querschnitt.

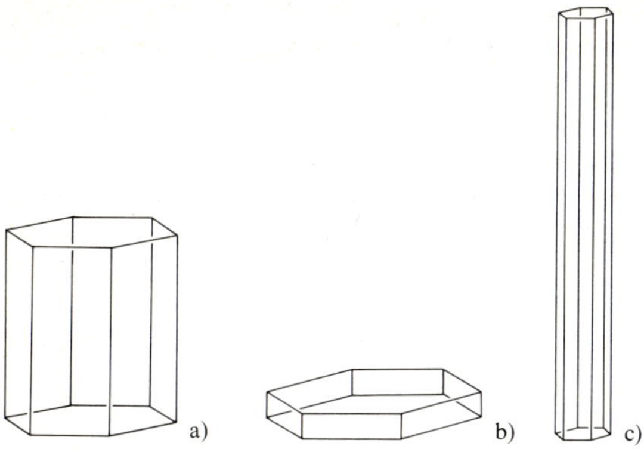

Abb. 4.2. Die drei Grundtypen des Habitus. (a) isometrisch, (b) planar oder taflig, (c) prismatisch oder nadelig

ersten Phase – der Keimbildung – bilden sich die Kristallkeime, die bereits eine dreidimensional periodische Anordnung der Bausteine und ebene „Begrenzungsflächen" besitzen. Als zweite Phase ist das Wachstum des

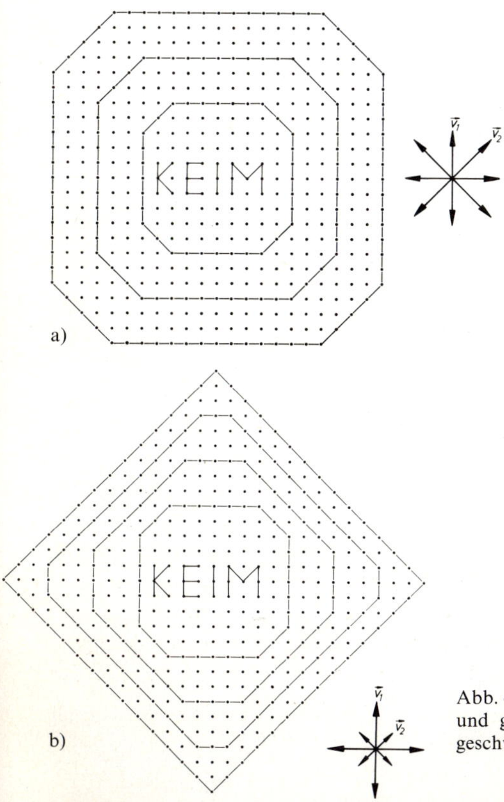

Abb. 4.3. Kristallwachstum bei nur geringem (a) und großem (b) Unterschied der Wachstumsgeschwindigkeiten

Keims zum makroskopischen Kristall anzusehen. Dieses Wachstum äußert sich als Parallelverschiebung der Kristallflächen. Die Größe dieser Parallelverschiebung in der Zeiteinheit wird als *Wachstumsgeschwindigkeit* bezeichnet. Die Wachstumsgeschwindigkeit ist eine typisch anisotrope Kristalleigenschaft.

In der Abb. 4.3 ist der Keim (zweidimensional dargestellt) von unterschiedlichen Flächen (Netzebenen) begrenzt, folglich sollten auch die Wachstumsgeschwindigkeiten $\vec{v}_1$ und $\vec{v}_2$ dieser Flächen unterschiedlich groß sein. Während sich die Wachstumsgeschwindigkeiten beim Kristall (a) nur gering unterscheiden, ist dieser Unterschied beim Kristall (b) erheblich. Dies führt beim Kristall (b) dazu, daß die langsamer wachsenden Flächen ständig größer werden, bis die schneller wachsenden Flächen ganz verschwinden. Welche Kristallflächen sich schließlich an einem Kristall ausbilden, hängt vom Verhältnis der Wachstumsgeschwindigkeiten[3] der einzelnen Flächen ab, dabei haben die langsamer wachsenden Flächen den Vorrang vor den schneller wachsenden. Flächen, die an einem Kristall auftreten, sind in der Regel niedrig indiziert und ihre Netzebenen möglichst dicht mit Bausteinen besetzt.

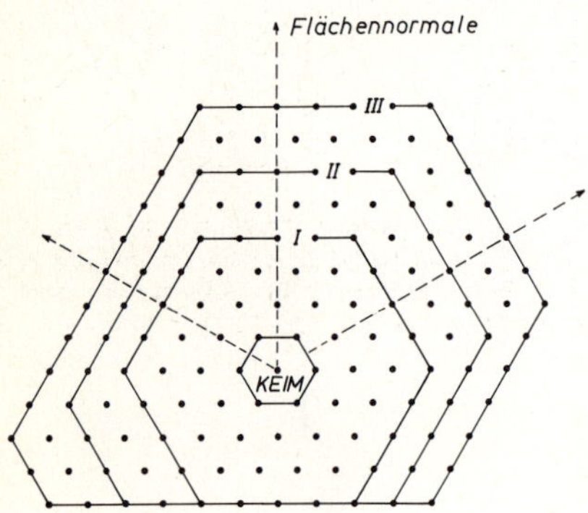

Abb. 4.4. Bei verschiedenen Individuen derselben Kristallart sind die Winkel zwischen entsprechenden Flächen gleich groß

Wie in Abb. 4.4 dargestellt, können aus den gleichen Keimen Kristalle verschiedener Gestalt (I-III) entstehen. Der Kristall I ist regelmäßig, die Kristalle II und III sind aufgrund von äußeren Einflüssen stark verzerrt weitergewachsen. Die Winkel zwischen den Kristallflächen sind aber gleich groß geblieben, da eine Parallelverschiebung Winkel nicht verändert. Außerdem sind alle sich entsprechenden Kristallflächen von Netzebenen der gleichen Schar gebildet.

[3] Die Wachstumsgeschwindigkeit ist von der Temperatur, dem Druck und der Übersättigung abhängig.

Daraus läßt sich das *Gesetz der Winkelkonstanz*[4] formulieren: *Bei verschiedenen Individuen derselben Kristallart sind die Winkel zwischen entsprechenden Flächen gleich groß.*

Die Lage der Flächennormalen in Abb. 4.4 ist gleich geblieben. Es ist möglich, durch Winkelmessungen die Lage der Flächennormalen festzulegen und damit die Verzerrungen zu eliminieren.

Die bisherigen Betrachtungen über das Wachstum von Kristallen gehen davon aus, daß sich nur ein Keim oder wenige Keime ausbilden, die dann zu sogenannten *Einkristallen* weiterwachsen, ohne sich zu behindern. Kommt es aber zu einer spontanen Bildung vieler Keime, so können die Keime anfangs wie oben weiterwachsen. Durch gegenseitige Berührung wird die Entfaltung regelmäßiger Formen beeinträchtigt. Es entsteht ein *Kristallaggregat* oder Polykristall. Die einzelnen Phasen dieser Aggregatbildung sind in einem Beispiel in Abb. 4.5 veranschaulicht.

Abb. 4.5. Entstehung eines Kristallaggregates. (a) Bildung vieler Keime, die zuerst ungehindert weiterwachsen können. (b) Erste Berührung der Kristalle führt zu einer gegenseitigen Behinderung und Beeinträchtigung des Polyeder-Wachstums. Die Polyeder-Gestalt der Einkristalle geht schließlich vollständig verloren. (c) Die Einkristalle des Aggregats mit ihren Korngrenzen

[4] Diese Gesetzmäßigkeit wurde bereits 1669 von Nicolaus Steno erkannt, ohne daß er vom gitterartigen Aufbau der Kristalle wußte. Sie gilt nur bei gleichen Temperatur- und Druckbedingungen.

Aufgabe 4.1. Bauen Sie mit Hilfe des Kristallmodellnetzes in Abb. 4.6 das Modell eines Galenitkristalls, der jenen in den Abb. 4.1b und 15.1 entspricht: Kristallmodellnetz auf dünne Pappe übertragen, ausschneiden, Linien leicht anritzen, Flächen längs der geritzten Linien nach hinten umknicken und die Flächen verbinden (evtl. mit Tesafilm).

Aufgabe 4.2. Arbeiten Sie den Abschnitt 15.1 Kristallprojektionen durch.

Aufgabe 4.3. Zeichnen Sie die Kristallmodellnetze für die in Abb. 4.7 aufgeführten Polyeder und bauen Sie diese Polyeder (vgl. Abb. 4.6).

Aufgabe 4.4. Tragen Sie die Flächenpole der in Abb. 4.7 aufgeführten Polyeder qualitativ in der Weise in eine stereographische Projektion ein, daß die Prismenkante bzw. die Höhe bei den Pyramiden und Dipyramiden senkrecht zur Projektionsebene ausgerichtet ist.

Aufgabe 4.5. Welche Flächen des hexagonalen Prismas und der tetragonalen Dipyramide gehören einer Zone an? Zeichnen Sie die Großkreise in die entsprechenden Stereogramme der Aufgabe 4.4 ein.

Aufgabe 4.6. Wie stehen die Normalen der Flächen, die zu einer Zone gehören, zueinander? Welche Lage nehmen sie zur Zonenachse ein.

Aufgabe 4.7. Welches Verhältnis der Wachstumsgeschwindigkeiten muß vorliegen, damit Kristalle mit a) isometrischem, b) tafligem und c) nadligem Habitus entstehen (vgl. Abb. 4.2).

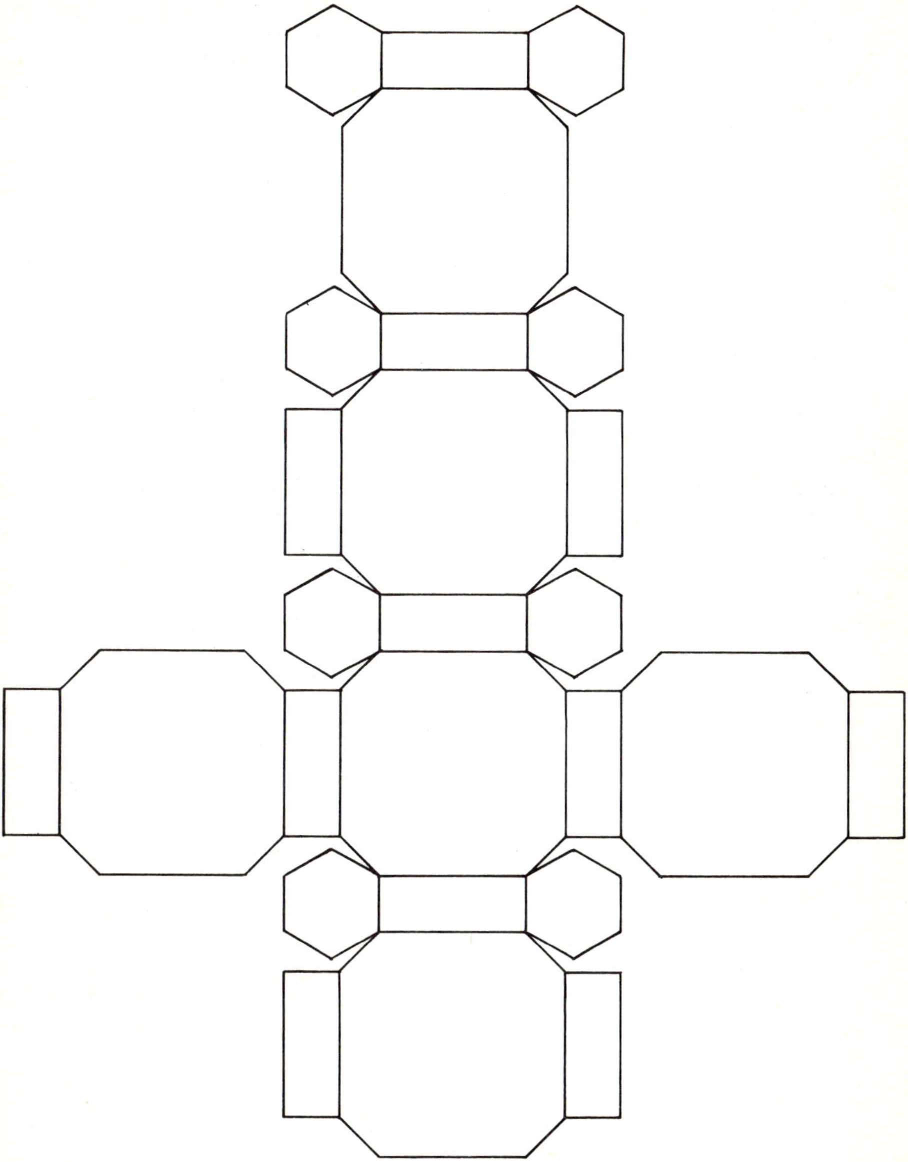

Abb. 4.6. Kristallmodellnetz eines Galenit(PbS)-Kristalls

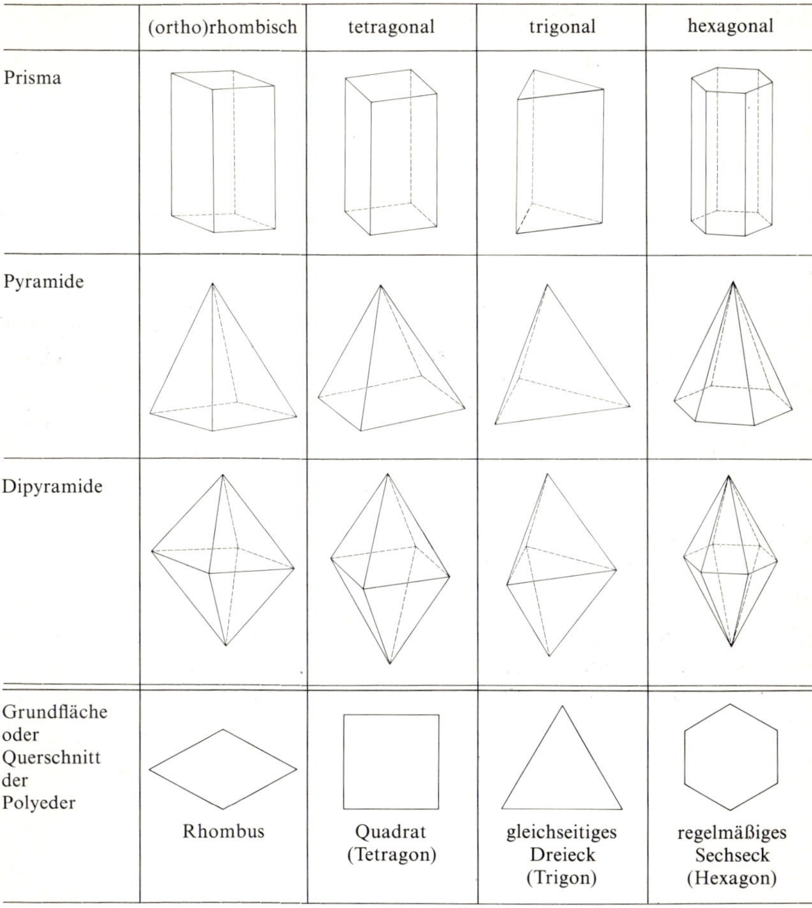

Abb. 4.7. Einige wichtige Kristallpolyeder; ihre Bezeichnung ergibt sich aus der geometrischen Form der Grundfläche bzw. des Querschnitts der Polyeder.

5. Das Symmetrie-Prinzip

Bisher wurde als Deckoperation nur die Gitter-Translation betrachtet. Außerdem können als Deckoperationen u. a. Drehungen und Spiegelungen auftreten. Alle Deckoperationen heißen *Symmetrie-Operationen*. Zeichnet eine Symmetrie-Operation einen bestimmten Punkt, eine Gerade oder eine Ebene des Raumes aus, dann nennt man diesen Punkt, diese Gerade oder diese Ebene das dazugehörige *Symmetrie-Element* (SE).

5.1 Drehachsen

Welche Symmetrie-Elemente enthält z. B. eine allgemeine Netzebene (Abb. 5.1)? Man kopiere die Netzebene auf Transparentpapier und lege beide Netzebenen direkt übereinander. Jetzt drehe man das Transparent um den zentralen Gitterpunkt A als Drehpunkt so lange bis beide Gitter zur Deckung

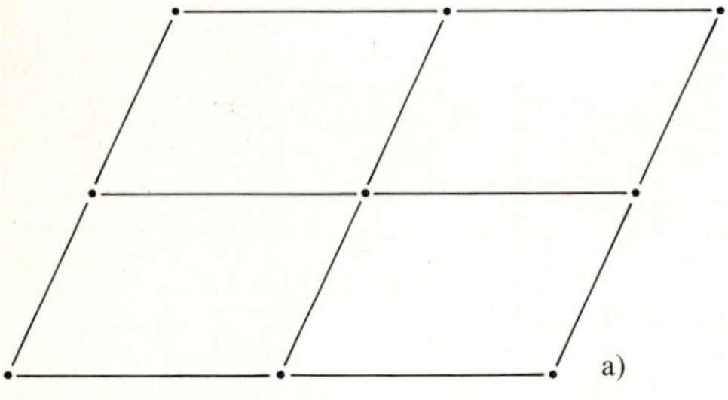

a)

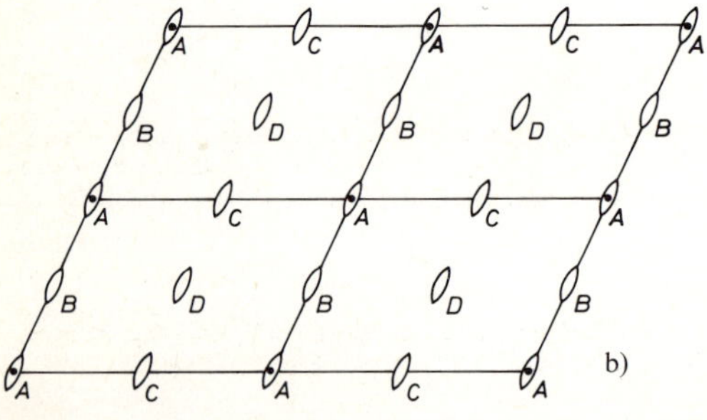

b)

Abb. 5.1. Allgemeine Netzebene (a) und ihre Symmetrie (b). Gleiche Buchstaben bezeichnen gleichwertige Symmetrie-Elemente.

kommen. Dies ist bei 180° der Fall, und nach weiteren 180° kommt man bei 360° zur Ausgangsstellung zurück.

Diese Deck- oder Symmetrie-Operation nennt man *Drehung*, das Symmetrie-Element *Drehachse*. Man definiert die *Zähligkeit* einer Drehachse X mit $X = \frac{360°}{\varepsilon}$ (ε = Drehwinkel). Im vorliegenden Fall ist $X = \frac{360°}{180°} = 2$ (zweizählige Drehachse). 2 ist auch das Symbol für dieses Symmetrie-Element, das in Abbildungen senkrecht zur Papierebene mit () und parallel zur Papierebene mit → markiert wird.

Wenn in Punkt A eine zweizählige Drehachse liegt, so besitzen alle zu A identischen Punkte die gleiche Eigenschaft.

Die gleiche Operation kann an Punkten ausgeführt werden, die auf der Mitte eines Translationsvektors liegen (B, C, D). Es sind senkrecht zu einer Netzebene unendlich viele zweizählige Achsen angeordnet.

Symmetrie-Elemente sind *gleichwertig (äquivalent)*, wenn sie durch eine Deckoperation ineinander überführt werden. In Abb. 5.1 sind alle Drehachsen A bzw. B bzw. C bzw. D untereinander gleichwertig, aber alle A zu B usw. ungleichwertig.

Ein Kristall, dessen Gitter aus in gleichem Abstand direkt übereinandergelagerten kongruenten Netzebenen[1] (Abb. 5.1) besteht, kann die Morphologie: Parallelogramm als Grund- und Deckfläche und dazu senkrechte Seitenflächen (Abb. 5.2) entwickeln. Dieser Körper kann durch Drehung um eine Achse, die auf den Mitten der Parallelogramme senkrecht steht, nach 180° mit sich selbst zur Deckung gebracht werden. Er enthält nur *eine* 2-zählige Achse.

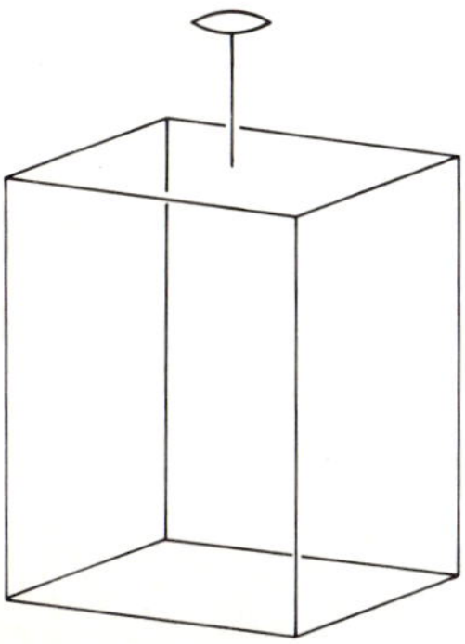

Abb. 5.2. Ein Kristall mit einem Parallelogramm als Grund- und Deckfläche und dazu senkrechten Seitenflächen enthält – was die Morphologie betrifft – nur *eine* zweizählige Drehachse

[1] *Direkt übereinandergelagerte kongruente Netzebenen* soll bedeuten, daß jede Netzebenennormale durch einen Gitterpunkt sämtliche Netzebenen in Gitterpunkten schneidet.

Ein morphologischer Körper besitzt in bezug auf eine Richtung nur ein Symmetrie-Element einer bestimmten Art, sein Raumgitter bzw. seine Kristallstruktur aber unendlich viele zueinander parallele Elemente. Dies gilt allgemein!

Es stellt sich nun die Frage, ob es im Raumgitter außer den zweizähligen Drehachsen noch weitere Drehachsen mit $X>2$ gibt. Jede Drehachse mit $X>2$ erzeugt bei Einwirkung auf einen Punkt mindestens zwei weitere, die in einer Ebene liegen; und drei Punkte, die nicht auf einer Geraden liegen, erzeugen bereits eine Netzebene. Drehachsen können also nur senkrecht zu einer Netzebene angeordnet sein. Es muß darum nur untersucht werden, ob die durch eine Drehachse erzeugten Punkte, die in einer Ebene liegen die Bedingung für eine Netzebene erfüllen, daß parallele Gittergeraden stets die gleiche Translationsperiode besitzen:

a) Dreizählige Drehachse 3 (graphisches Symbol △). In Abb. 5.3a steht die dreizählige Drehachse (△) senkrecht auf der Papierebene und erzeugt bei Einwirkung auf den Punkt I nach Drehung um $120^\circ \left(=\frac{360^\circ}{3}\right)$ den Punkt II, nach weiterer Drehung um 120° den Punkt III. Nach nochmaliger Drehung um 120° kommt man zum Ausgangspunkt I zurück. Durch Gitter-Translation erhält man nun den Punkt IV. Diese vier Punkte bilden die Elementarmasche einer Netzebene. Folglich kann die dreizählige Drehachse im Raumgitter vorkommen.

b) Vierzählige Drehachse 4 (graphisches Symbol □). Auch vierzählige Drehachsen sind im Raumgitter möglich. Die 4 erzeugt bei Einwirkung auf einen Punkt eine Punktanordnung in Form eines Quadrats, das die Elementarmasche einer Netzebene bildet (Abb. 5.3b).

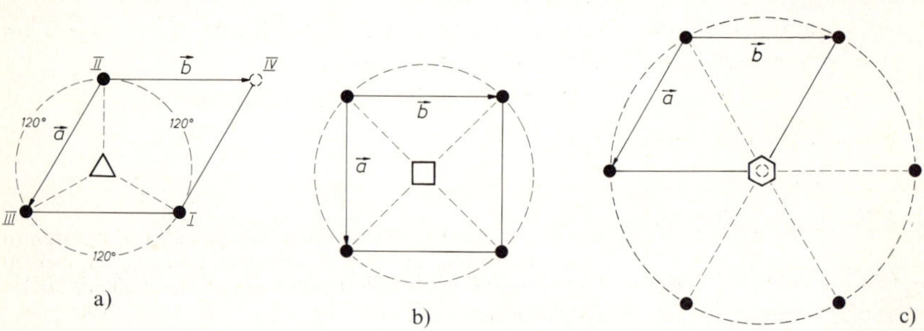

Abb. 5.3. Die durch die Wirkungsweise einer senkrecht zur Papierebene stehenden 3-zähligen (a), 4-zähligen (b), 6-zähligen Drehachse (c) aus einem Punkt entstehenden Punktanordnungen führen zu Netzebenen (○ durch Gittertranslation erzeugte Punkte).

c) Fünfzählige Drehachse 5. Durch die Wirkungsweise einer fünfzähligen Drehung auf einen Punkt entsteht eine Punktanordnung in Form eines Pentagons (Abb. 5.4a). Die Punkte III und IV sowie II und V liegen auf parallelen Geraden. Wenn parallele Gittergeraden vorliegen sollen, die stets die gleiche Translationsperiode besitzen, so muß II-V gleich III-IV oder ein ganzzahliges Vielfaches von III-IV sein. Da dies nicht zutrifft, können die Punkte in Abb. 5.4a keine Netzebene aufbauen. Fünfzählige Drehachsen sind im Raumgitter unmöglich!

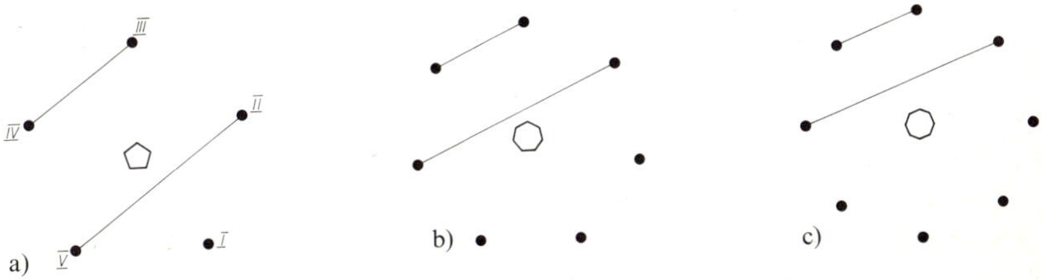

Abb. 5.4. Die durch die Wirkungsweise einer fünfzähligen (a), siebenzähligen (b) und achtzähligen (c) Drehachse aus einem Punkt entstehenden Punktanordnungen erfüllen *nicht* die Bedingungen für eine Netzebene, daß parallele Gittergeraden die gleiche Translationsperiode besitzen müssen. Diese Drehachsen sind im Raumgitter unmöglich.

d) Sechszählige Drehachse 6 (graphisches Symbol ⬡).[2] Eine 6 erzeugt bei Einwirkung auf einen Punkt eine Punktanordnung in Form eines Hexagons (Abb. 5.3c). Durch Gitter-Translation entsteht ein Punkt auf der sechszähligen Drehachse. Diese Punktanordnung erfüllt die Bedingungen für eine Netzebene. Die durch die 3 und 6 gewonnenen Netzebenen sind identisch (Abb. 5.3a, c).

e) Drehachsen mit einer Zähligkeit $X > 6$. Die Punktanordnungen, die durch das Einwirken einer siebenzähligen und achtzähligen Drehachse auf einen Punkt entstehen (Abb. 5.4b, c), können analog wie in c) diskutiert werden. Sie können keine Netzebene aufbauen und sind im Raumgitter unmöglich. Dies gilt für alle Drehachsen mit $X > 6$.

Im Raumgitter und damit in den Kristallstrukturen können nur 1-, 2-, 3-, 4-, 6-zählige Drehachsen vorkommen.

5.2 Spiegelebene

Eine weitere Deckoperation ist die *Spiegelung;* das dazugehörige Element nennt man *Spiegel-* oder *Symmetrie-Ebene* und gibt ihr das Symbol m

[2] Das international gebräuchliche graphische Symbol für 2, 3, 4, 6 ist ⬮ ▲ ■ ⬢ (vgl. 15.3b). Aus Gründen der Zweckmäßigkeit wird hier auch gleichwertig ⬯ △ □ ⬡ verwendet.

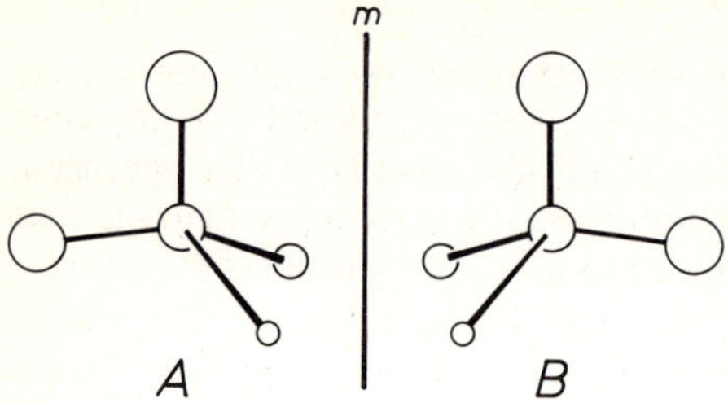

Abb. 5.5. Die Wirkungsweise einer Spiegelebene m ist an asymmetrischen Molekeln dargestellt. Die Molekel A wird durch die senkrecht zur Papierebene stehende Spiegelebene in B überführt, entsprechend B in A.

(engl. mirror). Jedem Punkt (Baustein) auf der einen Seite der Spiegelebene entspricht im gleichen Abstand auf der Normalen zur Ebene ein äquivalenter Punkt (Baustein) auf der anderen Seite (Abb. 5.5). Die Lage einer Spiegelebene in einem Gipskristall zeigt Abb. 5.6.

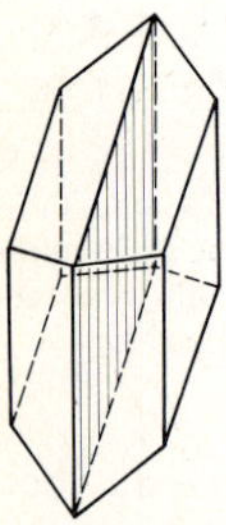

Abb. 5.6. Spiegelebene in einem Gips-Kristall

Läßt man m auf eine zu ihr parallele bzw. eine nicht parallele Gittergerade A einwirken, so entstehen Gittergeraden A′ und im Endeffekt Netzebenen mit einem Rechteck als Elementarmasche (Abb. 5.7). Für die Erzeugung

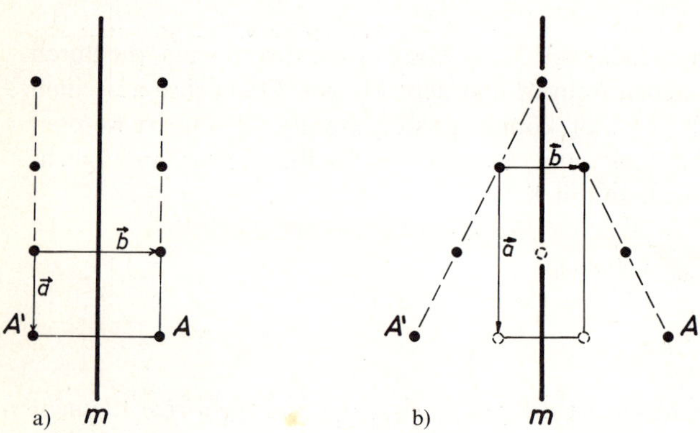

Abb. 5.7. Einwirken von m auf eine Gittergerade; (a) die Gittergerade ist parallel zu m. Es entsteht eine Netzebene mit einer primitiven Elementarmasche in Form eines Rechtecks; (b) die Gittergerade ist schief zu m. Es entsteht eine Netzebene mit einer zentrierten Elementarmasche in Form eines Rechtecks (○ Punkte, die durch Gitter-Translation erzeugt werden)

einer Netzebene in Abb. 5.7b ist es notwendig, daß ein Punkt der Gittergeraden auf m liegt. Die Elementarmasche in Abb. 5.7b enthält zwei Gitterpunkte und wird als zentrierte Elementarmasche bezeichnet. Man wählt hier keine primitive Elementarmasche, weil mit der rechtwinkligen Elementarmasche besser operiert werden kann.

5.3 Inversionszentrum

Bei der Deckoperation *Inversion* wird jeder Punkt (Baustein) durch ein punktförmiges Zentrum (*Inversions-* oder *Symmetriezentrum,* Symbol $\bar{1}$)[3] in der Weise in die entgegengesetzte Richtung projiziert, daß Punkt und Gegenpunkt vom Inversionszentrum den gleichen Abstand haben. Die Wirkungsweise des Inversionszentrums ist in Abb. 5.8 an Molekeln dargestellt. Das graphische Symbol des Inversionszentrums ist ein kleiner Kreis. Jedes Raumgitter ist inversionssymmetrisch! (vgl. Abb. 5.9).

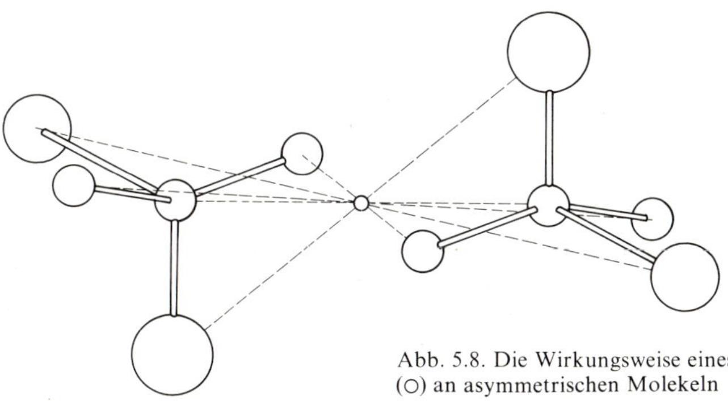

Abb. 5.8. Die Wirkungsweise eines Inversionszentrums (○) an asymmetrischen Molekeln

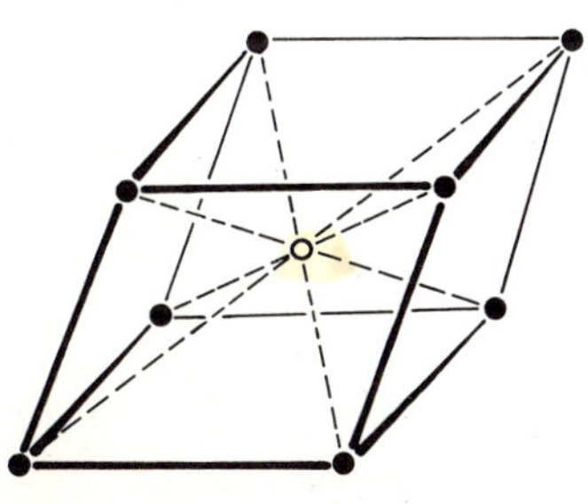

Abb. 5.9. Elementarzelle eines allgemeinen Raumgitters mit Inversionszentrum in $\frac{1}{2},\frac{1}{2},\frac{1}{2}$. Jedes Raumgitter ist inversionssymmetrisch

[3] Zum Symbol $\bar{1}$ vgl. 5.4.1 a.

5.4 Koppelung von Deckoperationen

Die Deckoperationen Drehung, Spiegelung, Inversion und Gitter-Translation können auf zweierlei Weise miteinander verknüpft werden.

a) Koppelung: Diese Verknüpfung ist nur paarweise möglich. Die beiden ursprünglichen Deckoperationen verlieren ihre Eigenständigkeit und werden hintereinander als ein Vorgang ausgeführt. Es entsteht eine neue Deckoperation.

b) Kombination: Bei der Kombination von Deckoperationen behalten diese ihre Eigenständigkeit. Ebenso wie die einzelnen Deckoperationen müssen auch ihre Kombinationen mit dem Raumgitter im Einklang stehen.

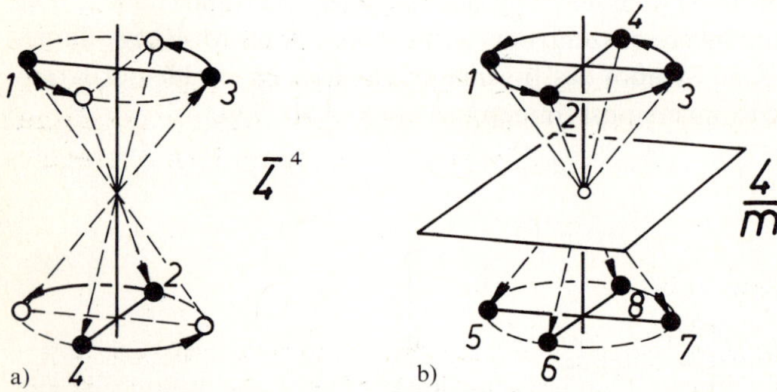

Abb. 5.10. Koppelung (a) und Kombination (b) von 4-zähliger Drehung und Inversion und ihre Wirkungsweisen auf einen Punkt 1. Die nicht ausgefüllten Kreise kennzeichnen die Lage von „Hilfspunkten", die bei der Koppelung der Deckoperationen nicht realisiert werden (a). Bei der Kombination entsteht im Inversionszentrum senkrecht zur Drehachse eine Spiegelebene (b).

An der Verknüpfung von vierzähliger Drehung und Inversion sollen Koppelung und Kombination erläutert werden. Koppelung bedeutet in einem Vorgang Drehung um 90° und Inversion an einem Punkt auf der Drehachse. Man kommt in Abb. 5.10a vom Punkt 1 nach 2 und entsprechend zu den Punkten 3, 4 und zum Ausgangspunkt 1 zurück. Bei der Kombination entstehen durch die vierzählige Drehachse aus Punkt 1 die Punkte 2, 3 und 4 und aus ihnen durch die Inversion – das Inversions-Zentrum liegt auf der Drehachse – die Punkte 7, 8, 5, 6.

Auf die Kombinationen der Deckoperationen wird in Kap. 6., 8. und 9. eingegangen, dagegen sind die Koppelungsmöglichkeiten der Deckoperationen in Tabelle 5.1 zusammengestellt. Die Begriffe in Klammern sind die Elemente der entsprechenden Deckoperationen. Die Koppelung von Spie-

---

[4] vgl. Kap. 5.4.1d

[5] 4/m bedeutet 4⊥m

Tabelle 5.1 *Die Symmetrie-Operationen*, die durch die einzelnen Koppelungsmöglichkeiten der Deckoperationen entstehen; ihre Elemente sind in Klammern gesetzt.

	Drehung	Spiegelung	Inversion	Gitter-Translation
Drehung	×	Drehspiegelung	Drehinversion	Schraubung
Spiegelung	(Drehspiegelachsen)	×	2-zählige Drehung	Gleitspiegelung
Inversion	(Drehinversionsachsen)	(2)	×	Inversion
Gitter-Translation	(Schraubenachsen)	(Gleitspiegelebenen)	(Inversionszentren)	×

gelung und Inversion sowie Inversion und Translation erbringt nichts Neues. Auf die Gleitspiegelung und Schraubung wird erst später eingegangen (Kap. 9.1), da sie für das derzeitige Verständnis nicht unbedingt notwendig sind.

5.4.1 Drehinversionsachsen

Als Elemente der *Drehinversion* kann man die *Drehinversionsachsen* (allgemeines Symbol $\bar{X}$; sprich: X quer) verwenden. Da als Drehachsen X nur 1, 2, 3, 4, 6 infrage kommen, sind nur fünf Drehinversionsachsen $\bar{X}$, nämlich $\bar{1}$, $\bar{2}$, $\bar{3}$, $\bar{4}$, $\bar{6}$ ableitbar:

a) Drehinversionsachse $\bar{1}$. $\bar{1}$ bedeutet Drehung um 360° und Inversion an einem Punkt auf der einzähligen Drehinversionsachse. Bei Einwirkung auf einen Punkt 1 kommt dieser zum Ausgangspunkt zurück und gelangt durch Inversion zum Punkt 2 (Abb. 5.11a). Die $\bar{1}$-Drehinversion ist also identisch mit der Inversion an einem Inversionszentrum. $\bar{1}$ wird daher auch als Symbol für das Inversionszentrum verwendet.

b) Drehinversionsachse $\bar{2}$. Die Wirkungsweise einer $\bar{2}$ auf einen Punkt ist in Abb. 5.11b dargestellt. Drehung um 180° und Inversion überführt den Punkt 1 in 2 und den Punkt 2 wieder zurück in 1. Beide Punkte sind aber auch durch eine Spiegelebene senkrecht zur Achse ineinander überführbar. $\bar{2}$ ist mit m identisch, muß also nicht weiter berücksichtigt werden.

c) Drehinversionsachse $\bar{3}$ (graphisches Symbol ▲). Eine $\bar{3}$ erzeugt bei Einwirkung auf einen Punkt insgesamt sechs äquivalente Punkte (Abb. 5.11c), deren Anordnung 3 und $\bar{1}$ enthält. Bei dieser Koppelung und bei $\bar{1}$ behalten die Einzelelemente ihre Eigenständigkeit!

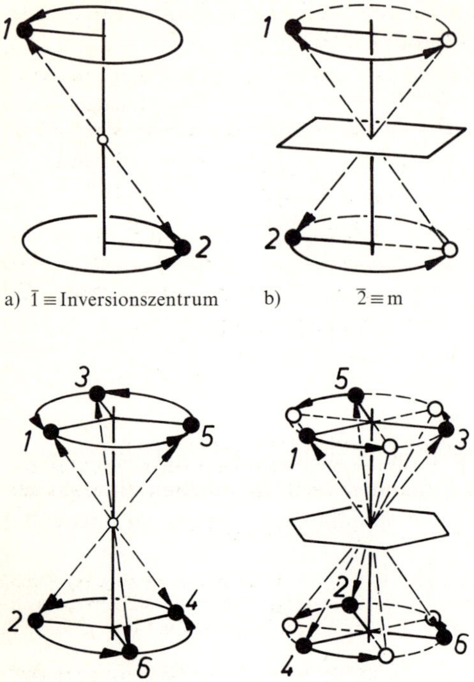

a) $\bar{1} \equiv$ Inversionszentrum b) $\bar{2} \equiv m$

c) ▲ $\bar{3} \equiv 3 + \bar{1}$ d) $\bar{6} \equiv 3 \perp m$

Abb. 5.11. Die Wirkungsweisen der Drehinversionsachsen $\bar{1}$ (a), $\bar{2} \equiv m$ (b), $\bar{3} \equiv 3 + \bar{1}$ (c), $\bar{6} \equiv 3 \perp m$ (d) auf einen Punkt 1; $\bar{4}$ vgl. Abb. 5.10a. Die nicht ausgefüllten Kreise kennzeichnen die Lage von „Hilfspunkten", die bei der Koppelung der Deckoperationen nicht realisiert werden.

d) Drehinversionsachse $\bar{4}$ (graphisches Symbol ◪). Die Wirkungsweise einer $\bar{4}$ wurde bereits in Abb. 5.10a erläutert. Aus der dortigen Punktanordnung ist ersichtlich, daß in $\bar{4}$ eine 2 enthalten ist.

e) Drehinversionsachse $\bar{6}$ (graphisches Symbol ▲). Eine $\bar{6}$ erzeugt bei Einwirkung auf einen Punkt insgesamt sechs äquivalente Punkte (Abb. 5.11d). In die Anordnung der Punkte kann man 3 und senkrecht dazu m legen. $\bar{6}$ ist identisch mit $3 \perp m$.

Die eindeutige Interpretation der Beziehungen $\bar{1} \equiv$ Inversionszentrum, $\bar{2} \equiv m$, $\bar{3} \equiv 3 + \bar{1}$, $\bar{4}$ enthält 2, $\bar{6} \equiv 3 \perp m$ in den Abb. 5.10a und 5.11 ist nur möglich, wenn anstelle der Punkte z. B. asymmetrische Pyramiden verwendet werden (vgl. dazu die Aufgabe 5.1a).

5.4.2 Drehspiegelachsen

Entsprechend den Drehinversionsachsen können die *Drehspiegelachsen* S_1, S_2, S_3, S_4, S_6 definiert werden. Drehspiegelung bedeutet Koppelung von Drehung und Spiegelung an einer Ebene senkrecht zur Achse. Die Drehspiegelachsen stellen aber nichts Neues dar, denn $S_1 \equiv m$; $S_2 \equiv \bar{1}$; $S_3 \equiv \bar{6}$; $S_4 \equiv \bar{4}$; $S_6 \equiv \bar{3}$. Die moderne Kristallographie verwendet ausschließlich Drehinversionsachsen.

Wir unterscheiden als Symmetrie-Elemente neben den Schraubenachsen und Gleitspiegelebenen (Kap. 9.1) die Drehachsen X (1, 2, 3, 4, 6) und Drehinversionsachsen $\bar{X}$ ($\bar{1}$ ($\equiv$ Inversionszentrum), $(\bar{2}) \equiv m$, $\bar{3}$, $\bar{4}$, $\bar{6}$).

Die Drehachsen und Drehinversionsachsen und mit ihnen m und $\bar{1}$ werden als *Punktsymmetrie-Elemente* bezeichnet, weil bei jeder dieser Deckoperationen mindestens ein Punkt am Ort bleibt. Bei den Drehachsen gilt dies z. B. für alle die Punkte, die auf der Drehachse liegen.

Aufgabe 5.1. Lassen Sie die Punktsymmetrie-Operationen einwirken (vgl. S. 42 und 43):
a) auf eine asymmetrische Pyramide, deren Grundfläche in der Papierebene liegt, und skizzieren Sie die Lage der äquivalenten Pyramiden (eine Pyramide, deren Spitze nach unten zeigt, gestrichelt darstellen).
b) in einer stereographischen Projektion auf einen allgemeinen Flächenpol.

Aufgabe 5.2. Lassen Sie die Drehspiegelachsen S_1, S_2, S_3, S_4 und S_6 in einer stereographischen Projektion auf einen allgemeinen Flächenpol einwirken und vergleichen Sie diese Stereogramme mit den Stereogrammen der Drehinversionsachsen $\bar{1}$, $m \equiv (\bar{2})$, $\bar{3}$, $\bar{4}$, $\bar{6}$ in Aufgabe 5.1 b.

Aufgabe 5.3. Welche Polyeder bilden die Flächen, deren Flächenpole durch die Einwirkung einer 3, 4, 6 und $\bar{6}$ auf einen allgemeinen Flächenpol erzeugt werden (Aufgabe 5.1 b)? Vergleichen Sie dazu die Aufgabe 4.4.

Aufgabe 5.4. Welchen Querschnitt muß ein Prisma haben, das eine 2-, 3-, 4- oder 6-zählige Drehachse zeigt?

Aufgabe 5.5. Welche Drehinversionsachsen enthalten ein Inversionszentrum?

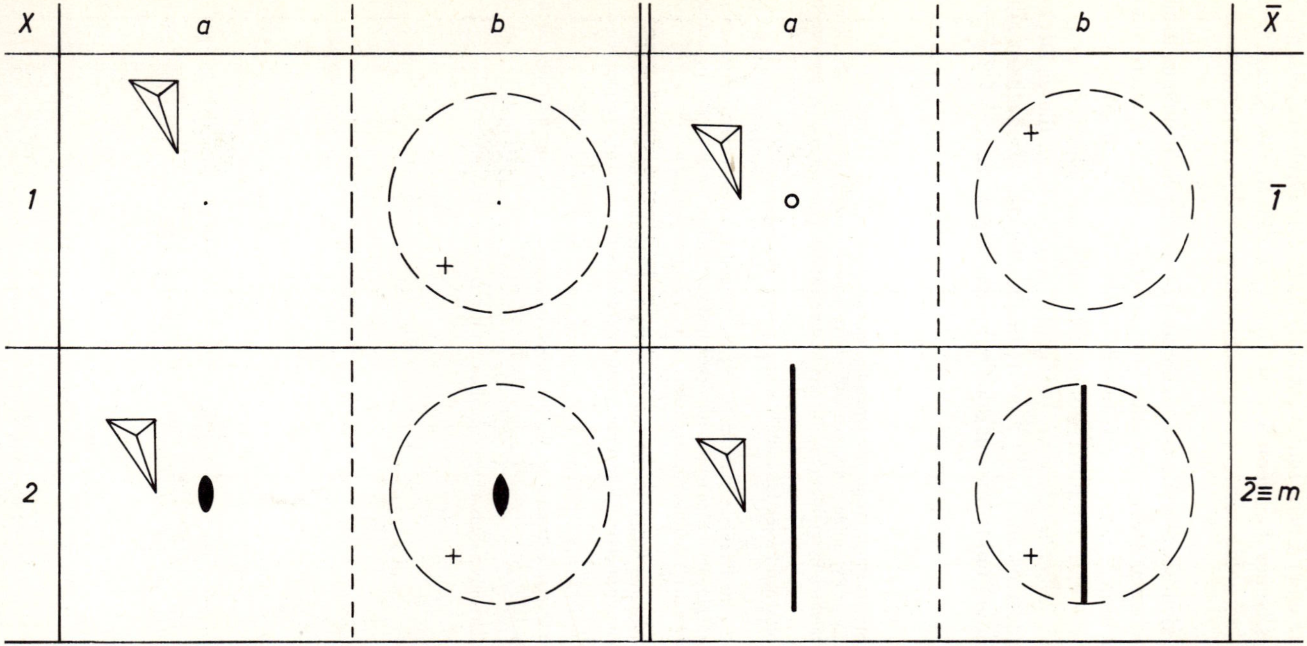

zu Aufgabe 5.1

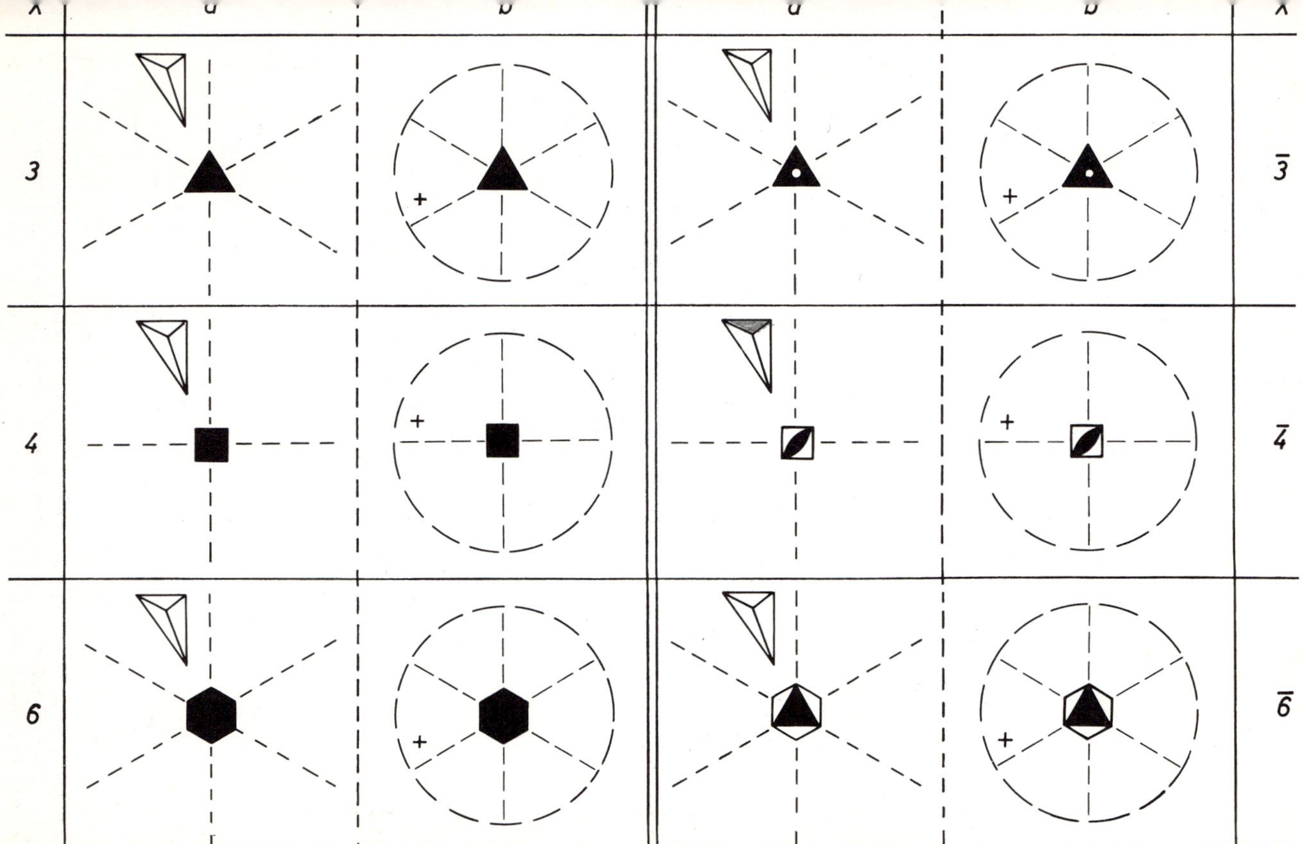

zu Aufgabe 5.1

6. Die 14 Translations-(Bravais-)Gitter

Mit dem allgemeinen Raum- oder Translationsgitter lassen sich alle Kristalle beschreiben. Allerdings liegen in dem größten Teil der Kristalle spezielle Translationsbedingungen vor (gleiche Translationen in verschiedenen Richtungen, Winkel zwischen den Translationen von 60°, 90°, 120°, 54°44′ usw.). Das allgemeine Translationsgitter enthält als Symmetrie-Elemente nur die Inversionszentren. Dagegen erzeugen Drehachsen und Spiegelebenen spezielle Translationsgitter. Diese speziellen Gitter gestatten nun vereinfachte Aussagen, z.B. bezüglich der physikalischen Eigenschaften, der Morphologie usw.. Treten in einem Kristall in verschiedenen Richtungen gleichwertige Gitter-Translationen auf, so sind auch die Eigenschaften parallel zu diesen Richtungen gleich.

Die allgemeine und die vier speziellen Netzebenen sind in Tabelle 6.1 mit den für sie charakteristischen Symmetrie-Elementen zusammengestellt. Für die allgemeine Netzebene wurde die Gesamtsymmetrie bereits bestimmt, aber die Netzebenen II-V enthalten neben den charakteristischen Symmetrie-

Tabelle 6.1 Netzebenen

		Elementarmasche der Netzebene	Gitterkonstanten der EM[a]	Charakteristische SE	Abb.
allgemeine Netzebene	I	Parallelogramm	$a_0 \neq c_0$ [b] $\beta > 90°$	2	5.1 6.3a
spezielle Netzebenen	II	Rechteck (primitive EM)	$a_0 \neq b_0$ $\gamma = 90°$	m	6.1a
	III	Rechteck (zentrierte EM)	$a_0 \neq b_0$ $\gamma = 90°$	m	6.1b
	IV	Quadrat	$a_0 = b_0$ $\gamma = 90°$	4	6.1c
	V	Rhombus (120°)	$a_0 = b_0$ $\gamma = 120°$	6 (3)	6.1d

[a] Bei der Wahl der Gitterkonstanten ist bereits zu jenen der Raumgitter Bezug genommen. Das Zeichen = bzw. ≠ bedeutet gleichwertig bzw. ungleichwertig in bezug auf die Symmetrie.
[b] Vgl. später Fußnote 6 auf S. 63.

Elementen noch weitere. Sie sind in Abb. 6.1 in die einzelnen Netzebenen eingezeichnet. Es wurden nur die Punktsymmetrie-Elemente der Elementarmasche berücksichtigt.[1]

6.1 Die primitiven Translationsgitter (P-Gitter)

Gleiche Korrespondenzen wie im Zweidimensionalen gibt es zwischen Symmetrie-Elementen und Raumgittern. Man erzeugt neben dem allgemeinen Translationsgitter spezielle Gitter, indem man kongruente Netzebenen jeweils im gleichen Abstand übereinander stapelt. Eine Stapelung direkt übereinander[2] führt, ohne daß die Symmetrie der Netzebenen verändert wird, zu fünf in Tabelle 6.2 angegebenen Translationsgittern mit primitiven

Tabelle 6.2 P-Gitter

Elementarmasche	Netzebenenabstand	Gitter	Abb.
Parallelogramm ($a_0 \neq c_0$)	b_0	monoklin P	6.3a,b
Rechteck ($a_0 \neq b_0$)	c_0	orthorhombisch P	6.4a,b
Quadrat ($a_0 = b_0$)	$c_0 \neq (a_0 = b_0)$	tetragonal P	6.5a,b
Quadrat ($a_0 = b_0$)	$c_0 = (a_0 = b_0)$	kubisch P	6.8a,b
Rhombus ($a_0 = b_0$)	c_0	hexagonal P	6.7a,b

Elementarzellen (P-Gittern). Man vergleiche diesen Vorgang in den Abb. 6.3–6.5a,b, 6.7 und 6.8a,b. Dabei wird allerdings die Netzebene III mit der zentrierten Elementarmasche vorerst ausgeklammert. Die quadratischen Netzebenen kann man im Abstand $c_0 \neq a_0 = b_0$ oder $c_0 = a_0 = b_0$ stapeln. Es entstehen das tetragonale oder das kubische P-Gitter. Das kubische P-Gitter ist als ein Spezialfall des tetragonalen anzusehen, weil neue charakteristische

[1] Daneben kommen in Abb. 6.1b, c, d noch Gleitspiegelebenen (vgl. Kap. 9.1) vor, die hier aber ohne Bedeutung sind.
[2] Vgl. Fußnote S. 33.

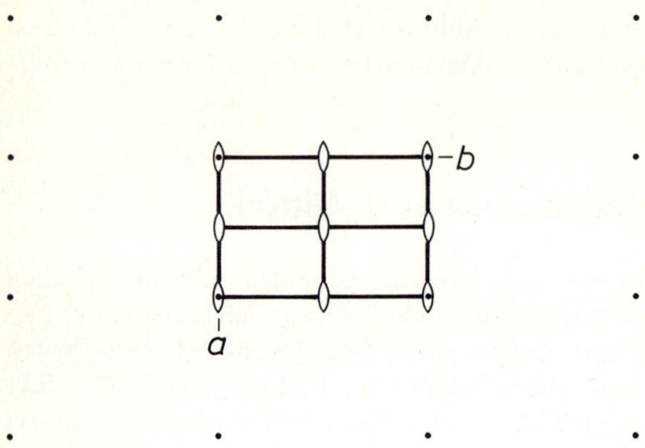

a)

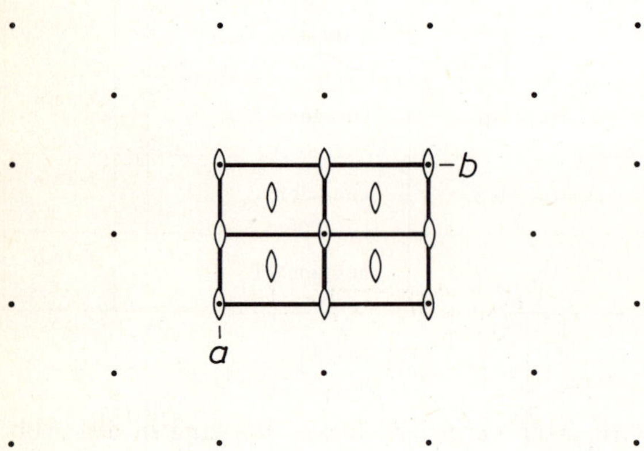

b)

Symmetrie-Elemente erzeugt werden (dreizählige Drehachsen in den Raumdiagonalen der würfelförmigen Elementarzelle).

Ein Weg, durch Stapelung zum allgemeinen oder triklinen P-Gitter zu gelangen, ist in Abb. 6.2a gezeigt.

Die oben genannten P-Gitter sind in Tabelle 6.3 zusammengestellt.

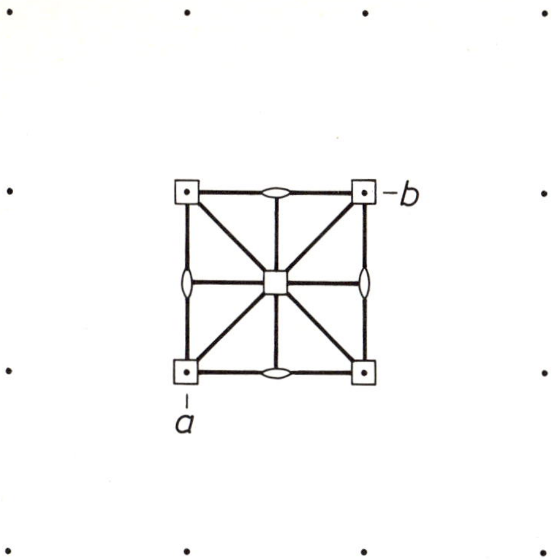

c)

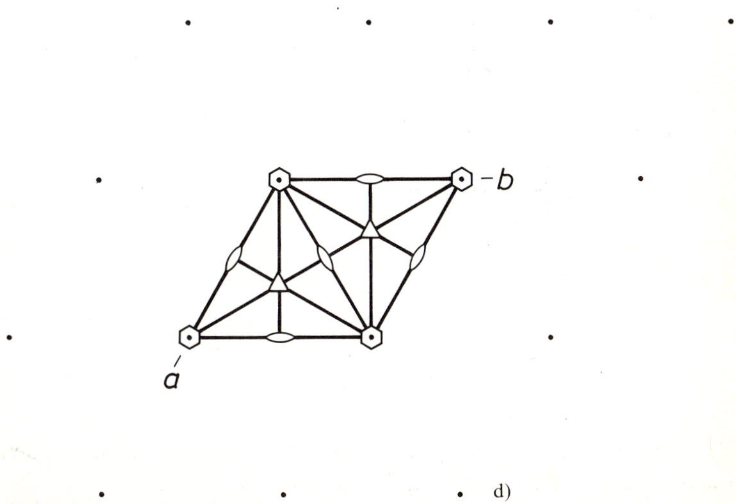

d)

Abb. 6.1. Symmetrie von Netzebenen mit einer primitiven (a) und einer zentrierten (b) EM in Form eines Rechtecks, mit einem Quadrat (c) und einem 120°-Rhombus (d) als EM. Es sind nur die Punktsymmetrie-Elemente der EM eingezeichnet.

Tabelle 6.3. Die 14 Translations(Bravais)-Gitter

	P	C	I	F
triklin	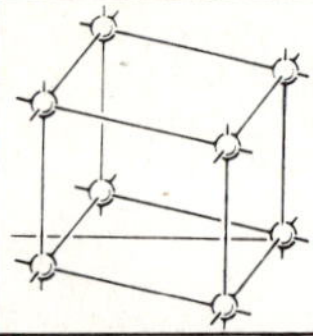			
monoklin	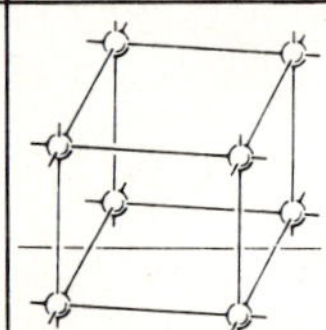	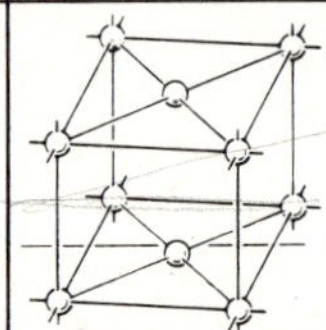		
orthorhombisch	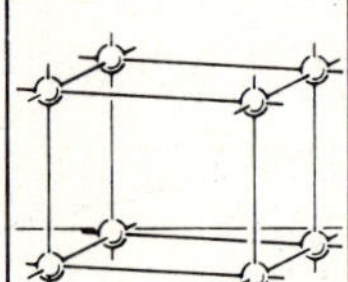	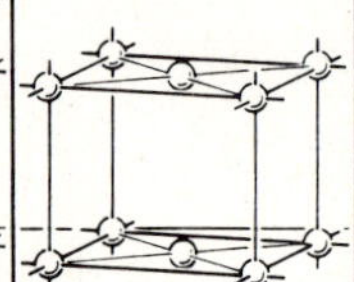	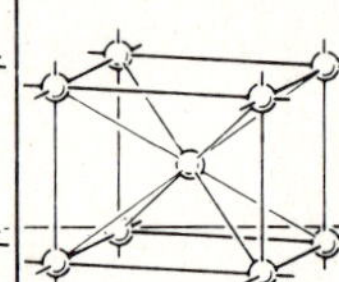	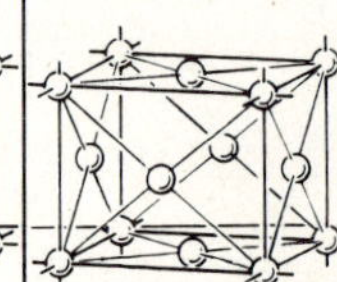
tetragonal	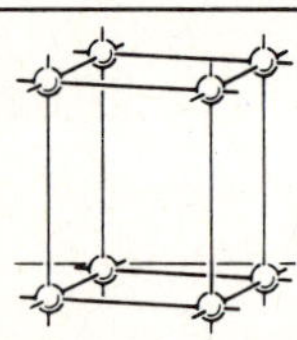		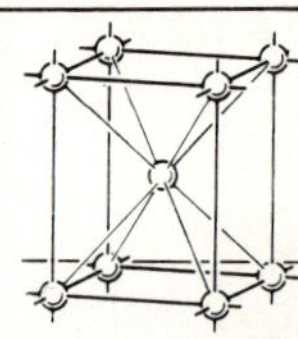	
trigonal		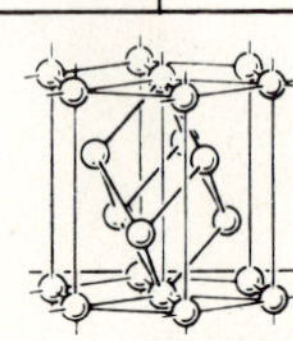		
hexagonal	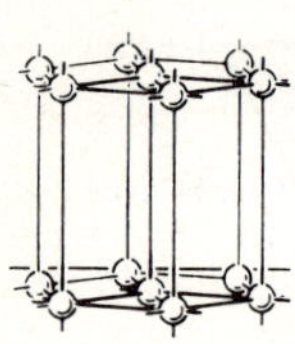			
kubisch	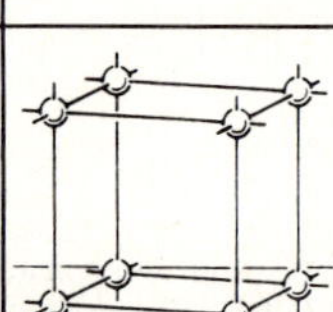		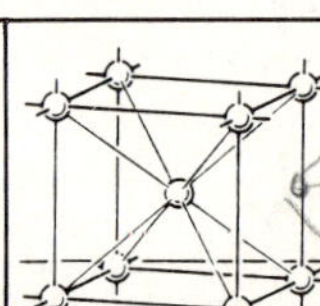	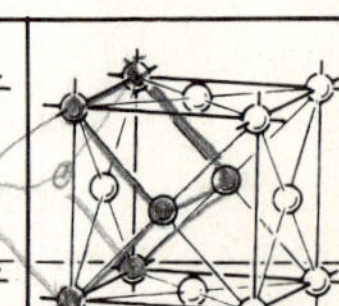

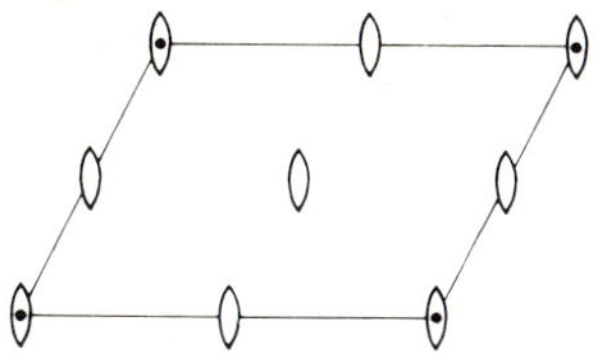

(a) Netzebene mit Parallelogramm als EM und ihre Symmetrie. Stapelung kongruenter Netzebenen direkt übereinander führt zum monoklinen P-Gitter (vgl. Abb. 6.3a, b). Kommen aber die Gitterpunkte der gestapelten Netzebenen nicht auf 2-zählige Achsen zu liegen, so gehen die 2-zähligen Drehachsen verloren. Es entsteht ein triklines P-Gitter (vgl. (b))

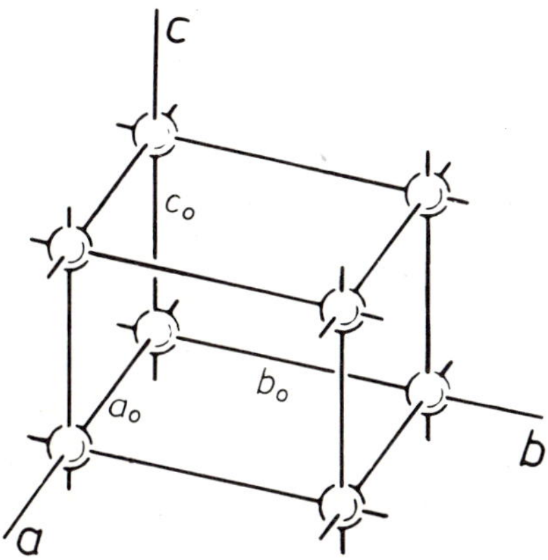

(b) triklines P-Translationsgitter, Gitterkonstanten der EZ:

$$a_0 \neq b_0 \neq c_0$$
$$\alpha \neq \beta \neq \gamma \neq 90^\circ$$

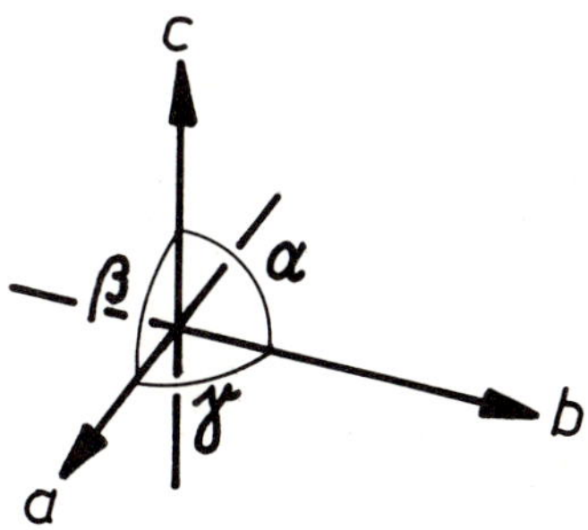

(c) triklines Achsenkreuz

$$a \neq b \neq c$$
$$\alpha \neq \beta \neq \gamma \neq 90^\circ$$

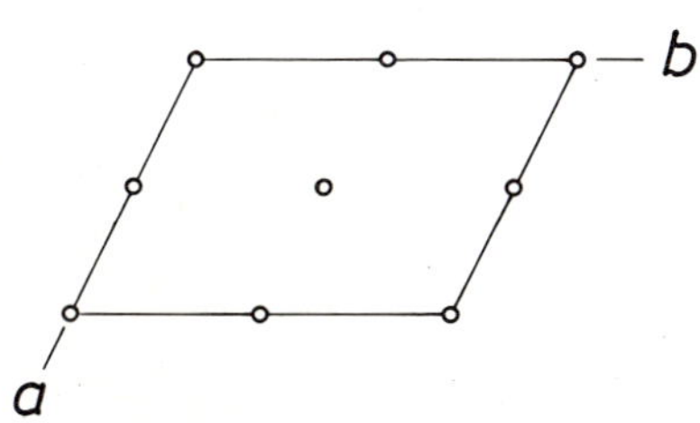

(d) Raumgruppe P$\bar{1}$
Projektion des Symmetriegerüstes des triklinen P-Gitters parallel c auf (001). Höchstsymmetrische RG im triklinen Kristallsystem

(o)

(e) Punktgruppe $\bar{1}$
Symmetrie eines Gitterpunktes des triklinen P-Gitters. Höchstsymmetrische PG im triklinen Kristallsystem

(f) Die Punktgruppe 1 läßt sich aus $\bar{1}$ ableiten

Abb. 6.2. Das trikline Kristallsystem

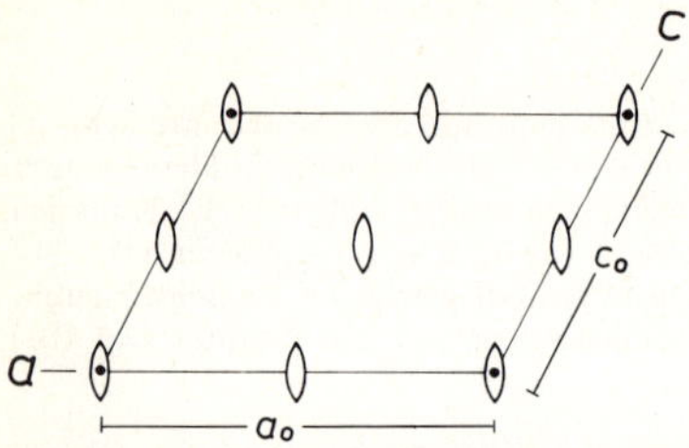

(a) Netzebene mit Parallelogramm als EM und ihre Symmetrie. Stapelung kongruenter Netzebenen im Abstand b_0 (!) direkt übereinander führt zum monoklinen P-Gitter (vgl. (b))

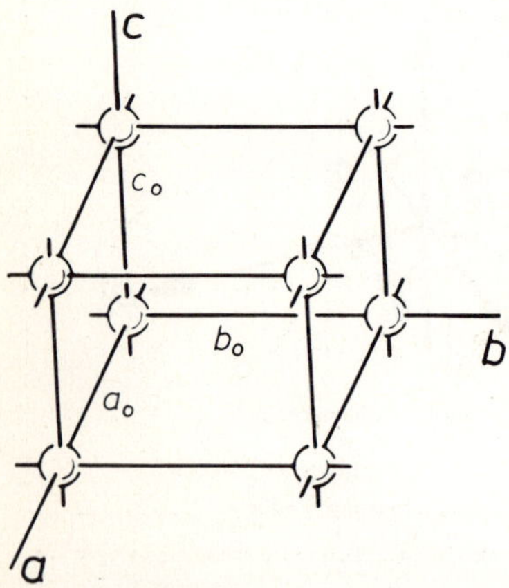

(b) monoklines P-Translationsgitter, Gitterkonstanten der EZ:

$$a_0 \neq b_0 \neq c_0$$
$$\alpha = \gamma = 90^\circ \quad \beta > 90^\circ$$

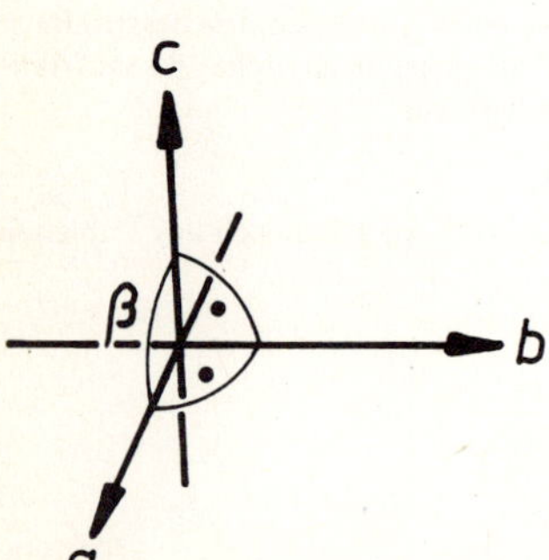

(c) monoklines Achsenkreuz:

$$a \neq b \neq c$$
$$\alpha = \gamma = 90^\circ \quad \beta > 90^\circ$$

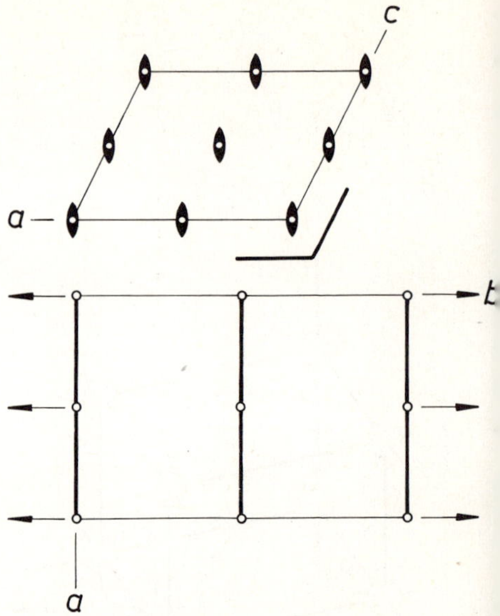

(d) Raumgruppe P 2/m
↓
b

Projektionen des Symmetriegerüstes des monoklinen P-Gitters auf (010) und (001). Eine der höchstsymmetrischen Raumgruppen im monoklinen Kristallsystem.

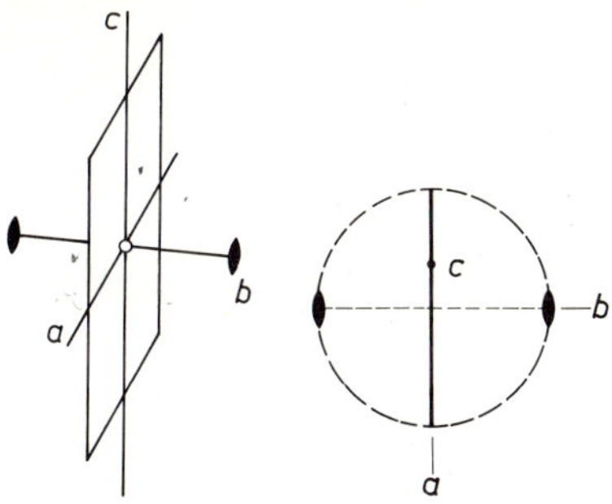

$2/m - C_{2h}$

(e) Symmetriegerüst und Stereogramm der Punktgruppe

$$\begin{array}{c} 2/m \\ \downarrow \\ b \end{array}$$

Symmetrie eines Gitterpunktes des monoklinen P-Gitters. Höchstsymmetrische Punktgruppe im monoklinen Kristallsystem.

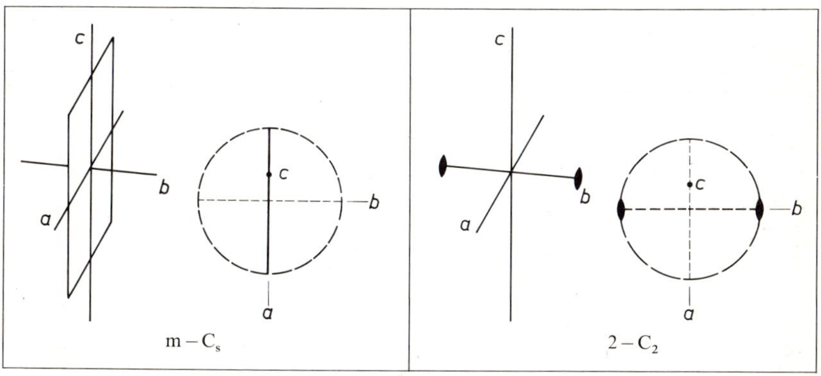

(f) Symmetriegerüste und Stereogramme der monoklinen Punktgruppen, die sich aus 2/m ableiten lassen

Abb. 6.3. Das monokline Kristallsystem

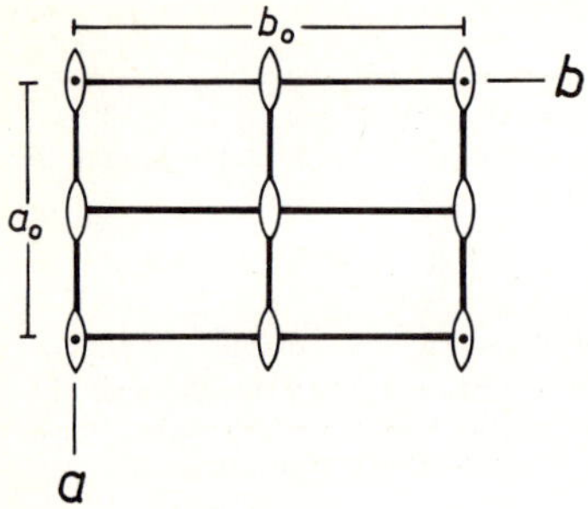

(a) Netzebene mit Rechteck als EM und ihre Symmetrie. Stapelung kongruenter Netzebenen im Abstand c_0 direkt übereinander führt zum orthorhombischen P-Gitter (vgl. (b))

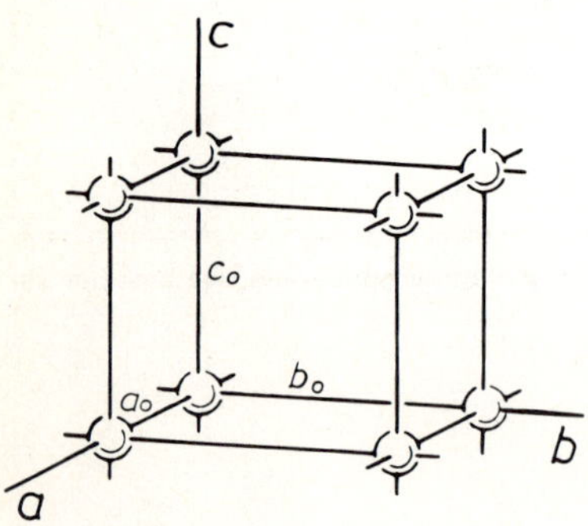

(b) orthorhombisches P-Translationsgitter, Gitterkonstanten der EZ:

$$a_0 \neq b_0 \neq c_0$$
$$\alpha = \beta = \gamma = 90^\circ$$

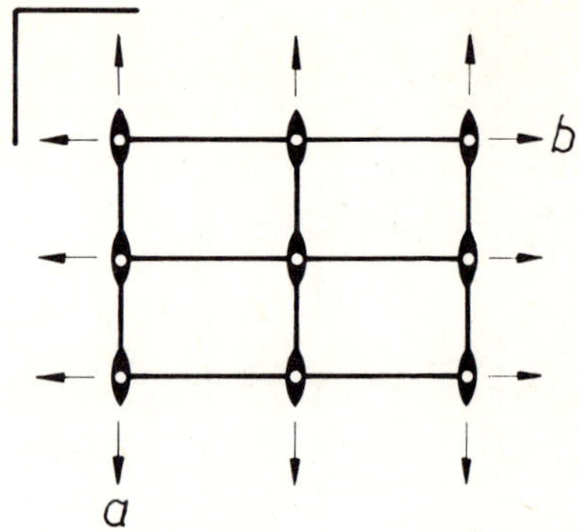

(d) Raumgruppe

P 2/m 2/m 2/m (Pmmm)
↓ ↓ ↓
a b c

Projektion des Symmetriegerüstes des orthorhombischen P-Gitters auf (001). Eine der höchstsymmetrischen RG im orthorhombischen Kristallsystem.

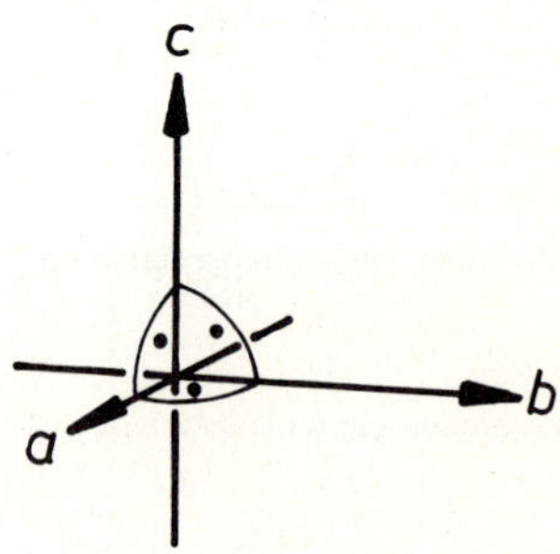

(c) orthorhombisches Achsenkreuz:

$$a \neq b \neq c$$
$$\alpha = \beta = \gamma = 90^\circ$$

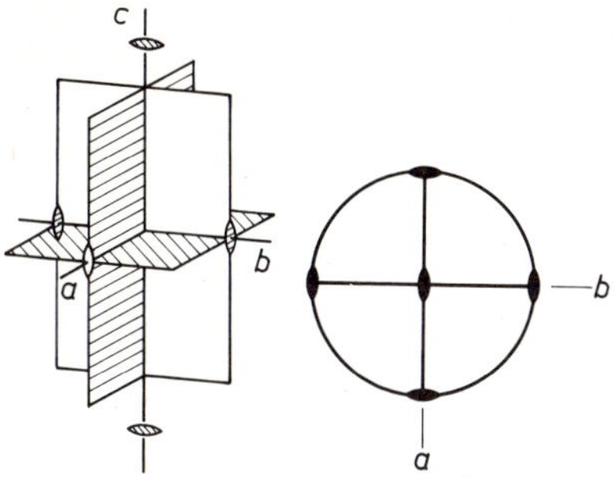

$2/m\ 2/m\ 2/m - D_{2h}$

(e) Symmetriegerüst und Stereogramm der Punktgruppe

$$\begin{array}{ccc} 2/m & 2/m & 2/m \\ \downarrow & \downarrow & \downarrow \\ a & b & c \end{array} \quad (mmm)$$

Symmetrie eines Gitterpunktes des orthorhombischen P-Gitters. Höchstsymmetrische PG im orthorhombischen Kristallsystem.

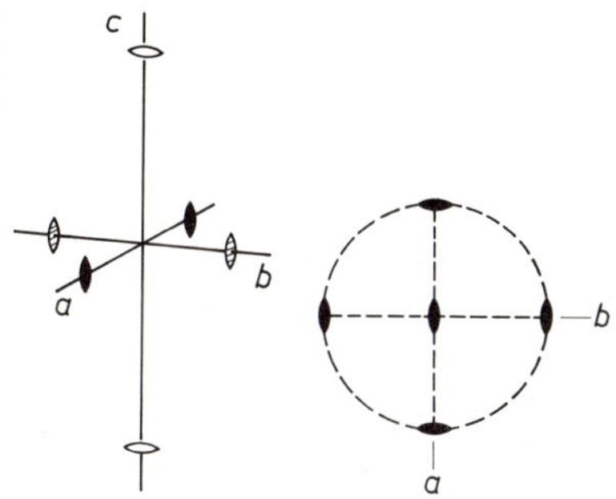

$222 - D_2$

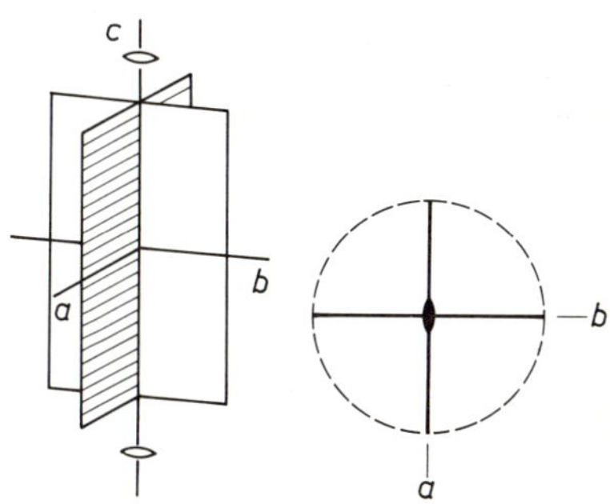

$mm2 - C_{2v}$

(f) Symmetriegerüste und Stereogramme der orthorhombischen Punktgruppen, die sich aus 2/m 2/m 2/m ableiten lassen.

Abb. 6.4. Das orthorhombische Kristallsystem

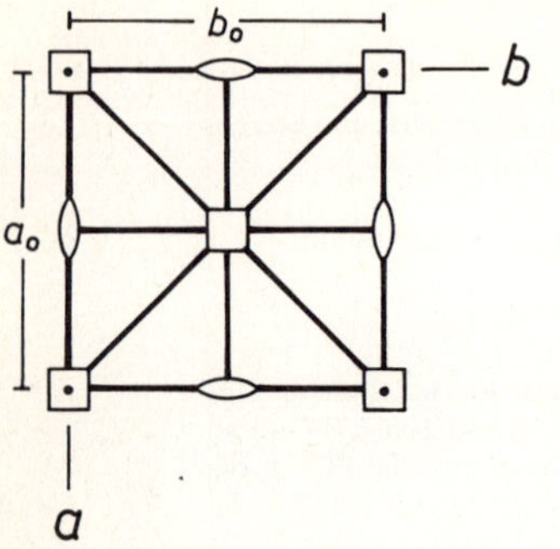

(a) Netzebene mit Quadrat als EM und ihre Symmetrie. Stapelung kongruenter Netzebenen im Abstand $c_0 \neq a_0 = b_0$ direkt übereinander führt zum tetragonalen P-Gitter (vgl. (b))

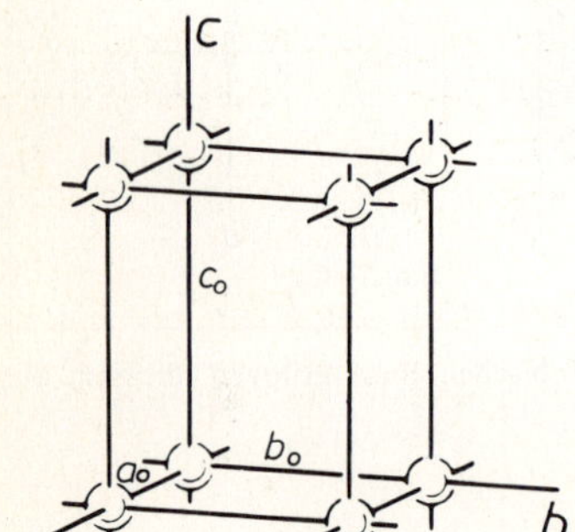

(b) tetragonales P-Translationsgitter, Gitterkonstanten der EZ:

$$a_0 = b_0 \neq c_0$$
$$\alpha = \beta = \gamma = 90^\circ$$

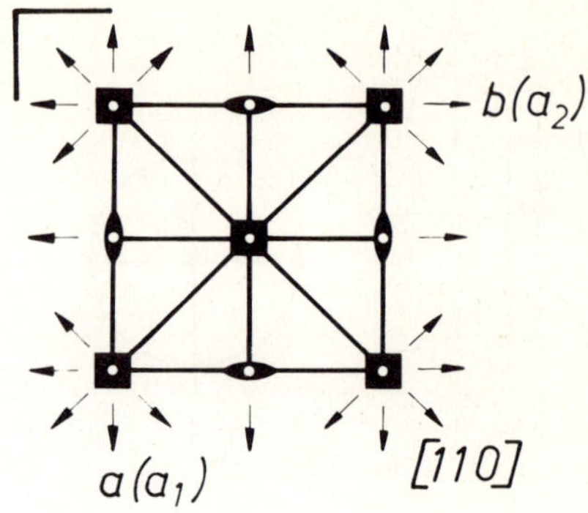

(d) Raumgruppe

$$\begin{array}{llll} P\,4/m & 2/m & 2/m & (P\,4/mmm) \\ \downarrow & \downarrow & \downarrow & \\ c & a & [110] & \end{array}$$

Projektion des Symmetriegerüstes des tetragonalen P-Gitters auf (001). Eine der höchstsymmetrischen Raumgruppen im tetragonalen Kristallsystem.

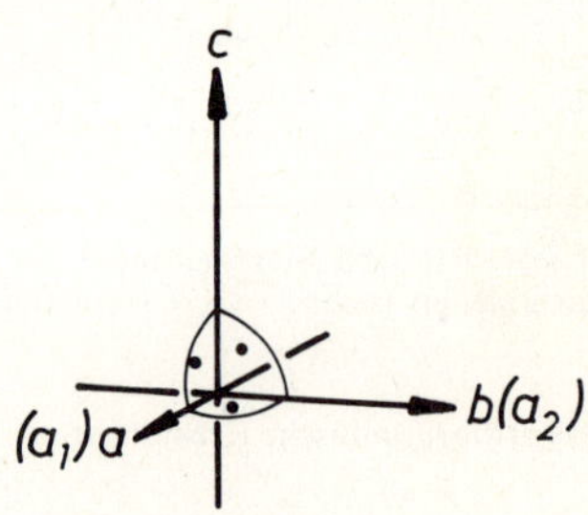

(c) tetragonales Achsenkreuz:

$$a = b \neq c \; (a_1 = a_2 \neq c)$$
$$\alpha = \beta = \gamma = 90^\circ$$

Abb. 6.5. Das tetragonale Kristallsystem

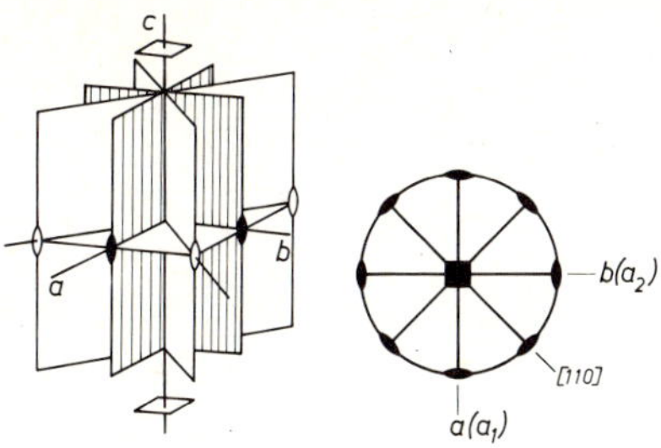

4/m 2/m 2/m – D_{4h}

(e) Symmetriegerüst und Stereogramm der Punktgruppe

4/m 2/m 2/m (4/mmm)
↓ ↓ ↓
c a [110]

Symmetrie eines Punktes des tetragonalen P-Gitters. Höchstsymmetrische Punktgruppe im tetragonalen Kristallsystem.

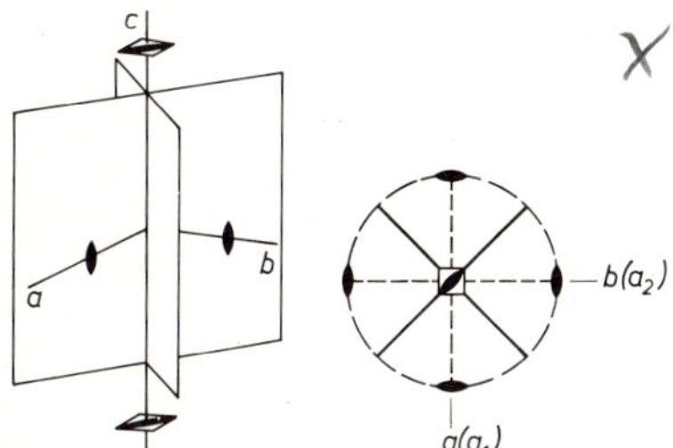

$\bar{4}$2 m – D_{2d}

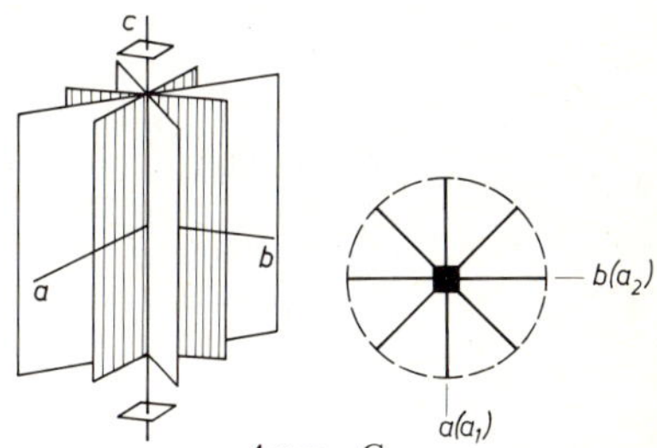

4 mm – C_{4v}

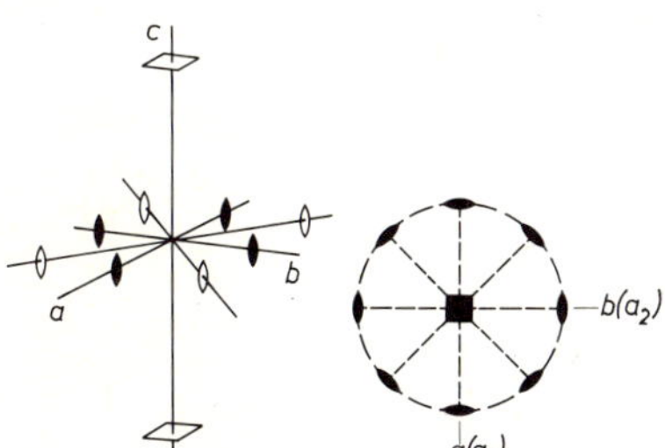

422 – D_4

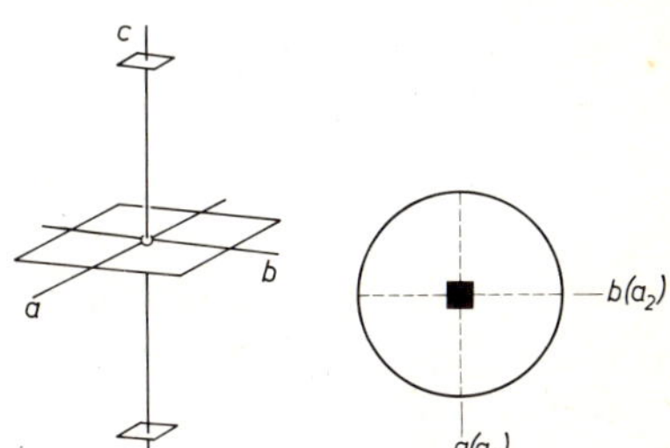

4/m – C_{4h}

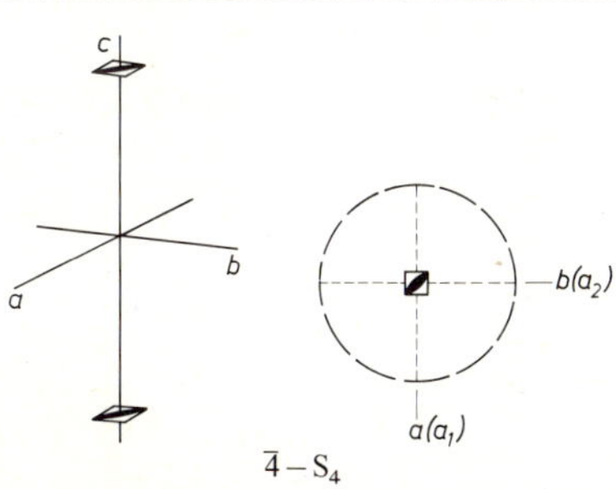

$\bar{4}$ – S_4

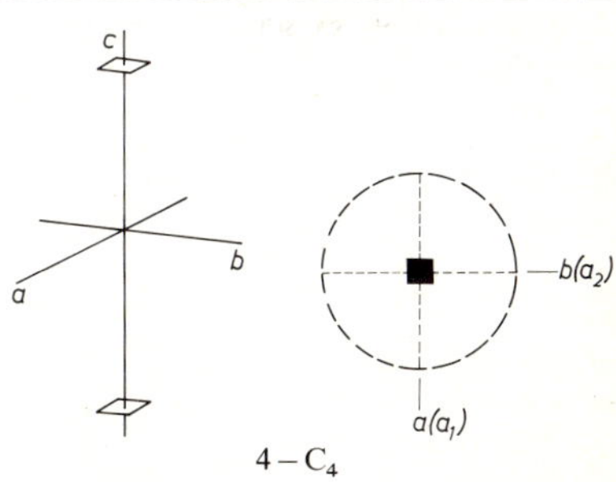

4 – C_4

(f) Symmetriegerüste und Stereogramme der tetragonalen Punktgruppen, die sich aus 4/m 2/m 2/m ableiten lassen

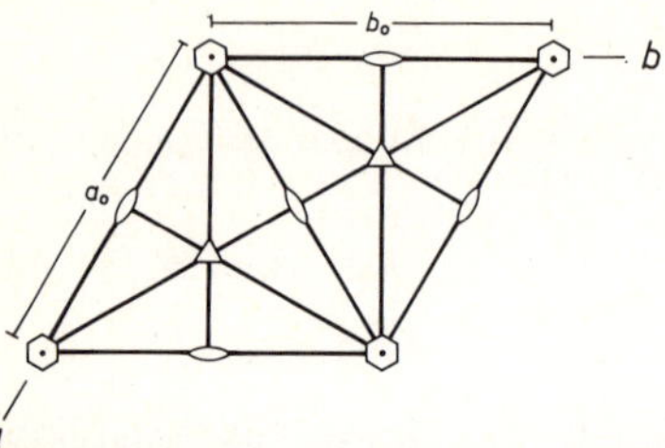

(a) Netzebene, mit 120°-Rhombus als EM und ihre Symmetrie. Stapelung kongruenter Netzebenen nicht direkt übereinander, sondern in der Weise, daß die zweite Netzebene in der Höhe $\frac{1}{3}\,c_0$ mit einem Gitterpunkt auf eine 3-zählige Drehachse, die dritte Netzebene in der Höhe $\frac{2}{3}\,c_0$ mit einem Gitterpunkt auf die andere 3-zählige Drehachse zu liegen kommt. Die vierte Netzebene ist dann wieder eine zur Ausgangsnetzebene direkt übereinander gestapelte. Die 6-zähligen Drehachsen werden zu 3-zähligen reduziert; m in x,0,z; 0,y,z; x,x,z sowie die 2//c gehen verloren (vgl. (b))

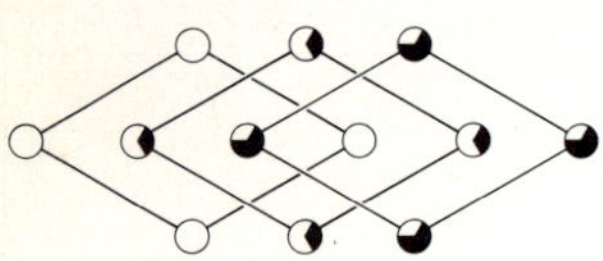

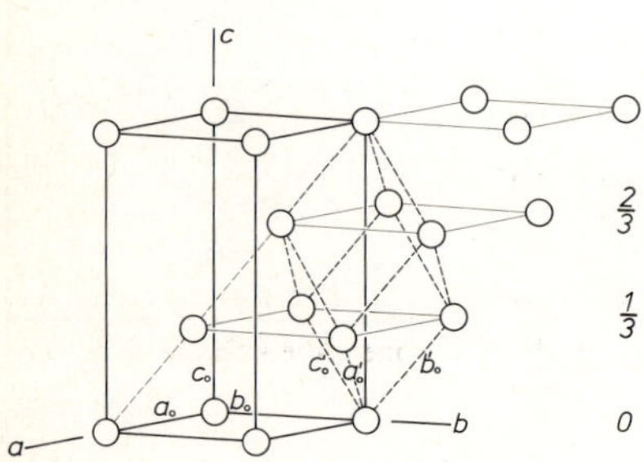

(b) In die Anordnung der entstandenen Gitterpunkte können zwei unterschiedliche Elementarzellen gelegt werden:

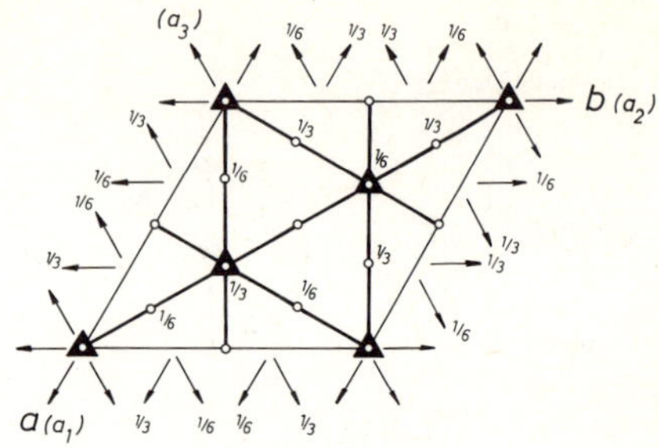

(d) Raumgruppe

$R\,\bar{3}\,2/m \quad (R\,\bar{3}\,m)$
↓ ↓
c a

Projektion des Symmetriegerüstes des trigonalen R-Gitters auf (001). Höchstsymmetrische RG im trigonalen Kristallsystem

(c) Achsenkreuz vgl. Abb. 6.7c

I) trigonales R-Translationsgitter, Gitterkonstanten der EZ:

$$a_0 = b_0 \neq c_0$$
$$\alpha = \beta = 90^\circ \quad \gamma = 120^\circ$$

II) rhomboedrisches P-Translationsgitter, Gitterkonstanten der EZ:

$$a_0' = b_0' = c_0'$$
$$\alpha' = \beta' = \gamma'$$

Abb. 6.6. Das trigonale Kristallsystem

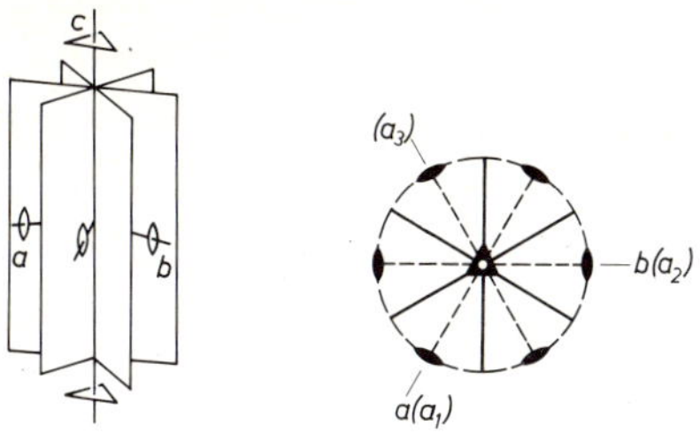

$\bar{3}\ 2/m - D_{3d}$

(e) Symmetriegerüst und Stereogramm der Punktgruppe

$\bar{3}\ 2/m \quad (\bar{3}m)$
↓ ↓
c a

Symmetrie eines Gitterpunktes des trigonalen R-Gitters. Höchstsymmetrische Punktgruppe im trigonalen Kristallsystem.

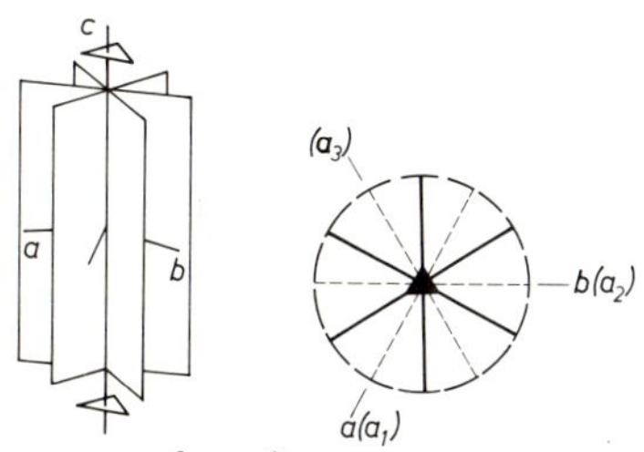

$3m - C_{3v}$

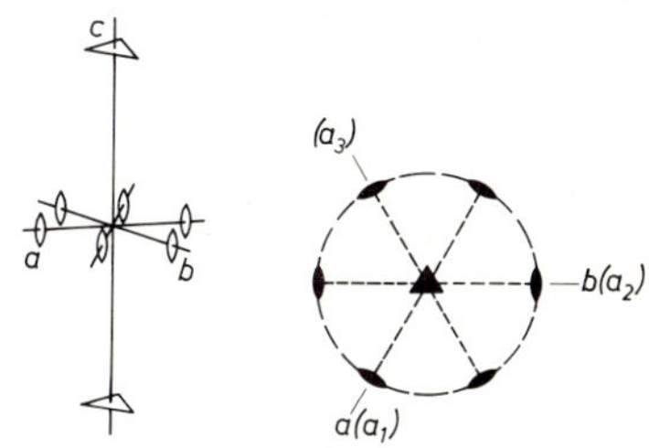

$32 - D_3$

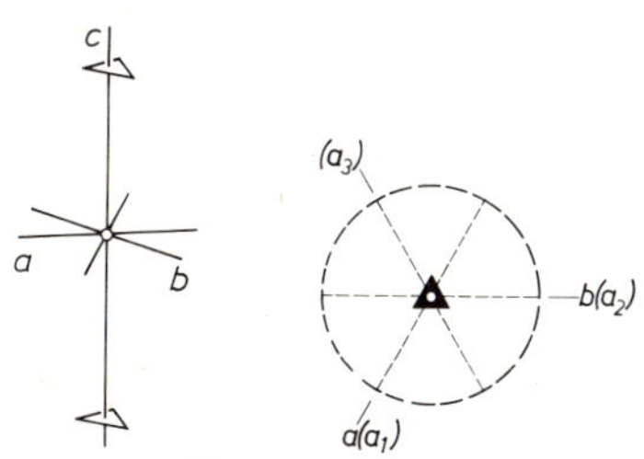

$\bar{3} - C_{3i}$

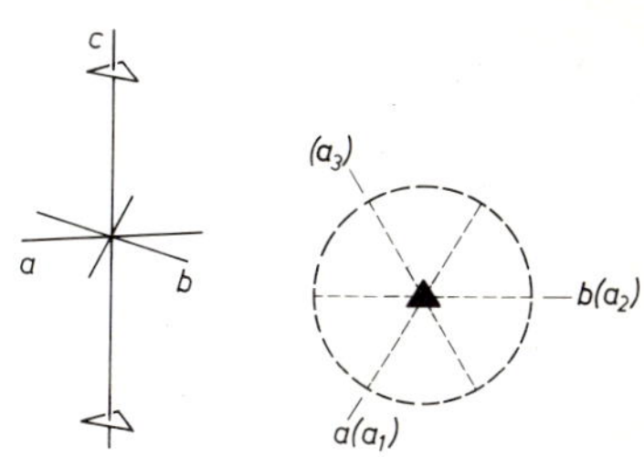

$3 - C_3$

(f) Symmetriegerüste und Stereogramme der trigonalen Punktgruppen, die sich aus $\bar{3}\ 2/m$ ableiten lassen

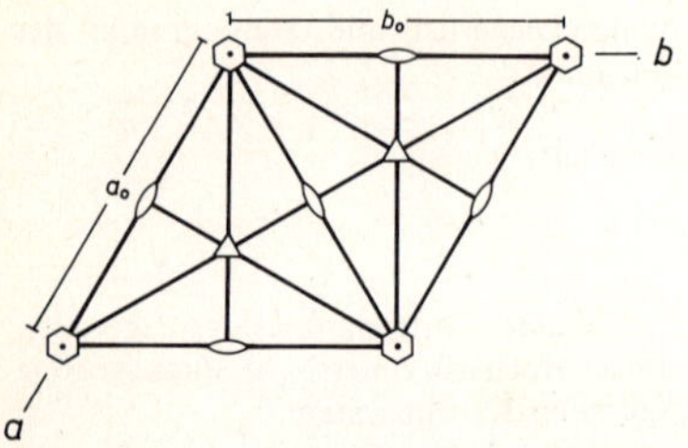

(a) Netzebene mit 120°-Rhombus als EM und ihre Symmetrie. Stapelung kongruenter Netzebenen im Abstand c_0 direkt übereinander führt zum hexagonalen P-Gitter (vgl. (b))

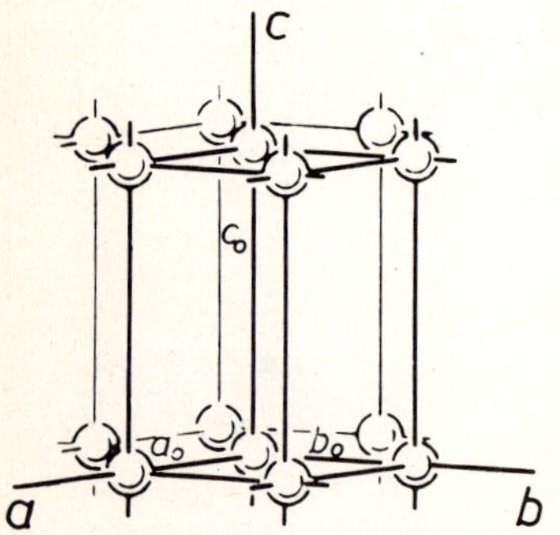

(b) hexagonales P-Translationsgitter, Gitterkonstanten der EZ:

$a_0 = b_0 \neq c_0$
$\alpha = \beta = 90^\circ \quad \gamma = 120^\circ$

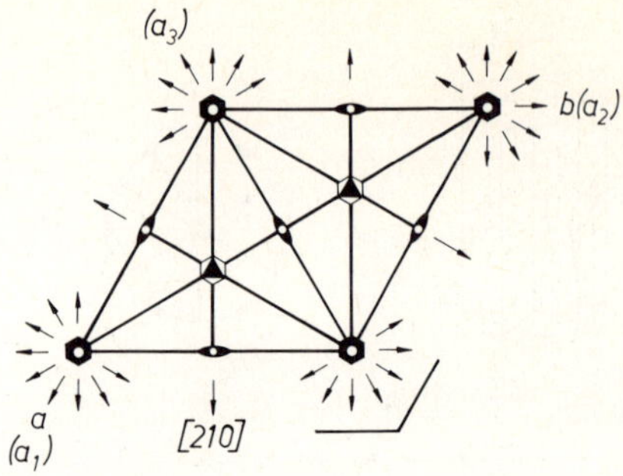

(d) Raumgruppe

P 6/m 2/m 2/m (P 6/mmm)
↓ ↓ ↓
c a [210]

Projektion des Symmetriegerüstes des hexagonalen P-Gitters auf (001). Höchstsymmetrische RG im hexagonalen Kristallsystem.

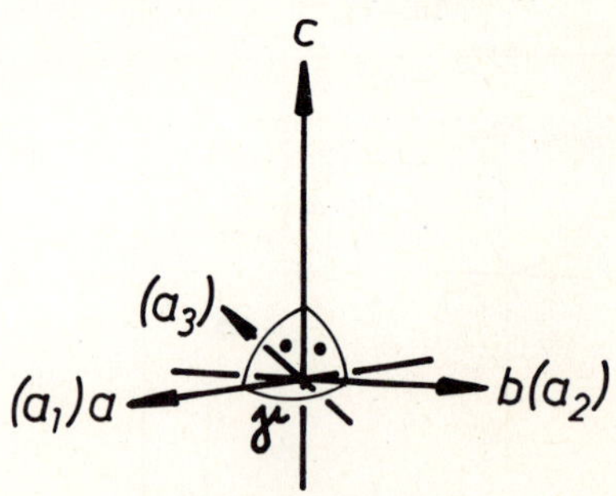

(c) hexagonales Achsenkreuz:

$a = b \neq c \quad (a_1 = a_2 = a_3 \neq c)$
$\alpha = \beta = 90^\circ \quad \gamma = 120^\circ$

Abb. 6.7. Das hexagonale Kristallsystem

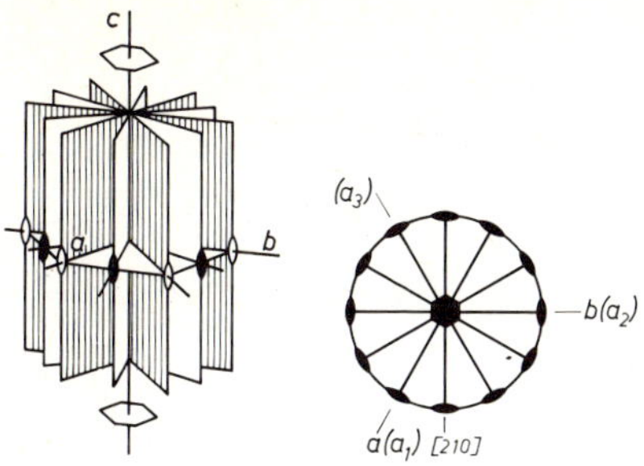

6/m 2/m 2/m – D_{6h}

(e) Symmetriegerüst und Stereogramm der Punktgruppe

6/m 2/m 2/m (6/mmm)
↓ ↓ ↓
c a [210]

Symmetrie eines Gitterpunktes des hexagonalen P-Gitters. Höchstsymmetrische Punktgruppe im hexagonalen Kristallsystem

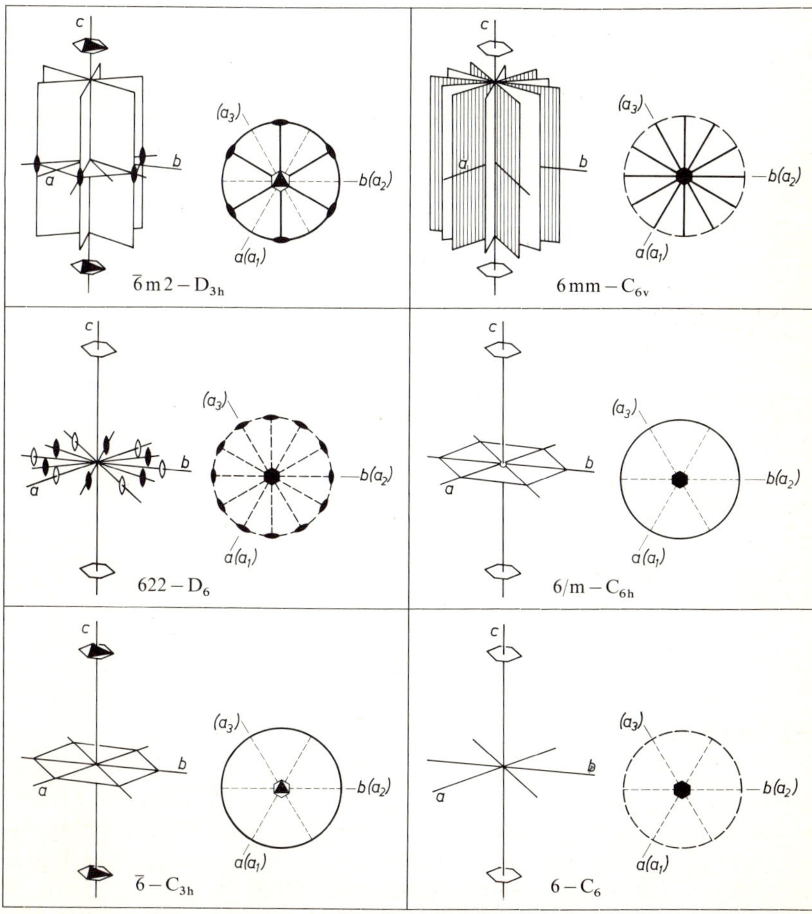

(f) Symmetriegerüste und Stereogramme der hexagonalen Punktgruppen, die sich aus 6/m 2/m 2/m ableiten lassen

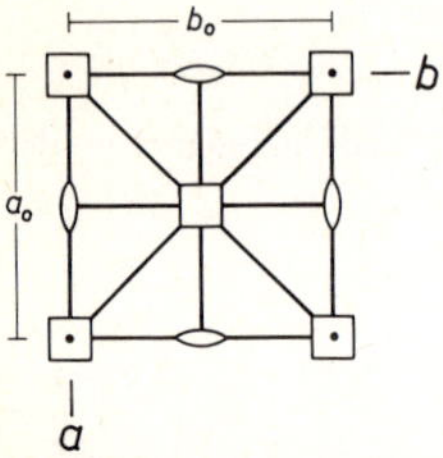

(a) Netzebene mit Quadrat als EM und ihre Symmetrie. Stapelung kongruenter Netzebenen im Abstand von $c_0 = a_0 = b_0$ direkt übereinander führt zum kubischen P-Gitter (vgl. (b))

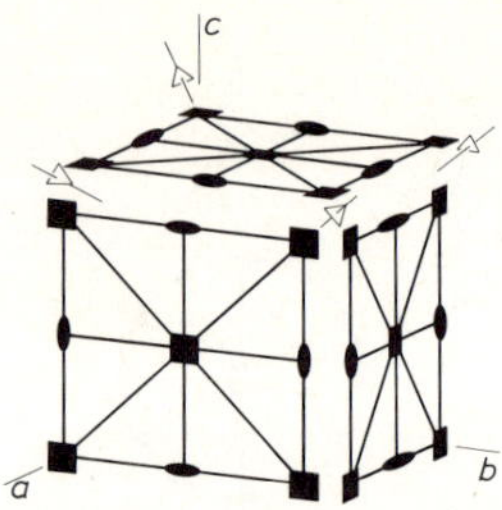

(d) Raumgruppe

$$\begin{array}{cccc} P\,4/m & \bar{3} & 2/m & (P\,m3m) \\ \downarrow & \downarrow & \downarrow & \\ a & [111] & [110] & \end{array}$$

Symmetriegerüst des kubischen P-Gitters auf (001). Eine der höchstsymmetrischen RG im kubischen Kristallsystem

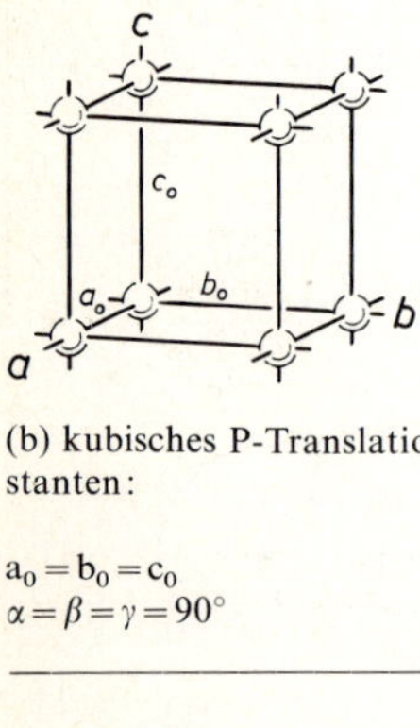

(b) kubisches P-Translationsgitter, Gitterkonstanten:

$a_0 = b_0 = c_0$
$\alpha = \beta = \gamma = 90°$

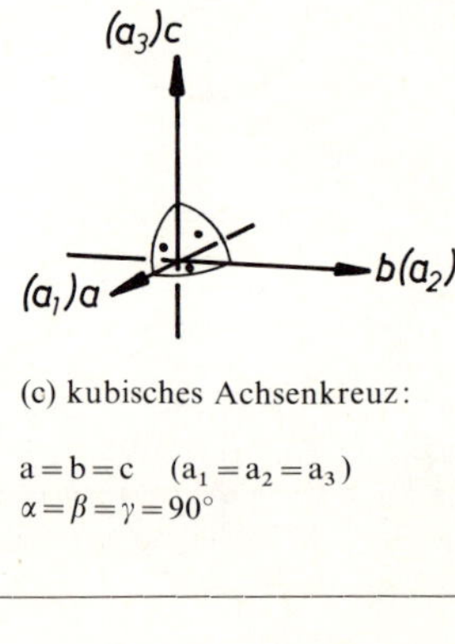

(c) kubisches Achsenkreuz:

$a = b = c \quad (a_1 = a_2 = a_3)$
$\alpha = \beta = \gamma = 90°$

6.2 Die Symmetrie der primitiven Translationsgitter

Bevor man sich mit der Symmetrie der Translationsgitter befaßt, ist es sinnvoll, zwei wichtige Kombinationsgesetze der Symmetrie-Elemente kennenzulernen. (Die Kombination ist jene Verknüpfungsart, bei der die Eigenständigkeit der Symmetrie-Elemente erhalten bleibt.)

Von den folgenden Symmetrie-Elementen erzeugen zwei das dritte: Geradzählige Drehachse X_g; dazu senkrecht stehende Spiegelebene m; Inver-

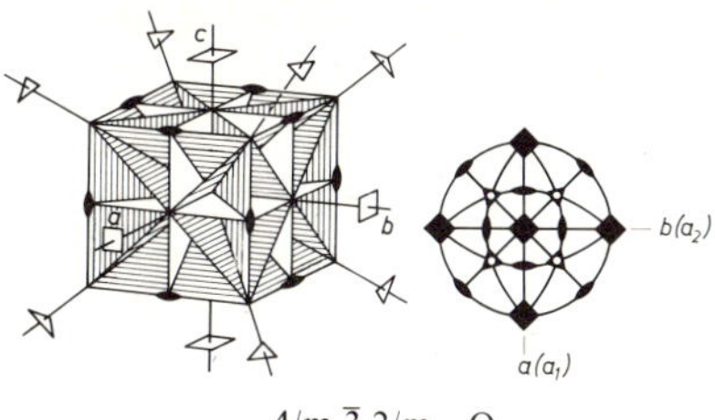

$4/m\ \bar{3}\ 2/m - O_h$

(e) Symmetriegerüst und Stereogramm der Punktgruppe

4/m	$\bar{3}$	2/m (m3m)
↓	↓	↓
a	[111]	[110]

Symmetrie eines Gitterpunktes des kubischen P-Gitters. Höchstsymmetrische PG im kubischen Kristallsystem.

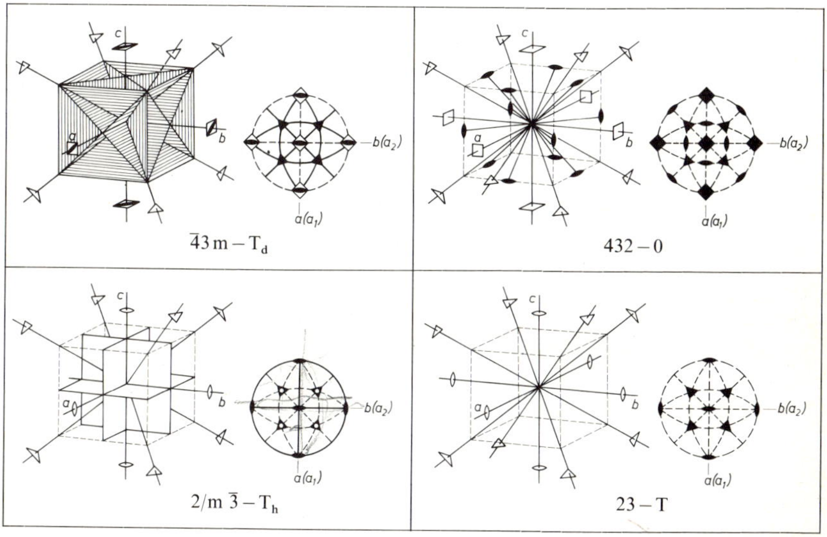

(f) Symmetriegerüste und Stereogramme der kubischen Punktgruppen, die sich aus $4/m\ \bar{3}\ 2/m$ ableiten lassen

Abb. 6.8. Das kubische Kristallsystem

sionszentrum im Schnittpunkt von X_g und m (Symmetrie-Gesetz I, vgl. Abb. 6.9) [3]

Zwei zueinander senkrecht stehende Spiegelebenen; zweizählige Achse in deren Schnittgeraden (Symmetrie-Gesetz II, vgl. Abb. 6.10).

Jedes Translationsgitter ist inversionssymmetrisch und enthält in den Gitterpunkten und den Mitten zwischen zwei Gitterpunkten Inversionszentren: bei einem P-Gitter in 0,0,0; $\frac{1}{2}$,0,0; 0,$\frac{1}{2}$,0; 0,0,$\frac{1}{2}$; $\frac{1}{2}$,$\frac{1}{2}$,0; $\frac{1}{2}$,0,$\frac{1}{2}$; 0,$\frac{1}{2}$,$\frac{1}{2}$; $\frac{1}{2}$,$\frac{1}{2}$,$\frac{1}{2}$.

[3] $X_g = 2, 4, 6$. In der Abbildung sind jedoch nur die Verhältnisse für $X_g = 2$ dargestellt. Die Aussage des Gesetzes ist nicht allgemein, da $m + \bar{1}$ *nur* 2 erzeugt.

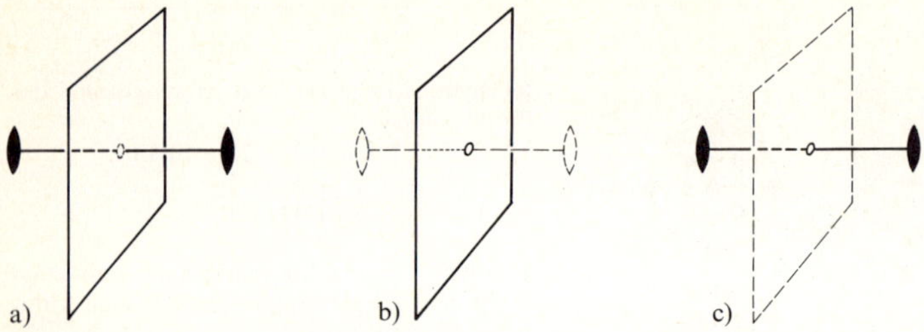

Abb. 6.9. Das Symmetrie-Gesetz I; (a) $2 \perp m \Rightarrow \bar{1}$ (im Schnittpunkt von 2 und m); (b) $\bar{1}$ in $m \Rightarrow 2$ (in $\bar{1} \perp$ auf m); (c) $\bar{1}$ auf $2 \Rightarrow m$ (in $\bar{1} \perp$ auf 2)

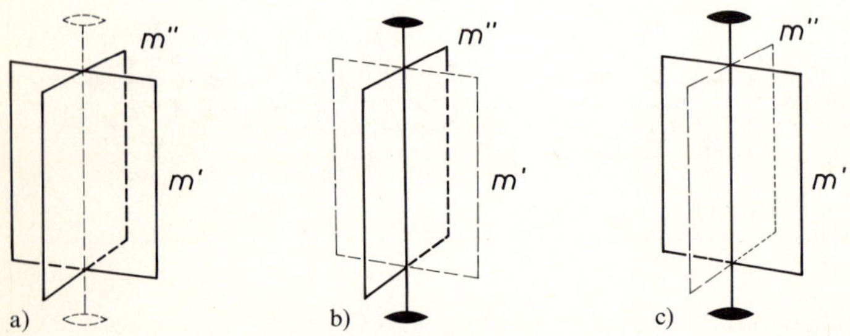

Abb. 6.10. Das Symmetrie-Gesetz II; (a) $m' \perp m'' \Rightarrow 2$ (in der Schnittgeraden der Ebenen); (b) 2 in $m'' \Rightarrow m'_{\perp m''}$ (mit 2 als Schnittgeraden); (c) 2 in $m' \Rightarrow m''_{\perp m'}$ (mit 2 als Schnittgeraden)

Symmetrie des triklinen P-Gitters. Das trikline P-Gitter besitzt in der Elementarzelle als Symmetrie-Elemente nur die Inversionszentren (Abb. 6.11), deren Koordinaten oben angegeben sind. Eine Projektion dieses Symmetrie-Gerüsts || c auf die a,b-Ebene ist in Abb. 6.12 gezeichnet. Die z-Koordinaten der $\bar{1}$ sind 0 und $\frac{1}{2}$. *Die Gesamtheit aller Deckoperationen in einem Gitter oder einer Struktur* nennt man *Raumgruppe* (RG). Ein primitives Gitter, das nur $\bar{1}$ enthält, besitzt die Raumgruppe $P\bar{1}$.

Symmetrie des monoklinen P-Gitters. Die Ausgangsnetzebene (Abb. 6.3a) enthält ||b eine Parallelschar von zweizähligen Achsen. Dazu kommen beim monoklinen P-Gitter (Abb. 6.3b) Spiegelebenen senkrecht b in x,0,z und x,$\frac{1}{2}$,z und die $\bar{1}$ wie im triklinen Fall. Das Symmetriegerüst des Gitters ist in zwei Projektionen (a, c und a, b) dargestellt (Abb. 6.3d)[4]. Die Symmetrie-Elemente 2 und m stehen senkrecht zueinander. Man gibt dieser Anordnung

[4] Das Zeichen ⌐ dokumentiert Spiegelebenen parallel zur Papierebene im Niveau 0 und $\frac{1}{2}$. Nur wenn die Spiegelebenen auf einem anderen Niveau liegen, z. B. in $\frac{1}{4}$ und $\frac{3}{4}$, ist dies durch $\frac{1}{4}$ angegeben. Regel: Liegen m, 2, $\bar{1}$ auf 0, so auch auf $\frac{1}{2}$; auf $\frac{1}{4}$ dann auch auf $\frac{3}{4}$ usw.

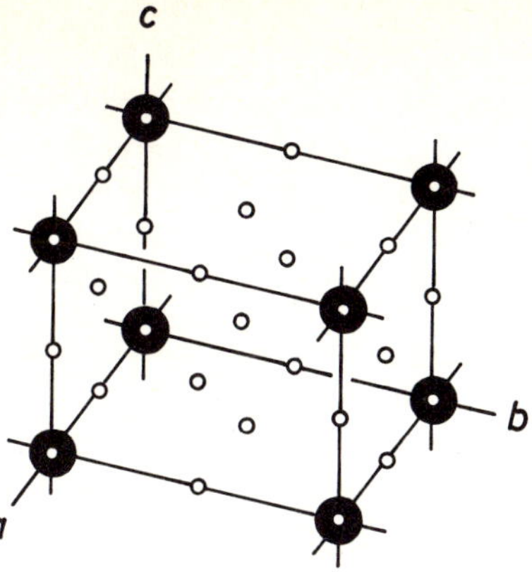

Abb. 6.11. Triklines P-Gitter mit Symmetriegerüst der Raumgruppe P$\bar{1}$ (● Gitterpunkt mit $\bar{1}$)

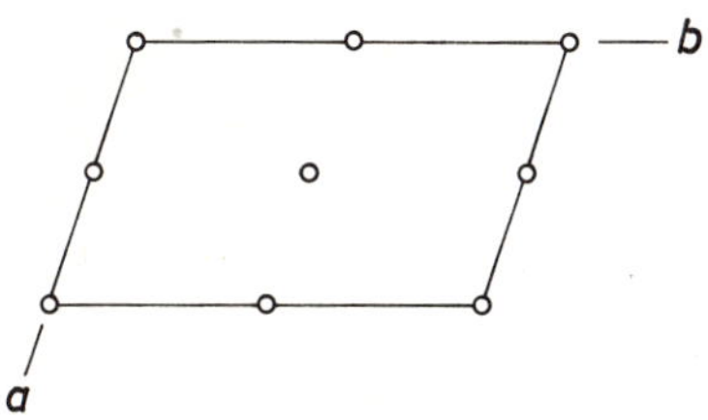

Abb. 6.12. Projektion des Symmetriegerüsts der Raumgruppe P$\bar{1}$ parallel c auf (001). Die z-Koordinaten der $\bar{1}$ sind 0 und $\frac{1}{2}$

von Symmetrie-Elementen das Symbol 2/m (sprich: zwei über m). Die Inversionszentren müssen nicht erwähnt werden, weil 2/m automatisch $\bar{1}$ erzeugt (vgl. Symmetrie-Gesetz I).

Die Raumgruppe des monoklinen P-Gitters ist P2/m [5], dabei wird bei der Achsenwahl so vorgegangen, daß b parallel zu 2 und der Normalen von m angeordnet wird. Dann liegen a und c in der Ebene von m [6].

Symmetrie des orthorhombischen P-Gitters. Zur Symmetrie der Ausgangsnetzebene (Abb. 6.4a) kommen beim orthorhombischen P-Gitter (Abb. 6.4b) Spiegelebenen $\perp$c in x,y,0 und x,y,$\frac{1}{2}$ und die Inversionszentren (Abb. 6.4d) hinzu und als Folgerung aus dem Symmetrie-Gesetz I ($m+\bar{1}\Rightarrow 2_{\perp m}$) oder dem Symmetrie-Gesetz II ($m\perp m\Rightarrow 2$) zweizählige Achsen in x,0,0; x,0,$\frac{1}{2}$; x,$\frac{1}{2}$,0; x,$\frac{1}{2}$,$\frac{1}{2}$; 0,y,0; 0,y,$\frac{1}{2}$; $\frac{1}{2}$,y,0; $\frac{1}{2}$,y,$\frac{1}{2}$. Die Elemente dieses Symmetrie-

[5] 2/m bedeutet, daß eine 2 senkrecht zu einer m angeordnet ist. Durch das Hinzufügen des Translationstyps P wird aber die Parallelschar von 2 und m erzeugt.

[6] Außer der hier verwendeten Achsenwahl mit b//2, $\perp$ m (2. Aufstellung) gibt es die sogenannte 1. Aufstellung mit c//2, $\perp$ m. Letztere würde besser in das hier gezeigte System passen: In Tabelle 6.1 (I) werden dann die vorhandenen Größen $a_0 \neq c_0$ mit $\beta > 90°$ in $a_0 \neq b_0$ mit $\gamma > 90°$ umgewandelt. Analog lauten in Tabelle 6.2 die neuen Angaben für das Parallelogramm nunmehr $a_0 \neq b_0$ mit dem Netzebenenabstand c_0. Die 2. Aufstellung ist aber die heute international überwiegend verwendete Aufstellung.

Gerüsts können ebenfalls durch ein Symbol angegeben werden. Man ordnet die Symmetrie-Elemente entsprechend ihrer Lage zu den kristallographischen Achsen, und zwar in der Abfolge a, b, c. Parallel zu den kristallographischen Achsen a, b und c sind also zweizählige Achsen und senkrecht dazu Spiegelebenen angeordnet. Daraus ergibt sich als Symbol für die Raumgruppe P 2/m 2/m 2/m.

$$\underset{a}{\underset{\downarrow}{2/m}}\ \underset{b}{\underset{\downarrow}{2/m}}\ \underset{c}{\underset{\downarrow}{2/m}}$$

In Abb. 6.13 ist das Symmetriegerüst von P 2/m 2/m 2/m nochmals angegeben, und außerdem sind alle die Symmetrie-Elemente zusammengestellt, die in dieser Raumgruppe jeweils in bezug auf die a-, b- und c-Achse angeordnet sind.

Symmetrie des tetragonalen P-Gitters. Zur Symmetrie der Ausgangsnetzebene (Abb. 6.5a) kommen beim tetragonalen P-Gitter (Abb. 6.5b) Spiegelebenen $\perp$c in x,y,0 und x,y,$\frac{1}{2}$ und die Inversionszentren (Abb. 6.5d) hinzu und als Folgerung aus dem Symmetrie-Gesetz I ($m+\bar{1}\Rightarrow 2_{\perp m}$) oder dem Symmetrie-Gesetz II ($m\perp m\Rightarrow 2$) eine Reihe zweizähliger Achsen[7]. Man ordnet die Symmetrie-Elemente hier in der Abfolge c, a, Diagonale der a- und b-Achsen (=[110]). Gleichwertige Symmetrie-Elemente werden nur einmal genannt[8]. Dies ergibt das Raumgruppensymbol P 4/m 2/m 2/m.

$$\underset{c}{\underset{\downarrow}{4/m}}\ \underset{a}{\underset{\downarrow}{2/m}}\ \underset{[110]}{\underset{\downarrow}{2/m}}$$

In Abb. 6.14 sind neben dem Symmetriegerüst der Raumgruppe P 4/m 2/m 2/m die Symmetrie-Elemente angegeben, die in dieser Raumgruppe jeweils in bezug auf c,a, und [110] angeordnet sind.

Symmetrie des hexagonalen P-Gitters. Zur Symmetrie der Ausgangsnetzebene kommen wie im orthorhombischen und tetragonalen Fall Spiegelebenen $\perp$c in x,y,0 und x,y,$\frac{1}{2}$ und die Inversionszentren hinzu und eine Reihe von zweizähligen Achsen (Abb. 6.7d). Die Abfolge der Symmetrie-Elemente im Symbol entspricht dem tetragonalen Fall c, a, Diagonale der a-Achsen = [210][9]. Dies führt zur Raumgruppe P 6/m 2/m 2/m.

$$\underset{c}{\underset{\downarrow}{6/m}}\ \underset{a}{\underset{\downarrow}{2/m}}\ \underset{[210]}{\underset{\downarrow}{2/m}}$$

---

[7] Die Symmetrie-Angabe in der Projektion des Symmetriegerüsts der RG in Abb. 6.5d ist unvollständig, da noch Gleitspiegelebenen und Schraubenachsen auftreten (vgl. Kap. 9.1). Diese SE sind hier praktisch bedeutungslos und deshalb fortgelassen. Gleiches gilt auch für die Raumgruppen in den Abb. 6.6d–6.8d.

[8] Aufgrund der 4-zähligen Achse ist $a_0 = b_0$ und a = b, folglich brauchen die SE, die zu a und zu b angeordnet sind, nur einmal angegeben zu werden, entsprechendes gilt für [110] und [1$\bar{1}$0].

[9] Da im tetragonalen und hexagonalen $a_0 = b_0$ bzw. a = b ist, wird auch die Bezeichnung a_1 und a_2 verwendet. Im hexagonalen kann auch noch eine Achse a_3 berücksichtigt werden, die zu a_1 und a_2 einen Winkel von 120° bildet und zu beiden gleichwertig ist.

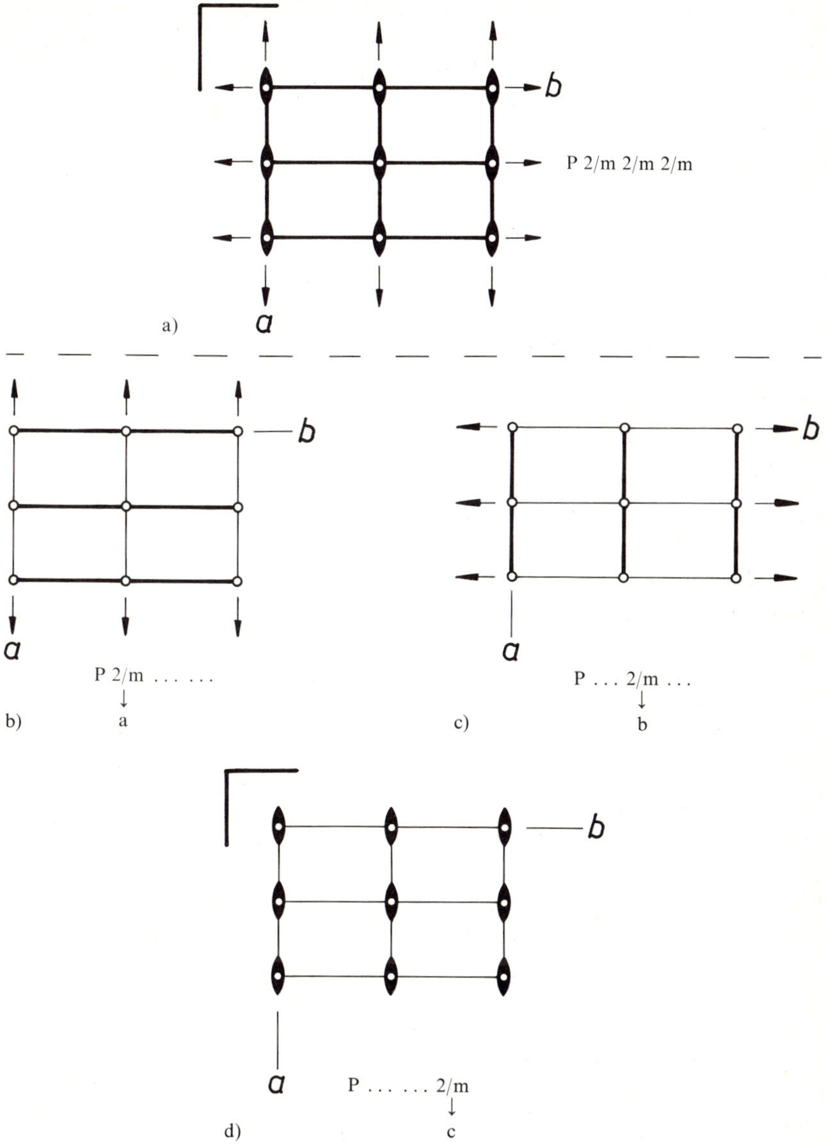

Abb. 6.13. Raumgruppe P 2/m 2/m 2/m (a); in (b) P $\underset{\displaystyle a}{\underset{\downarrow}{2/m}}$ . . . . . ., (c) P. . . $\underset{\displaystyle b}{\underset{\downarrow}{2/m}}$ . . ., (d) P. . . . . . $\underset{\displaystyle c}{\underset{\downarrow}{2/m}}$ sind nur die SE von P 2/m 2/m 2/m eingezeichnet, die entsprechend zur a-, b- und c-Achse angeordnet sind

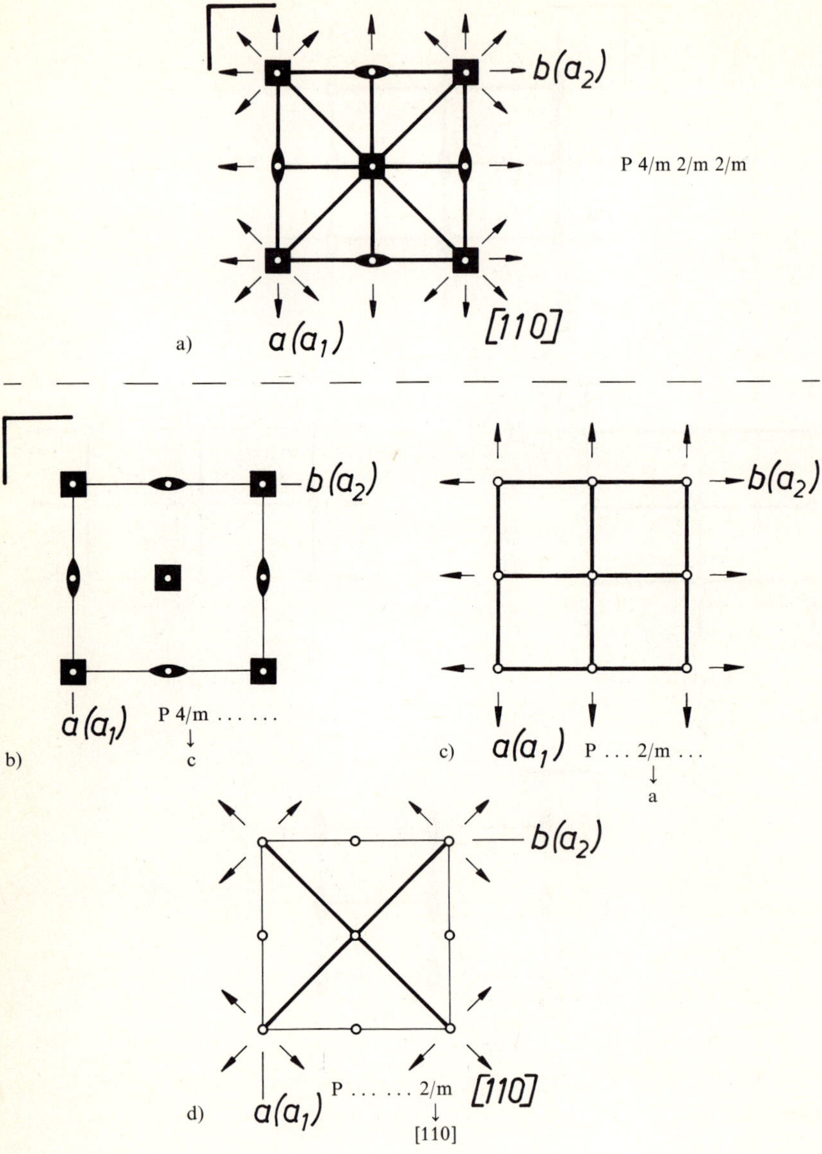

Abb. 6.14. Raumgruppe P 4/m 2/m 2/m (a);
in (b) P 4/m . . . . . ., (c) P . . . 2/m . . ., (d) P 2/m
↓ c, ↓ a, ↓ [110]
sind nur die SE von P 4/m 2/m 2/m eingezeichnet, die entsprechend zu c, a und [110] angeordnet sind.

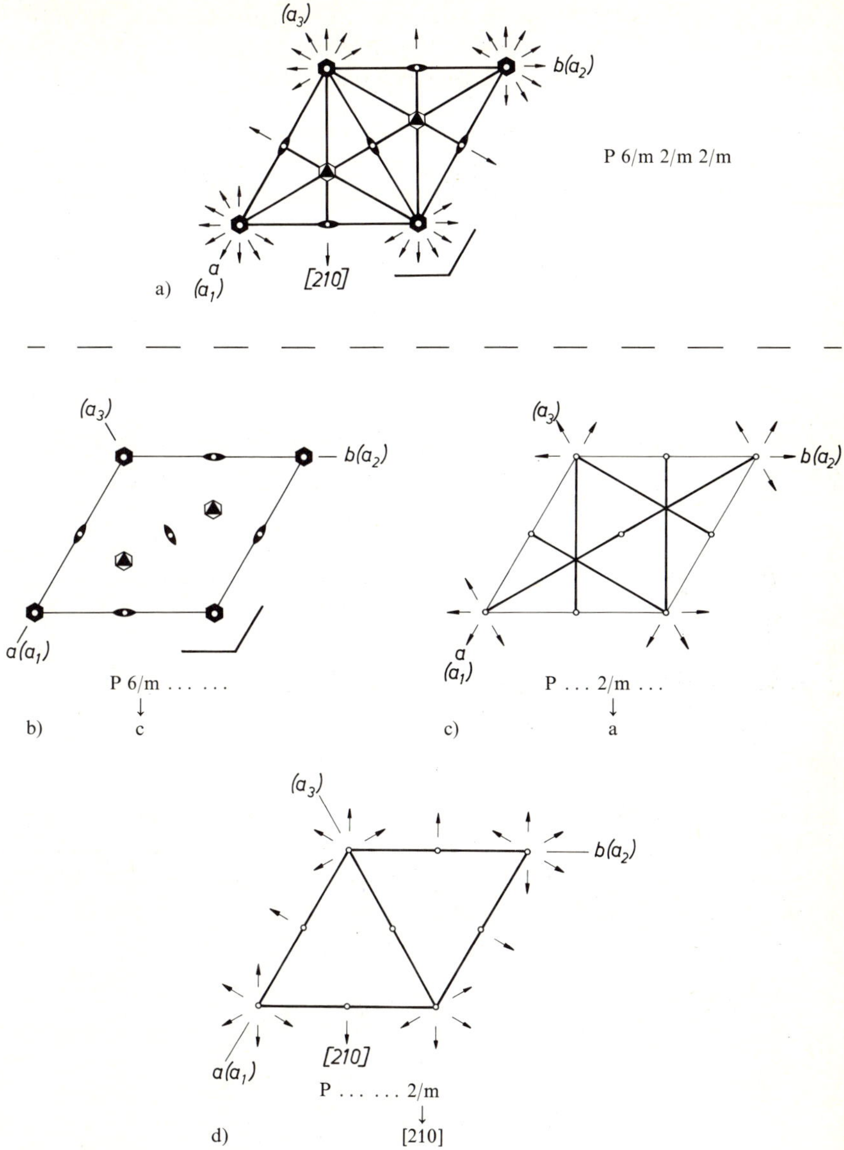

Abb. 6.15. Raumgruppe P 6/m 2/m 2/m (a);
in (b) P 6/m . . . . . ., (c) P . . . 2/m . . ., (d) P 2/m

↓ c, ↓ a, ↓ [210]

sind nur die SE von P 6/m 2/m 2/m eingezeichnet, die entsprechend zu c, a und [210] angeordnet sind

In Abb. 6.15 sind neben dem Symmetrie-Gerüst der Raumgruppe P 6/m 2/m 2/m die Symmetrie-Elemente angegeben, die in dieser Raumgruppe jeweils in bezug auf c,a und [210] angeordnet sind.

Symmetrie des kubischen P-Gitters. Die Symmetrie der Ausgangsnetzebene ist in Abb. 6.8a dargestellt. Durch den Stapelprozeß entstand ein Gitter mit einem Würfel als Elementarzelle ($a_0 = b_0 = c_0$). Folglich hat nicht nur die Ausgangsebene x,y,0, sondern auch die Netzebenen 0,y,z und x,0,z die in Abb. 6.8a dargestellte Symmetrie (vgl. Abb. 6.8d). Dazu kommen neben den Inversionszentren die vier 3-zähligen Achsen in den Raumdiagonalen des Würfels, die sogar $\bar{3}$ sind ($3+\bar{1}\rightarrow\bar{3}$) und als Folgerung der beiden Symmetrie-Gesetze ($\mathrm{I}: m+\bar{1}\Rightarrow 2_{\perp m}$ oder $\mathrm{II}: m\perp m\Rightarrow 2$) 2-zählige Drehachsen //[110] und äquivalenten Richtungen. Diese 2-zähligen Achsen sind in Abb. 6.8d nicht eingetragen.

Die Symmetrie-Elemente werden im kubischen Kristallsystem in der Abfolge a, [111] = Raumdiagonale des Würfels, [110] = Flächendiagonale des Würfels zusammengestellt. Daraus ergibt sich für das kubische P-Gitter die Raumgruppe P 4/m $\bar{3}$ 2/m.

$$\begin{array}{ccc} 4/m & \bar{3} & 2/m \\ \downarrow & \downarrow & \downarrow \\ a & [111] & [110] \end{array}$$

6.3 Die zentrierten Translationsgitter

Wenn man die primitiven Translationsgitter betrachtet, so stellt sich die Frage, ob es möglich ist, in die P-Gitter eine oder mehrere kongruente Netzebenen einzubringen, ohne die Symmetrie zu zerstören. Über die einzelnen Möglichkeiten soll am monoklinen P-Gitter ausführlich gesprochen werden.

In Abb. 6.16 ist das monokline P-Gitter und das Symmetrie-Gerüst seiner Raumgruppe P2/m in a,c-Projektion dargestellt (vgl. auch Abb. 6.3d). Die

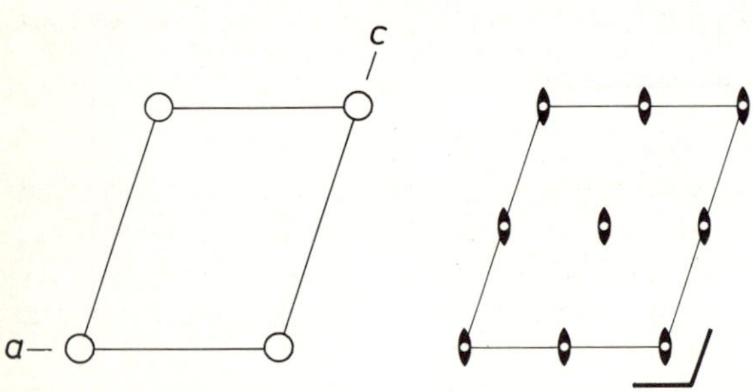

Abb. 6.16. Das monokline P-Gitter und das Symmetriegerüst seiner Raumgruppe P2/m als Projektion auf (010) (○ Gitterpunkt mit y = 0)

Punkte des P-Gitters besitzen die Symmetrie 2/m, nehmen also den Platz eines Inversionszentrums ein. Es können nun nur kongruente Netzebenen parallel zu (010) in das Gitter eingezogen werden, wenn die Gitterpunkte der Netzebene auf Plätze kommen, die ebenfalls die Symmetrie 2/m besitzen (identische Punkte !). Dies sind $\frac{1}{2}$,0,0; 0,$\frac{1}{2}$,0; 0,0,$\frac{1}{2}$; $\frac{1}{2}$,$\frac{1}{2}$,0; $\frac{1}{2}$,0,$\frac{1}{2}$; 0,$\frac{1}{2}$,$\frac{1}{2}$ und $\frac{1}{2}$,$\frac{1}{2}$,$\frac{1}{2}$. Es müssen nun die einzelnen Möglichkeiten untersucht werden:

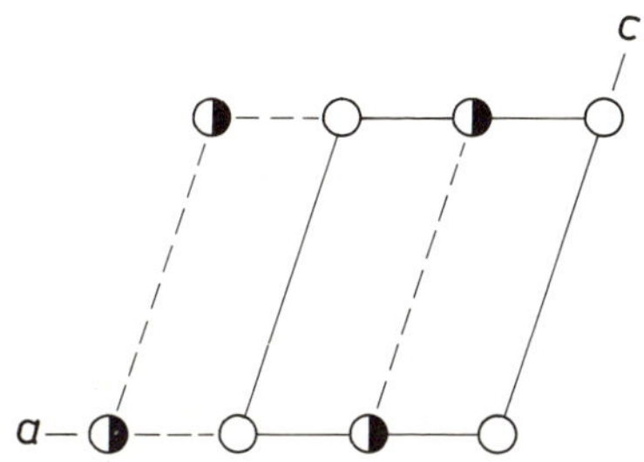

Abb. 6.17. Das monokline C-Gitter als Projektion auf (010) (◑ Gitterpunkt mit y=$\frac{1}{2}$)

a) Netzebene mit Gitterpunkt auf $\frac{1}{2}$,$\frac{1}{2}$,0 (Abb. 6.17). Die Gitterpunkte dieser Netzebene zentrieren die a,b-Ebenen der Elementarzelle. Ein Gitter, dessen a,b-Ebenen der Elementarzelle zentriert sind, nennt man ein C-flächenzentriertes Gitter (C-Gitter)[10]. Das monokline C-Gitter ist in Tab. 6.3 dargestellt.

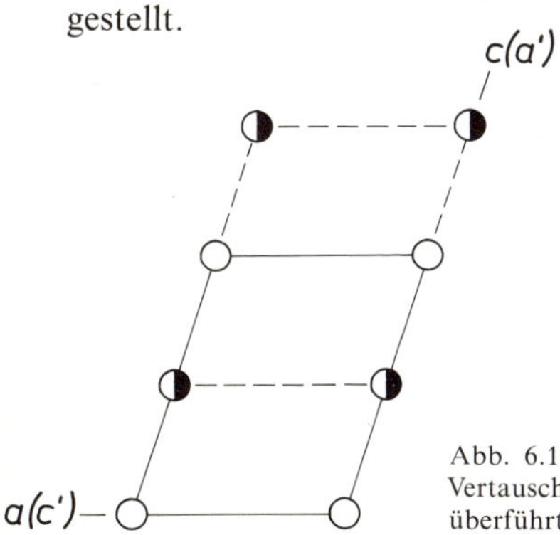

Abb. 6.18. Das monokline A-Gitter (a_0, b_0, c_0) kann durch Vertauschung von a und c in ein monoklines C-Gitter (a_0', b_0', c_0') überführt werden.

b) Netzebene mit Gitterpunkt auf 0,$\frac{1}{2}$,$\frac{1}{2}$ (Abb. 6.18). Sie zentriert die b,c-Ebene, und es entsteht ein A-flächenzentriertes Gitter. Da im monoklinen die a- und c-Achse nur soweit an Symmetrie-Elemente gebunden sind, daß sie in der Spiegelebene liegen, lassen sich a und c vertauschen, und aus dem A- wird ein C-Gitter.

---

[10] Die Ausdrucksweise bei der Bezeichnung der Gitter ist nicht ganz korrekt. Wenn man z.B. von einem C-Gitter spricht, meint man ein Gitter mit einer C-flächenzentrierten Elementarzelle.

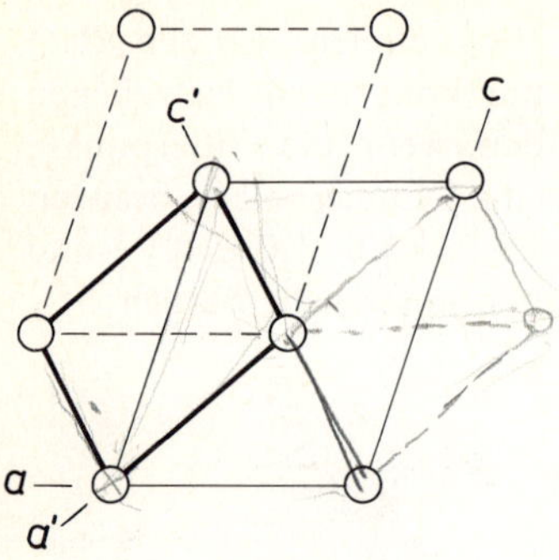

Abb. 6.19. Das monokline B-Gitter (a_0, b_0, c_0) ist in ein monoklines P-Gitter (a_0', b_0', c_0') überführbar

c) Netzebene mit Gitterpunkt auf $\frac{1}{2},0,\frac{1}{2}$ (Abb. 6.19). Es entsteht ein B-Gitter, in dem man eine primitive Elementarzelle (fett eingezeichnet) finden kann, die auch monoklin ist.

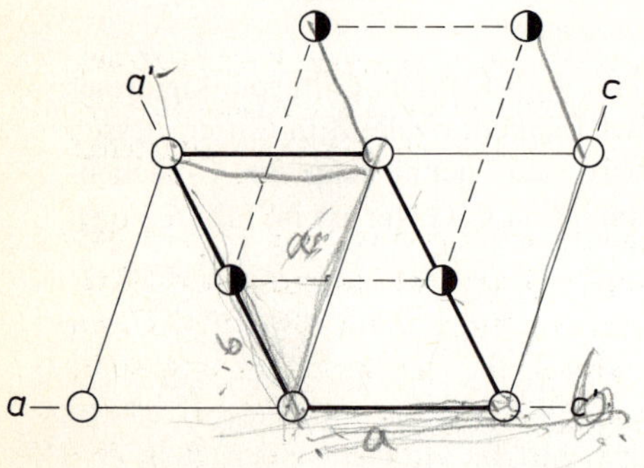

Abb. 6.20. Das monokline I-Gitter (a_0, b_0, c_0) ist in ein monoklines C-Gitter (a_0', b_0', c_0') überführbar

d) Netzebene mit Gitterpunkt auf $\frac{1}{2},\frac{1}{2},\frac{1}{2}$ (Abb. 6.20). Es wird ein Gitter erzeugt, dessen Elementarzelle innen zentriert ist, ein innenzentriertes Gitter (I-Gitter). Durch Wahl einer anderen monoklinen Elementarzelle kann ein C-Gitter erhalten werden.

e) Netzebene mit Gitterpunkt auf $\frac{1}{2},0,0$; $0,\frac{1}{2},0$ und $0,0,\frac{1}{2}$ halbieren nur die Elementarzelle, sie liefern nichts Neues.

f) Es ist nun auch möglich, zwei Netzebenen einzubringen wie z. B. in a) und b) mit Gitterpunkten auf $\frac{1}{2},\frac{1}{2},0$ und $0,\frac{1}{2},\frac{1}{2}$, vgl. Abb. 6.21a. Da aber parallele Gittergeraden immer die gleichen Translationsperioden besitzen müssen, wird in $\frac{1}{2},0,\frac{1}{2}$ ein Gitterpunkt erzeugt (gestrichelt dargestellt). Jetzt sind alle „Flächen" der Elementarzelle zentriert, es ist ein allseitig flächenzentriertes Gitter, ein F-Gitter, entstanden.

Dies gilt allgemein: *Ein zweiseitig flächenzentriertes Gitter ist unmöglich, weil es den Bedingungen für ein Translationsgitter nicht gerecht wird und immer in ein F-Gitter übergeht.*

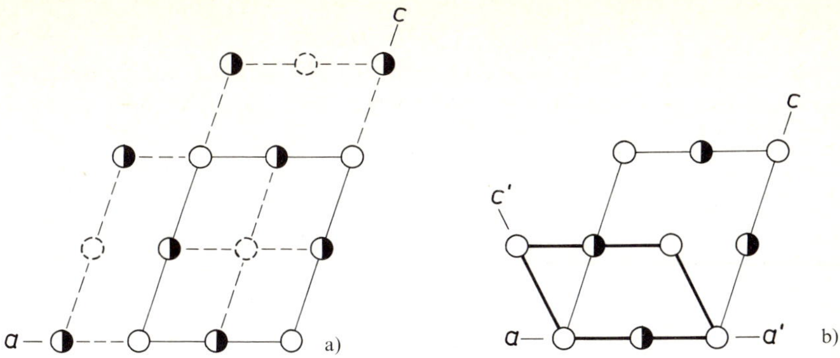

Abb. 6.21. Das monokline F-Gitter (a, b, c) kann in ein monoklines C-Gitter (a′, b′, c′) überführt werden

In das monokline F-Gitter kann auch eine monokline C-Zelle gelegt werden (Abb. 6.21b).

Dies sind alle Möglichkeiten, unter der oben genannten Voraussetzung Netzebenen in das monokline P-Gitter einzubringen. Es hat sich gezeigt, daß sich die theoretisch möglichen Gitter auf das P- und C-Gitter reduzieren lassen (A, I, F→C; B→P).

Beim orthorhombischen P-Gitter kann man analog verfahren und erhält ein orthorhombisches A-, B-, C-, I- und F-Gitter. Das I- und das F-Gitter lassen sich aber nicht wie im monoklinen reduzieren. Die A-, B- und C-Gitter sind gleichwertig; man legt aber im allgemeinen die kristallographischen Achsen a, b, c so in das Gitter, daß ein C-Gitter entsteht. Es gibt nur wenige Raumgruppen, bei denen man sich auf ein A-Gitter bezieht (vgl. später Tabelle 9.2). Zu dem C-Gitter kommt man auch, wenn man kongruente Netzebenen mit dem zentrierten Rechteck als Elementarmasche (Abb. 6.1b) direkt übereinander stapelt.

Entsprechende Betrachtungen wie im monoklinen führen beim tetragonalen P-Gitter zum tetragonalen I-Gitter, beim kubischen P-Gitter zum kubischen I- und F-Gitter (Tabelle 6.3).

Betrachtet man das hexagonale P-Gitter, so besitzt nur noch $0,0,\frac{1}{2}$ die gleiche Symmetrie wie die Gitterpunkte. Das Einbringen einer Netzebene in $0,0,\frac{1}{2}$ würde aber wiederum nur die Elementarzelle halbieren.

Eine sechszählige Achse enthält immer eine dreizählige Achse. Geht man von dieser Tatsache aus, so enthält die Netzebene mit dem 120°-Rhombus als Elementarmasche (Abb. 6.7a) dreizählige Achsen in 0,0,z; $\frac{1}{3},\frac{2}{3}$,z und $\frac{2}{3},\frac{1}{3}$,z, und es ist möglich, diese Netzebenen so versetzt übereinander zu stapeln, daß die zweite Netzebene in der Höhe $\frac{1}{3}\,c_0$ mit einem Gitterpunkt auf der dreizähligen Achse in $\frac{2}{3},\frac{1}{3}$,z und die dritte Netzebene in der Höhe $\frac{2}{3}\,c_0$ mit einem Gitterpunkt auf der dreizähligen Achse in $\frac{1}{3},\frac{2}{3}$,z zu liegen kommt (Abb. 6.6a und b). Die vierte Netzebene ist dann wieder eine zur Ausgangsnetzebene direkt übereinander gestapelte. Wie sich auch aus der Anordnung der Gitterpunkte ergibt, sind die 6-zähligen Drehachsen zu 3-zähligen reduziert worden, aber auch die Spiegelebenen in x,0,z und 0,y,z und x,x,z und die zweizähligen Achsen parallel zur c-Achse sind verloren gegangen. Es ist ein Gitter entstanden, das den metrischen Bedingungen eines hexagonalen Gitters ($a_0 = b_0 \neq c_0$, $\alpha = \beta = 90°$; $\gamma = 120°$) entspricht, aber drei Gitterpunkte enthält.

Es ist aber auch üblich, in dieses Gitter eine primitive Elementarzelle ($a_0' = b_0' = c_0'$, $\alpha' = \beta' = \gamma'$) hineinzulegen. Bezieht man sich auf die erste Elementarzelle, so spricht man von einem trigonalen R-Gitter, im zweiten Fall vom rhomboedrischen P-Gitter[11].

6.4 Die Symmetrie der zentrierten Translationsgitter

Bei der Herleitung der zentrierten Translationsgitter war mit Ausnahme des trigonalen R-Gitters strikt darauf geachtet worden, daß die Symmetrie der P-Gitter nicht zerstört wurde. Alle Symmetrie-Elemente der P-Gitter sind erhalten geblieben, aber der Translationstyp hat sich verändert. Diese Zentrierung bewirkt, daß weitere Symmetrie-Elemente, u.a. Schraubenachsen und Gleitspiegelebenen (vgl. Kap. 9.1) erzeugt werden. Trotzdem kann das Symbol der Raumgruppen der zentrierten Translationsgitter formuliert werden, weil diese bisher nicht abgehandelten Symmetrie-Elemente in diesen Fällen nicht in das Symbol eingehen.

Dagegen läßt sich die Symmetrie des trigonalen R-Gitters ausgehend von der reduzierten Symmetrie der Netzebene leicht bestimmen. Es enthält neben den üblichen noch weitere Inversionszentren, die aufgrund des Symmetrie-Gesetzes I ($m + \bar{1} \Rightarrow 2_{\perp m}$) eine Reihe zweizähliger Achsen erzeugen (Abb. 6.6d). Aus 3 wird $\bar{3}$, da $3 + \bar{1}$ eine dreizählige Drehinversionsachse erzeugen. Die Abfolge der Symmetrie-Elemente ist hier c, a; folglich lautet das Raumgruppensymbol R $\bar{3}$ 2/m.

$$\begin{matrix} \bar{3} & 2/m \\ \downarrow & \downarrow \\ c & a \end{matrix}$$

Die Raumgruppen-Symbole der 14 Bravais-Gitter sind in Anlehnung an die Tabelle 6.3 in Tabelle 6.4 zusammengestellt.

---

[11] Die Elementarzelle des rhomboedrischen P-Gitters hat die Form eines Rhomboeders, das sechs Rhomben als Begrenzungsflächen besitzt. Spezialfälle des rhomboedrischen P-Gitters sind a) für 90° das kubische P-Gitter, b) für 60° das kubische F-Gitter und c) für 109°28′ das kubische I-Gitter.

Tabelle 6.4 Die Raumgruppen-Symbole der 14 Bravais-Gitter

<table>
<tr><th></th><th>P</th><th>C</th><th>I</th><th>F</th></tr>
<tr><td>triklin</td><td>P $\bar{1}$</td><td></td><td></td><td></td></tr>
<tr><td>monoklin</td><td>P 2/m</td><td>C 2/m</td><td></td><td></td></tr>
<tr><td>orthorhombisch</td><td>P 2/m 2/m 2/m</td><td>C 2/m 2/m 2/m</td><td>I 2/m 2/m 2/m</td><td>F 2/m 2/m 2/m</td></tr>
<tr><td>tetragonal</td><td>P 4/m 2/m 2/m</td><td></td><td>I 4/m 2/m 2/m</td><td></td></tr>
<tr><td>trigonal</td><td rowspan="2">P 6/m 2/m 2/m</td><td colspan="3">R $\bar{3}$ 2/m</td></tr>
<tr><td>hexagonal</td><td colspan="3"></td></tr>
<tr><td>kubisch</td><td>P 4/m $\bar{3}$ 2/m</td><td></td><td>I 4/m $\bar{3}$ 2/m</td><td>F 4/m $\bar{3}$ 2/m</td></tr>
</table>

Man erhält insgesamt die in Tabelle 6.3 aufgeführten 14 Translationsgitter, die auch als *Bravais-Gitter* bezeichnet werden. Sie stellen die 14 Möglichkeiten dar, einen Raum durch periodische Anordnung von Punkten auszufüllen. Auf der Grundlage dieser 14 Translationsgitter sind alle Kristalle aufgebaut. In Kap. 3 ist die Kristallstruktur = Gitter + Basis definiert. Die Gittertypen sind auf 14 beschränkt, dagegen gibt es für die Basis unendlich viele Möglichkeiten. In jeder Kristallstruktur kann aber nur *ein* Translationstyp realisiert sein.

Es ist noch die Frage nach der Zahl der Gitterpunkte pro Elementarzelle bei den einzelnen Gittern interessant. Die entsprechenden Daten sind in der folgenden Tabelle zusammengestellt:

Gitter	Zahl der Gitterpunkte/EZ	Koordinaten der Gitterpunkte der EZ
P	1	0,0,0
A	2	0,0,0; $0,\frac{1}{2},\frac{1}{2}$
B	2	0,0,0; $\frac{1}{2},0,\frac{1}{2}$
C	2	0,0,0; $\frac{1}{2},\frac{1}{2},0$
I	2	0,0,0; $\frac{1}{2},\frac{1}{2},\frac{1}{2}$
R	3	0,0,0; $\frac{2}{3},\frac{1}{3},\frac{1}{3}$; $\frac{1}{3},\frac{2}{3},\frac{2}{3}$
F	4	0,0,0; $\frac{1}{2},\frac{1}{2},0$; $\frac{1}{2},0,\frac{1}{2}$; $0,\frac{1}{2},\frac{1}{2}$

Aufgabe 6.1. Bestimmen Sie an den zweidimensionalen Strukturen in Abb. 6.22 die Symmetrie-Elemente, und zeichnen Sie diese in die Muster ein. Legen Sie eine Elementarmasche in der Weise fest, daß der Ursprung auf einer höchstzähligen Drehachse liegt. Vergleichen Sie die entstandenen Symmetrie-Anordnungen mit jenen in den Abb. 6.1 und 5.1 b.

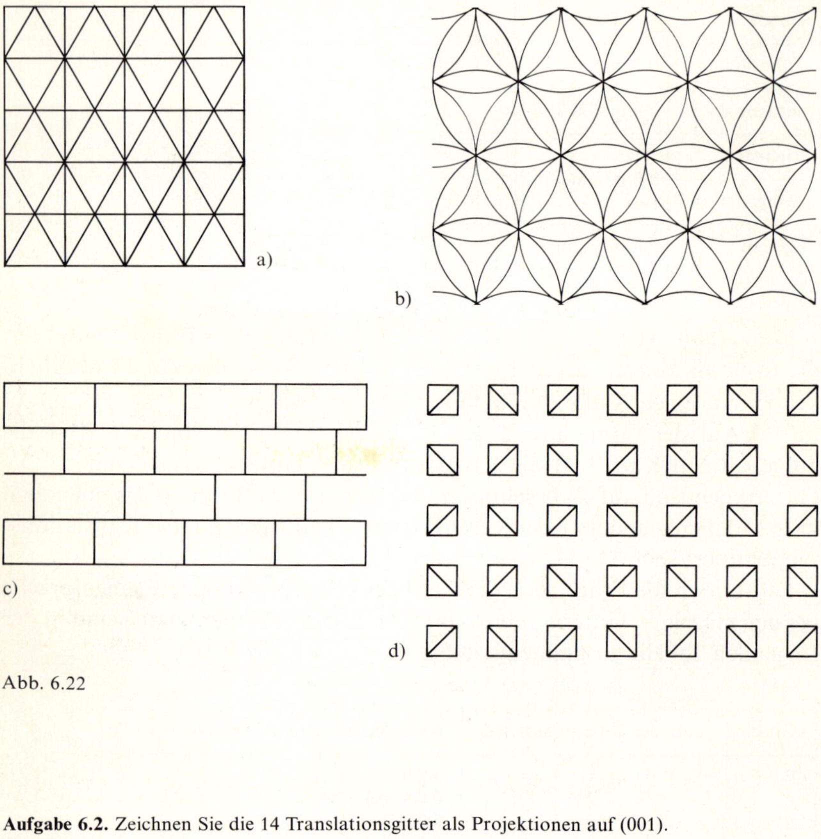

Abb. 6.22

Aufgabe 6.2. Zeichnen Sie die 14 Translationsgitter als Projektionen auf (001).

Aufgabe 6.3. Bauen Sie eine Elementarzelle des monoklinen, orthorhombischen, tetragonalen und hexagonalen P-Gitters mit Hilfe von Plastilline-Kugeln und dünnen Stäben. Bestimmen Sie die Symmetrie-Elemente und zeichnen Sie diese in eine (001)-Projektion der Gitter (vgl. Aufgabe 6.2).

Aufgabe 6.4. Warum ist ein hexagonales I- und ein tetragonales A-Gitter unmöglich?

Aufgabe 6.5. Wie wäre ein Gitter einzuordnen, dessen Elementarzelle der Bedingung $a_0 \neq b_0 \neq c_0$; $\alpha = 90°$; $\beta \neq \gamma \neq 90°$ folgt.

Aufgabe 6.6. Geben Sie die Koordinaten für alle Inversionszentren des trigonalen R-Gitters an.

Aufgabe 6.7. Die Abfolge der Symmetrie-Elemente im Raumgruppensymbol P $4/m\ \bar{3}\ 2/m$ ist a, [111], [110]. Gleiche Symmetrie-Elemente sind auch entsprechend zu den ihnen äquivalenten Richtungen angeordnet. Nennen Sie die zu a, [111] und [110] äquivalenten Richtungen.

7. Die 7 Kristallsysteme

In die einzelnen Translationsgitter wurden die Vektoren $\vec{a}$, $\vec{b}$, $\vec{c}$ und – ihrer Lage entsprechend – ein aus den kristallographischen Achsen a, b, c bestehendes Achsenkreuz gelegt. Dies geschah nicht willkürlich, sondern stets in bezug auf die Symmetrie-Elemente (soweit vorhanden) in der Weise, daß

$$\vec{\mathbf{a}}, \vec{\mathbf{b}}, \vec{\mathbf{c}} \text{ bzw. } \mathbf{a}, \mathbf{b}, \mathbf{c} \;//\; \mathbf{X}, \bar{\mathbf{X}}, \text{ Normale von } \mathbf{m}$$

gelegt wurden.

Danach kann man 6 Achsenkreuze unterscheiden, die in Abb. 6.2c–6.8c in Korrespondenz zu den P-Gittern dargestellt sind, aber natürlich auch für die zentrierten Gitter Geltung haben. Auf der Grundlage der Achsenkreuze

Tabelle 7.1. Kristallsysteme

Kristallsystem	Achsenkreuz	Abb.	Gleichwertigkeit der kristallographischen Achsen durch:
triklin	$a \neq b \neq c \quad \alpha \neq \beta \neq \gamma \neq 90°$ [a]	6.2c	
monoklin	$a \neq b \neq c \quad \alpha = \gamma = 90° \quad \beta > 90°$	6.3c	
orthorhombisch	$a \neq b \neq c \quad \alpha = \beta = \gamma = 90°$	6.4c	
tetragonal	$a = b \neq c \quad \alpha = \beta = \gamma = 90°$ $(a_1 = a_2 \neq c)$	6.5c	4//c
trigonal[b]	$a = b \neq c \quad \alpha = \beta = 90° \quad \gamma = 120°$ $(a_1 = a_2 = a_3 \neq c)$	6.7c	3//c
hexagonal	$a = b \neq c \quad \alpha = \beta = 90° \quad \gamma = 120°$ $(a_1 = a_2 = a_3 \neq c)$	6.7c	6//c
kubisch	$a = b = c \quad \alpha = \beta = \gamma = 90°$ $(a_1 = a_2 = a_3)$	6.8c	3//[111]

[a] Das Zeichen = bzw. ≠ bedeutet gleichwertig bzw. ungleichwertig in bezug auf die Symmetrie.
[b] Anstelle des trigonalen und hexagonalen Kristallsystems kann auch ein rhomboedrisches und hexagonales Kristallsystem definiert werden. Für das rhomboedrische Kristallsystem gilt $a' = b' = c'$; $\alpha = \beta = \gamma$ (vgl. die rhomboedrische Elementarzelle in Abb. 6.6b).

definiert man *Kristallsysteme*. Das trigonale R-Gitter gehört eigentlich zum hexagonalen Kristallsystem, aber da nur dreizählige Achsen vorkommen, hat man neben dem hexagonalen noch ein trigonales Kristallsystem eingeführt.

In Tabelle 7.1 sind die 7 Kristallsysteme mit den für sie geltenden Bedingungen für das Achsenkreuz zusammengestellt. Außerdem sind die Symmetrie-Elemente angegeben, die die Gleichwertigkeit der kristallographischen Achsen bewirken. Diese Drehachsen und die ihnen entsprechenden Drehinversionsachsen sind für die einzelnen Kristallsysteme charakteristisch.

Ist $a = b$, so ist auch die Angabe a_1 und a_2 zulässig. Beim hexagonalen Achsenkreuz kann neben a_1 und a_2 auch noch eine a_3-Achse definiert werden (Abb. 6.7c). Im kubischen Kristallsystem ($a = b = c$) werden anstelle von a, b, c auch die Achsen a_1, a_2, a_3 benutzt (Abb. 6.8c).

Die Raumgruppen der Translationsgitter (vgl. Tab. 6.4) besitzen die höchste Symmetrie, die in dem entsprechenden Kristallsystem auftreten kann. Symmetrie-Elemente können in den einzelnen Kristallsystemen nur unter bestimmten Winkeln kombiniert sein, da nicht nur die Symmetrie-Elemente, sondern auch ihre Kombinationen mit dem Gitter in Einklang stehen müssen. Aus der Symmetrie der Translationsgitter ergeben sich zwangsläufig alle die Winkel, die die Symmetrie-Elemente in den einzelnen Kristallsystemen zueinander bilden können.

8. Die Punktgruppen

8.1 Die 32 Punktgruppen

Die Raumgruppen der Translationsgitter besitzen jeweils die höchste Symmetrie, die in einem Kristallsystem auftreten kann. Ersetzt man die Gitterpunkte durch Bausteine, so müssen die Bausteine – wenn die Raumgruppe erhalten bleiben soll – mindestens die gleiche Symmetrie aufweisen wie die Gitterpunkte. Die Symmetrie eines Gitterpunktes ist einfach aus der Raumgruppe abzuleiten. Man muß nur alle die Punktsymmetrie-Elemente der Raumgruppe berücksichtigen, die den Gitterpunkt schneiden (X, $\bar{X}$, m) oder in ihm liegen ($\bar{1}$). Man geht in den einzelnen Kristallsystemen von den Raumgruppen der P-Gitter (im trigonalen System vom R-Gitter) aus (Abb. 6.2d–6.8d); die Verhältnisse sind bei den zentrierten Gittern jedoch die gleichen (identische Punkte). Die Gitter-Translation als wichtigste Deckoperation der Raumgruppen wird nicht mehr berücksichtigt und man erhält *Punktgruppen* (PG). Die Symmetriegerüste dieser Punktgruppen und deren stereographische Projektionen sind in den Abb. 6.2e–6.8e dargestellt. Den beschriebenen Übergang von den Raumgruppen zu den Punktgruppen zeigt Tabelle 8.1. Einzelheiten können den genannten Abbildungen entnommen werden.

Die Punktgruppen werden von den Punktsymmetrie-Operationen und ihren Kombinationen gebildet und besitzen die Eigenschaft, daß bei jeder durchgeführten Deckoperation mindestens ein Punkt am Ort bleibt. Die Korrespondenz der kristallographischen Achsen zu den Symmetrie-Elementen ist die gleiche wie bei den Raumgruppen. Die so aus den Raumgruppen der Translationsgitter hergeleiteten Punktgruppen sind die höchstsymmetrischen in den einzelnen Kristallsystemen.

In den höchstsymmetrischen Punktgruppen der einzelnen Kristallsysteme sind niedersymmetrische Punktgruppen, sogenannte Untergruppen, enthalten. Sie sollen nur in einigen Kristallsystemen abgeleitet werden:

a) *triklin:* In $\bar{1}$ ist nur noch 1 enthalten.

b) *monoklin:* 2/m enthält 2, m, $\bar{1}$ (vgl. Symmetrie-Gesetz I) und 1. Da $\bar{1}$ und 1 zum triklinen Kristallsystem gehören, so verbleiben als monokline

Tabelle 8.1. Übergang von einer der höchstsymmetrischen Raumgruppen jedes Kristallsystems zur höchstsymmetrischen Punktgruppe jedes Kristallsystems

Kristallsystem	Raumgruppe	Punktgruppe	Abb.
triklin	P $\bar{1}$	→ $\bar{1}$	6.2d,e
monoklin	P 2/m	→ 2/m	6.3d,e
orthorhombisch	P 2/m 2/m 2/m	→ 2/m 2/m 2/m	6.4d,e
tetragonal	P 4/m 2/m 2/m	→ 4/m 2/m 2/m	6.5d,e
trigonal	R $\bar{3}$ 2/m	→ $\bar{3}$ 2/m	6.6d,e
hexagonal	P 6/m 2/m 2/m	→ 6/m 2/m 2/m	6.7d,e
kubisch	P 4/m $\bar{3}$ 2/m	→ 4/m $\bar{3}$ 2/m	6.8d,e

Untergruppen 2 und m (Abb. 6.3f). Diese Punktgruppen stehen auch in Übereinstimmung mit dem monoklinen Achsenkreuz: m⊥b in der a,c-Ebene; 2 // b und senkrecht zur a,c-Ebene.

c) *orthorhombisch:* Entnimmt man der Punktgruppe 2/m 2/m 2/m die Inversion, so muß auch aus jedem 2/m entweder 2 oder m entfernt werden (I. Symmetrie-Gesetz). Es entstehen mmm, mm2 [1], m22 [2] und 222. Die Symmetrie-Elemente von mmm sind in das Stereogramm in Abb. 8.1 eingezeichnet. Nach dem Symmetrie-Gesetz II (m⊥m⇒2) werden die im Stereogramm gestrichelt dargestellten zweizähligen Drehachsen erzeugt, und man erhält wieder 2/m 2/m 2/m. Auch m22 (Abb. 8.2) geht in 2/m 2/m 2/m über. So verbleiben als Untergruppen von 2/m 2/m 2/m mm2 und 222 (Abb. 6.4f).

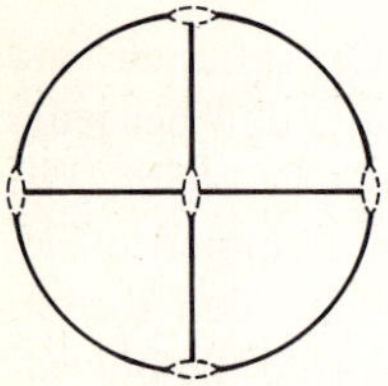

Abb. 8.1. Die drei zueinander senkrecht stehenden Spiegelebenen von mmm erzeugen die gestrichelt dargestellten zweizähligen Drehachsen (II. Symmetrie-Gesetz). Damit geht mmm in 2/m 2/m 2/m über, oder mmm ist als gekürztes Symbol von 2/m 2/m 2/m anzusehen

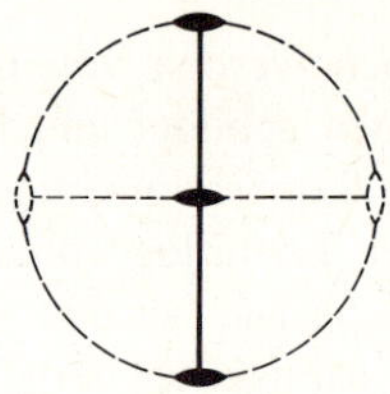

Abb. 8.2. Die in das Stereogramm eingezeichneten Symmetrie-Elemente von m22 erzeugen aufgrund des II. Symmetrie-Gesetzes die gestrichelt dargestellten Symmetrie-Elemente, also im Endeffekt die Punktgruppe 2/m 2/m 2/m; m22 ist also identisch mit 2/m 2/m 2/m

[1] m2m und 2mm sind nur andere Aufstellungen von mm2.

[2] 2m2 und 22m sind nur andere Aufstellungen von m22.

Entsprechend kann man auch in den anderen Kristallsystemen verfahren und erhält dann insgesamt 32 Punktgruppen oder Kristallklassen, die in Tabelle 8.2 zusammengestellt sind.

Tabelle 8.2. Die 32 Punktgruppen

Kristallsystem	Punktgruppen		Symmetriegerüste und Stereogramme der Punktegruppen in Abb.
triklin	$\bar{1}$	1	
monoklin	2/m	m, 2	6.3e,f
orthorhombisch	2/m 2/m 2/m (mmm)	mm2, 222	6.4e,f
tetragonal	4/m 2/m 2/m (4/mmm)	$\bar{4}$2m, 4mm, 422 4/m, $\bar{4}$, 4	6.5e,f
trigonal	$\bar{3}$ 2/m ($\bar{3}$m)	3m, 32, $\bar{3}$, 3	6.6e,f
hexagonal	6/m 2/m 2/m (6/mmm)	$\bar{6}$m2, 6mm, 622 6/m, $\bar{6}$, 6	6.7e,f
kubisch	4/m $\bar{3}$ 2/m (m3m)	$\bar{4}$3m, 432, 2/m$\bar{3}$, 23 (m3)	6.8e,f

Alle Punktgruppen können auch als Untergruppen von 4/m $\bar{3}$ 2/m und/oder 6/m 2/m 2/m betrachtet werden. Diese Beziehungen sind in Abb. 8.3 verdeutlicht.

Die höchstsymmetrischen Punktgruppen in jedem Kristallsystem geben die Symmetrie der Gitterpunkte der einzelnen Bravais-Gitter jedes Kristallsystems an[3]. Ihre Untergruppen beziehen sich auf niedersymmetrische Plätze (Punktlagen) in den Raumgruppen (vgl. Kap. 9.3).

Die Symbole einiger Punktgruppen sind überbestimmt. Wir sahen es bei 2/m 2/m 2/m. Man hat deshalb ihre Symbole gekürzt. Die gekürzten Symbole sind in Tabelle 8.2 in Klammern gesetzt. Die entsprechenden Kürzungen gelten auch für die Raumgruppensymbole.

Die Symbole wurden bisher nur in ihrer Beziehung zu den kristallographischen Achsen betrachtet. Man kann aber auch leicht aus dem Symbol die Anordnung der Symmetrie-Elemente zueinander erkennen.

---

[3] Ausnahme: Das hexagonale P-Gitter tritt auch im trigonalen Kristallsystem auf, vgl. Tabelle 6.3.

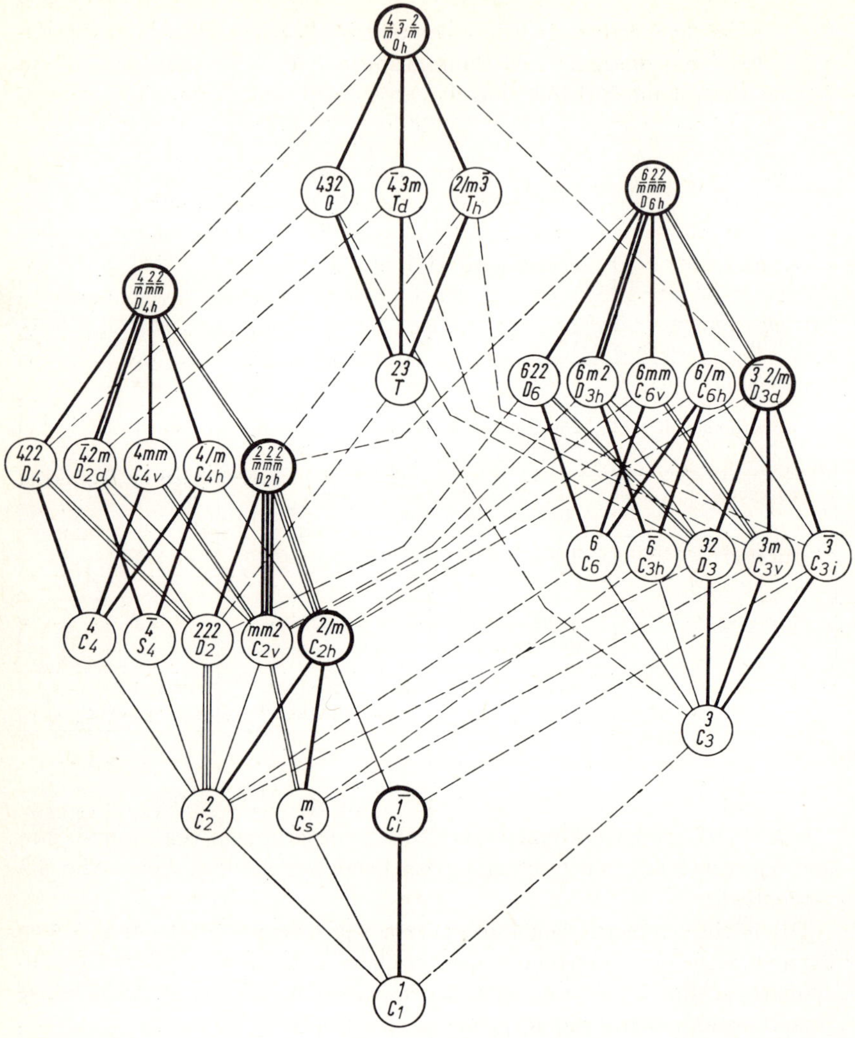

Abb. 8.3. Die Punktgruppen und ihre Untergruppen (nach Hermann [13]). Die Verbindungslinien zwischen den Punktgruppen bedeuten, daß die unten stehende Punktgruppe eine Untergruppe der oben stehenden ist. Die höchstsymmetrischen Punktgruppen der einzelnen Kristallsysteme sind von einem dick ausgezogenen Kreis eingeschlossen

Es bedeutet:

X2: Drehachse X und senkrecht dazu 2-zählige Drehachsen; z. B. 42(2)

Xm: Drehachse X und parallel dazu m; z. B. 3m

$\bar{X}2$: Drehinversionsachse $\bar{X}$ und senkrecht dazu 2-zählige Drehachsen; z.B. $\bar{4}2$(m)
$\bar{X}m$: Drehinversionsachse $\bar{X}$ und parallel dazu m; z.B. $\bar{6}m$(2)
X/mm: Drehachse X und senkrecht und parallel dazu m; z.B. 4/mm(m)

Die bisher bei den Raumgruppen und Punktgruppen verwendete Symbolik wird als *Internationale* oder *Hermann-Mauguin-Symbolik* bezeichnet. Daneben wird in der Chemie und Physik auch die ältere *Schönflies-Symbolik* verwendet. Der Aussagewert der Schönflies-Symbolik ist bei den Raumgruppen nur sehr gering, bei den Punktgruppen aber ausreichend. Im folgenden werden bei den Punktgruppen beide Symbole angegeben. Die Schönflies-Symbolik ist in Tabelle 8.3 erläutert und mit der Internationalen Symbolik verglichen.

Tabelle 8.3. Die Schönflies-Symbolik der Punktgruppen im Vergleich mit der Internationalen Symbolik

C_n : n-zählige Drehachse; identisch mit X

C_n	C_1	C_2	C_3	C_4	C_6
X	1	2	3	4	6

C_{ni}: n-ungeradzählige Drehachse und Inversion i; identisch mit $\bar{X}$ (ungeradzählig)[a], C_s (s für Spiegelebene), Drehspiegelachse $S_4 \equiv \bar{4}$

	C_i	C_s	C_{3i}	S_4	
$\bar{X}$	$\bar{1}$	($\bar{2}\equiv$) m	$\bar{3}$	$\bar{4}$	

C_{nh} : n-zählige Drehachse und senkrecht dazu (horizontale) Spiegelebene; identisch mit X/m

C_{nh}		C_{2h}	C_{3h}	C_{4h}	C_{6h}
X/m		2/m	(3/m$\equiv$) $\bar{6}$	4/m	6/m

D_n : n-zählige Drehachse und senkrecht dazu n 2-zählige Drehachsen; identisch mit X2

D_n		D_2	D_3	D_4	D_6
X2		222	32	422	622

[a] $C_{2i} \equiv C_{2h}$ (2/m); $C_{4i} \equiv C_{4h}$ (4/m); $C_{6i} \equiv C_{6h}$ (6/m); vgl. I. Symmetrie-Gesetz.

Tabelle 8.3. (Fortsetzung)

C_{nv} : n-zählige Drehachse und parallel dazu n (vertikale) Spiegelebenen; identisch mit Xm

C_{nv}		C_{2v}	C_{3v}	C_{4v}	C_{6v}
Xm		mm2	3m	4mm	6mm

D_{nd} : Zu D_n kommen n (diagonale) Spiegelebenen auf die Diagonalen zwischen den 2-zähligen Achsen; identisch mit $\bar{X}$m

D_{nd}		D_{2d}	D_{3d}		
$\bar{X}$m		$\bar{4}$2m	$\bar{3}$m		

D_{nh}: Zu D_n kommt senkrecht eine (horizontale) Spiegelebene, die n (vertikale) Spiegelebenen erzeugt; identisch mit X/mm

D_{nh}		D_{2h}	D_{3h}	D_{4h}	D_{6h}
X/mm		mmm	(3/mm≡) $\bar{6}$m2	4/mmm	6/mmm

T = Tetraeder; O = Oktaeder

	T	T_h	O	T_d	O_h
	23	m3	432	$\bar{4}$3m	m3m

8.2 Kristallsymmetrie

Eine Raumgruppe gibt die Gesamtsymmetrie einer Kristallstruktur an. Wird nun aber der Kristall nicht als Diskontinuum, sondern nur als Kontinuum betrachtet, so geht die Gitter-Translation, die das Charakteristikum des Diskontinuums ist, verloren, und es bleibt die sich aus der Raumgruppe ergebende Punktgruppe übrig. Ist der Kristall von ebenen Flächen begrenzt, so findet die Morphologie ihren symmetrischen Ausdruck in dieser Punktgruppe.

In Abb. 8.4 ist eine Symmetrie-Bestimmung an einem PbS-(Galenit)-Kristall (vgl. Aufgabe 4.1) durchgeführt. Die an dem Kristall gefundenen Symmetrie-Elemente wurden in eine stereographische Projektion eingezeichnet. Der Kristall gehört der Punktgruppe 4/m $\bar{3}$ 2/m (O_h) an.

In Tafel 8 (rechte Spalte) sind Beispiele für die einzelnen Punktgruppen angegeben.

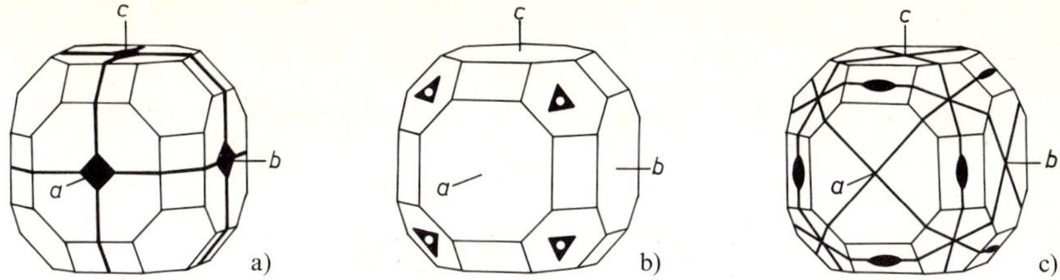

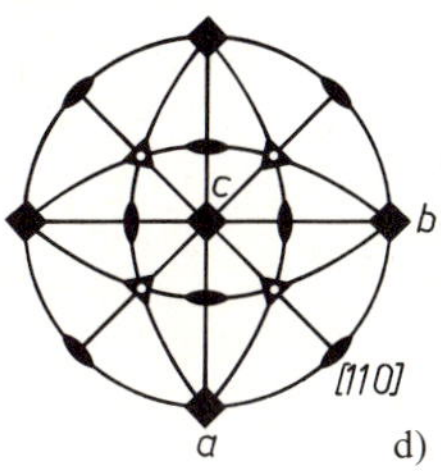

Abb. 8.4. Punktgruppe $\underset{\substack{\downarrow\\ a}}{4/m}\ \underset{\substack{\downarrow\\ [111]}}{\bar{3}}\ \underset{\substack{\downarrow\\ [110]}}{2/m}$ (O_h) eines Galenit(PbS)-Kristalls. In (a) sind nur die Symmetrie-Elemente eingezeichnet, die in bezug auf die a-Achse und äquivalente Richtungen (b- und c-Achse) (4/m→a), in (b) nur jene, die in bezug auf die Richtung [111] und äquivalente Richtungen ($\bar{3}$→[111]), in (c) nur jene, die in bezug auf die Richtung [110] und äquivalente Richtungen angeordnet sind (2/m→[110]). (d) zeigt das Stereogramm der Symmetrie-Elemente

8.2.1 Kristallformen

Läßt man die Symmetrie-Elemente einer Punktgruppe auf eine Kristallfläche einwirken, so entsteht eine Anzahl äquivalenter Flächen. *Die Menge der äquivalenten Flächen nennt man eine Kristallform.* In Abb. 8.5 ist eine Kristallform der Punktgruppe 4mm (C_{4v}), eine tetragonale Pyramide mit ihrer stereographischen Projektion gezeigt. Eine Kristallform wird mit den Millerschen Indizes einer zur Kristallform gehörenden Kristallfläche bezeichnet. Man setzt aber die Millerschen Indizes in geschweifte Klammern $\{hkl\}$, um zwischen Fläche und Form zu unterscheiden.

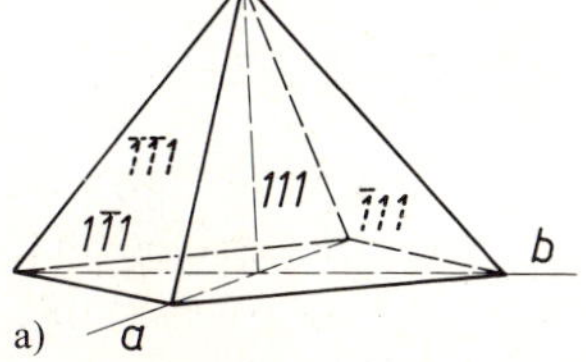

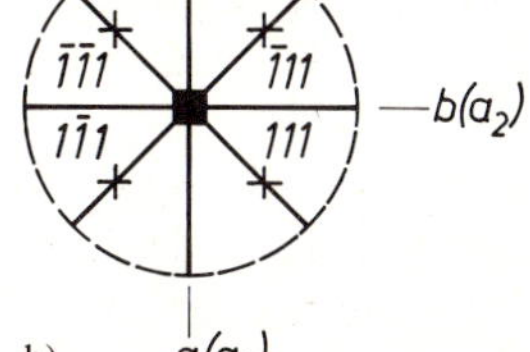

Abb. 8.5. Tetragonale Pyramide als Kristallform der Punktgruppe 4mm, (a) tetragonale Pyramide $\{111\}$, (b) die Flächenpole dieser Kristallform im Stereogramm der Symmetrie-Elemente

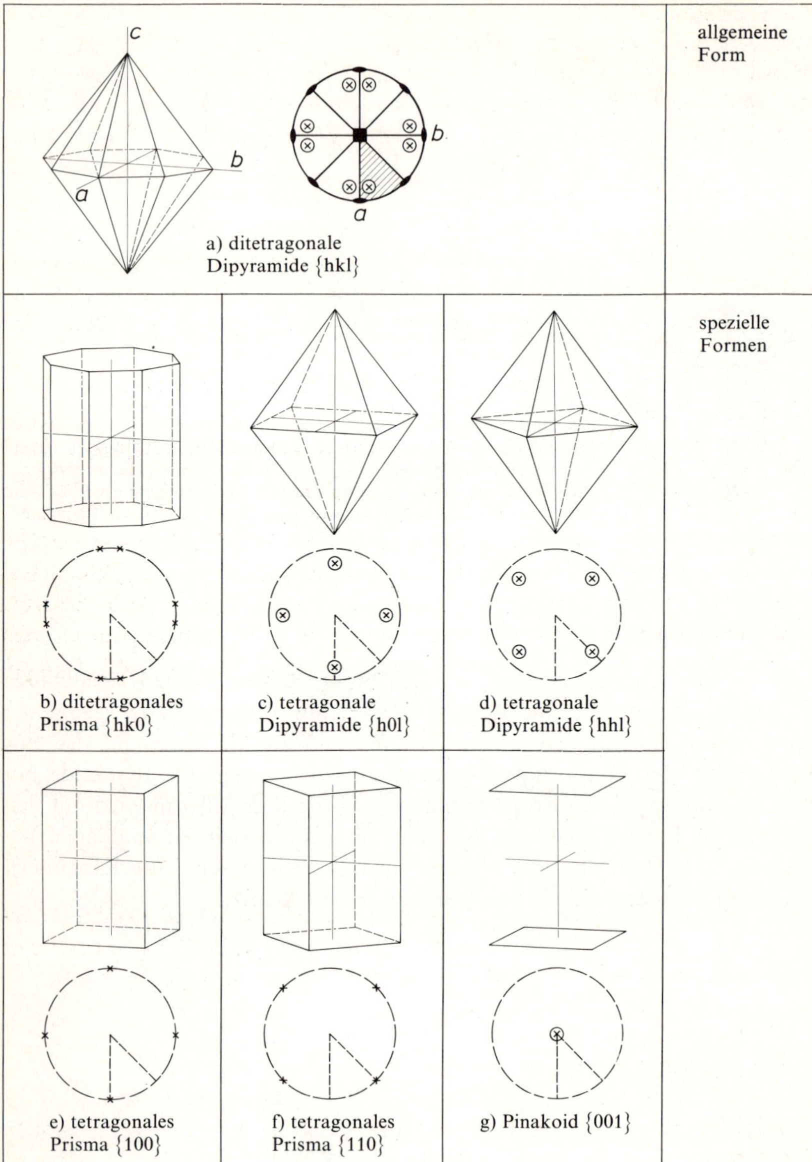

Abb. 8.6. Die Kristallformen der Punktgruppe 4/mmm (D_{4h}). Lage der Flächenpole im Stereogramm der Symmetrie-Elemente und in bezug auf die Kennfläche (gestrichelt gezeichnet)

Jeder Punktgruppe entsprechen bestimmte Kristallformen. Die Kristallformen der Punktgruppe 4/mmm (D_{4h}) sind in Abb. 8.6 zusammengestellt. Man geht von der *Kennfläche* der Punktgruppe aus, die im Stereogramm in Abb. 8.6a schraffiert dargestellt ist. Die Kennfläche ist jenes kleinste sphärische Dreieck, das bei Einwirken der Symmetrie die Kugel als Ganzes ergibt[4].

Legt man einen Flächenpol in die Kennfläche, so entsteht durch die Wirkung der Symmetrie-Elemente eine ditetragonale Dipyramide {hkl} (Abb. 8.6a). Man kann den Ausgangsflächenpol, der zwei Freiheitsgrade besitzt, beliebig verschieben und solange er nicht die Begrenzungslinien der Kennfläche erreicht, bleibt als Form die ditetragonale Dipyramide erhalten, wenn auch die Neigung der Flächen zueinander und damit die {hkl} sich verändern. Eine solche Kristallform mit zwei Freiheitsgraden wird als *allgemeine Form* bezeichnet.

Neben der allgemeinen Form unterscheidet man in der Regel sechs *spezielle Formen.* Die drei Kristallformen, deren einer Flächenpol auf einer Begrenzungslinie der Kennfläche liegt, haben noch einen Freiheitsgrad. Solange der Flächenpol eine Seite des sphärischen Dreiecks nicht verläßt, bleiben auch hier die Formen erhalten (ditetragonales Prisma {hk0}, tetragonale Dipyramide {h0l}, tetragonale Dipyramide {hhl}; Abb. 8.6.b-d). Nun gibt es noch 3 Formen ohne Freiheitsgrad mit Flächenpolen auf den Eckpunkten des sphärischen Dreiecks (tetragonales Prisma {100}, tetragonales Prisma {110}; Pinakoid {001}; Abb. 8.6e-g).

Nach dem gleichen Schema lassen sich auch die Kristallformen der anderen Punktgruppen ableiten.

Die Kristalle werden häufig nicht nur durch eine Kristallform, sondern durch *Kombinationen* von Kristallformen begrenzt. Der Rutil-Kristall in Tafel 8.15 ist eine Kombination der Kristallformen tetragonale Dipyramide {111}, tetragonale Prismen {100} und {110}.

Bei den in Tafel 8 gezeigten Kristallen handelt es sich überwiegend um Kombinationen von Kristallformen. An einem Kristall können immer nur Kristallformen auftreten, die der gleichen Punktgruppe angehören.

8.3 Molekelsymmetrie

Die Symmetrie und damit die Punktgruppen sind ein wichtiges Hilfsmittel zur Beschreibung von Molekeln[5]. Die Abb. 8.7 zeigt eine H_2O-Molekel, in

[4] Die Kennfläche leitet sich jeweils aus der höchstsymmetrischen Punktgruppe jedes Kristallsystems her.

[5] Als Molekeln im weiteren Sinne werden nicht nur elektrisch neutrale, sondern auch geladene mehratomige Anordnungen bezeichnet.

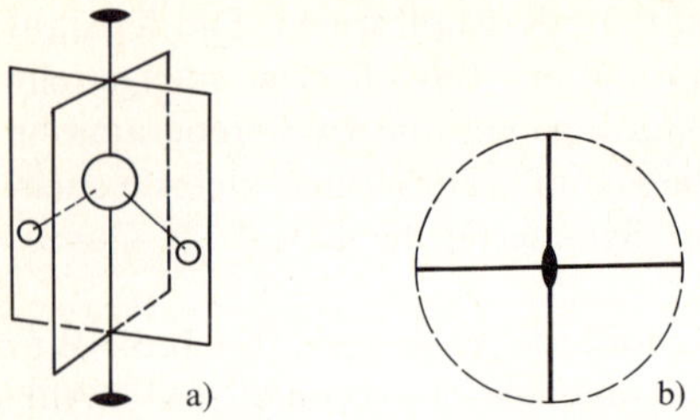

Abb. 8.7. Punktsymmetrie (mm2 – C_{2v}) der H_2O-Molekel (a); Stereogramm der Symmetrie-Elemente dieser Punktgruppe (b)

die die Symmetrie-Elemente (zwei Spiegelebenen und eine zweizählige Drehachse) eingezeichnet sind. Die Molekel gehört der Punktgruppe mm2 (C_{2v}) an. Die Symmetrie-Elemente der Punktgruppe sind in ein Stereogramm in Abb. 8.7b eingetragen.

In Tafel 8 (linke Spalte) sind für die einzelnen Punktgruppen Molekel-Beispiele angegeben. Die Molekeln sind z.T. in der aus der organischen Chemie bekannten Newman-Projektion dargestellt. In anderer Darstellung bedeutet eine sich verdickende Linie, daß der Baustein aus der Papierebene herausragt, eine gestrichelte oder sich verjüngende Linie, daß er unterhalb der Papierebene liegt. Die Stereogramme der Punktgruppen sind in der Regel der Zeichnung der Molekel entsprechend angeordnet.

Bei der Molekelsymmetrie spielen neben den 32 Punktgruppen der Kristallographie auch die nichtkristallographischen Punktgruppen eine Rolle. Dies sind solche Punktgruppen, bei denen mindestens ein Symmetrie-Element (z.B. eine 5-zählige Drehachse) vorhanden ist, das mit keinem Raumgitter vereinbart werden kann. In Tafel 8.33–36 sind einige wichtige nichtkristallographische Punktgruppen mit Molekel-Beispielen zusammengestellt.

Die Zugehörigkeit zu einer Punktgruppe bedeutet für eine Molekel, daß symmetrisch zueinander angeordnete Atome und Bindungen äquivalent sind. So sind alle C- und alle H-Atome der Benzol-Molekel C_6H_6(6/mmm–D_{6h}), aber auch alle C–C- und C–H-Bindungen gleichwertig (Abb. 8.8a vgl. auch Tafel 8.27). Auch das Coronen (Abb. 8.8b) gehört der Punktgruppe 6/mmm (D_{6h}) an. Die gleichwertigen Atome sind mit gleichen Buchstaben, gleichwertige Bindungen durch dasselbe Buchstabenpaar gekennzeichnet. Daraus ergeben sich auch die unterschiedlichen Bindungen zwischen den C-Atomen. Entsprechende Betrachtungen sind am Naphthalin und Pyren (mmm–D_{2h}) (Abb. 8.8c und d) und am Phenanthren (mm2–C_{2v}) (Abb. 8.8e) angestellt.

Im PF_5 ist der Phosphor von fünf Fluor-Atomen umgeben. In planarer Konfiguration in Form eines Pentagons wären alle F-Atome und alle P–F-Bindungen gleichwertig (Punktgruppe 5/mm (D_{5h}), Tafel 8.35). Die F-Atome

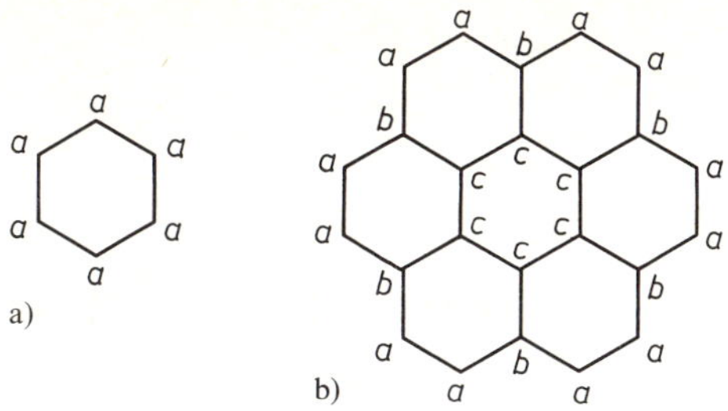

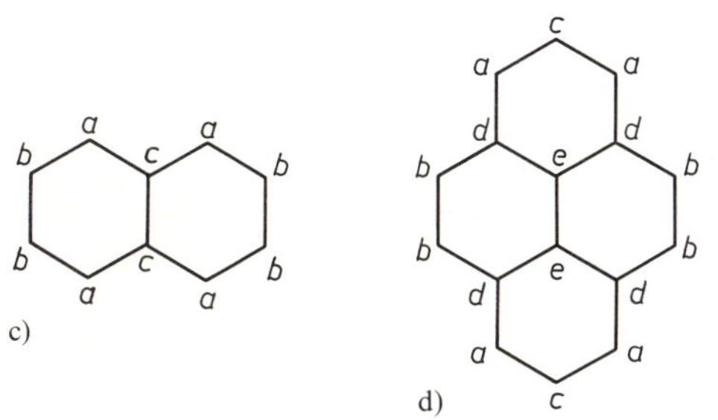

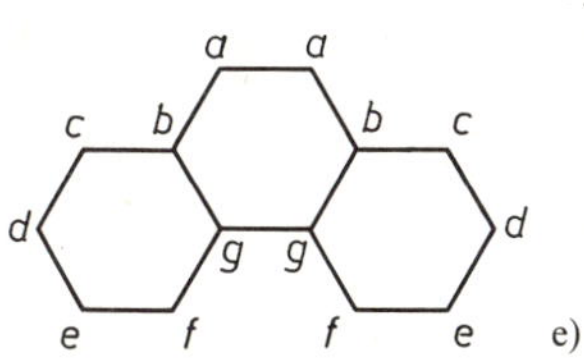

Abb. 8.8. Äquivalenz an Molekeln. Gleichwertige Atome sind mit dem gleichen Buchstaben, gleichwertige Bindungen durch dasselbe Buchstabenpaar gekennzeichnet, (a) Benzol und (b) Coronen ($6/mmm - D_{6h}$); (c) Naphthalin und (d) Pyren ($mmm - D_{2h}$); (e) Phenanthren ($mm2 - C_{2v}$)

sind aber in Form einer trigonalen Dipyramide (Abb. 8.9), in deren Zentrum der Phosphor sitzt, angeordnet und besitzen damit die Punktsymmetrie $\bar{6}m2\,(D_{3h})$. Danach sind zwar die F_a- und F_b-Atome untereinander, aber nicht zueinander gleichwertig.

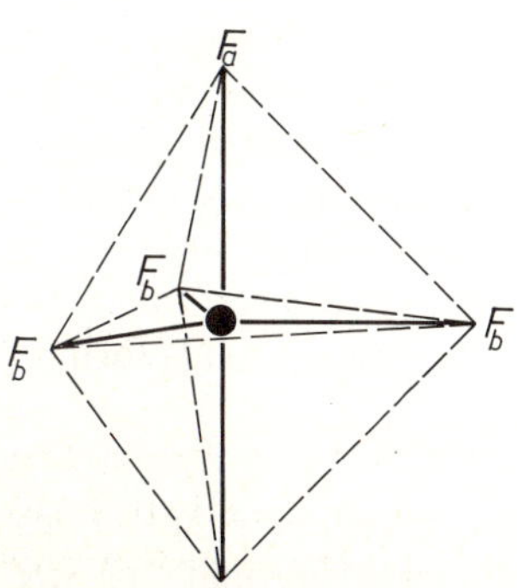

Abb. 8.9. Die PF_5-Molekel gehört der Punktgruppe $\bar{6}m2\,(D_{3h})$ an. Die F_a und F_b sind nur untereinander, aber nicht zueinander gleichwertig

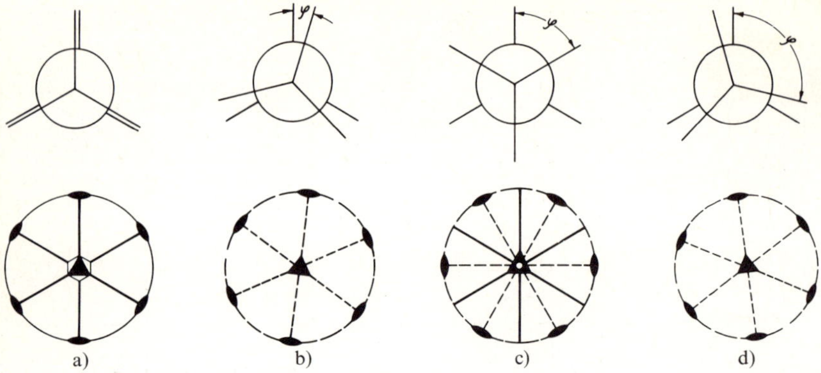

Abb. 8.10. Konformationen des Äthans, (a) verdeckte Konformation $\varphi = 0°$ $(=120° = 240°)$ ($\bar{6}m2 - D_{3h}$); (b) schiefe Konformation $0° < \varphi < 60°$ bzw. $(120° < \varphi < 180°)$ bzw. $(240 < \varphi < 300°)$ $(32 - D_3)$; (c) gestaffelte Konformation $\varphi = 60°$ $(=180° = 300°)$ ($\bar{3}m - D_{3d}$); (d) schiefe Konformation $60° < \varphi < 120°$ bzw. $(180° < \varphi < 240°)$ bzw. $(300° < \varphi < 360°)$ $(32 - D_3)$. Die schiefen Konformationen (b) und (d) sind enantiomorph für φ_b und φ_d

Dreht man die CH_3-Radikale der Äthan-Molekel um die C–C-Bindung um 360° gegeneinander, so entstehen nacheinander eine Reihe von *Konformationen*, die in Abb. 8.10 dargestellt sind und unterschiedlichen Punktgruppen angehören. Als Konformationen bezeichnet man alle räumlichen Anordnungen von Atomen in einer Molekel, die durch Drehung um eine Einfachbindung erzeugt werden.

8.4 Punktgruppen-Bestimmung

Bei der Bestimmung der Punktgruppe an Molekeln und Kristallen ist es im allgemeinen nicht notwendig, mühsam alle Symmetrie-Elemente zu suchen. Mit Hilfe der Tabelle 8.4 kann durch wenige, ganz gezielte Fragestellungen die Punktgruppe ermittelt werden.

Dabei ist es praktisch, eine wichtige Eigenschaft der Drehachsen zu berücksichtigen. Alle Drehachsen sind polar, d.h. ihre Eigenschaften parallel und antiparallel zur Achse sind ungleich. Durch bestimmte Symmetrie-Kombinationen wird die Polarität der Drehachsen aufgehoben:

a) durch $\bar{1}$ b) durch $m_{\perp x}$ c) durch $2_{\perp x}$

Die 2 in Abb. 8.7 und die 3 in Tafel 8.19 sind z.B. polare Drehachsen.

Die Punktgruppen-Bestimmung sei an zwei Beispielen erläutert:

a) Methan-Molekel CH_4 (Tafel 8.31). Es ist leicht erkennbar, daß in den C–H-Bindungen polare 3-zählige Achsen verlaufen. Aufgrund der vier

Tabelle 8.4 Kristallsysteme, Punktgruppen, Symmetrieabhängigkeit physikalischer Eigenschaften

Kristallsysteme	Punktgruppen Nr.	Sch[a]	H.-M.[b]	Symmetrie-Elemente[c]		Symmetrie-Elemente u. Bezugsrichtungen[d]			Enantiomorphie	opt. aktiv	Piezoelektriz.	Pyroelektriz.	Laue-Gruppen
triklin $a \neq b \neq c$ $\alpha \neq \beta \neq \gamma \neq 90°$						a	b	c					
	1	C_1	1						+	+	+	+	$\bar{1}$
	2	C_i	$\bar{1}$		$\bar{1}$								
monoklin $a \neq b \neq c$ $\alpha = \gamma = 90°$ $\beta > 90°$	3	C_2	2	⬮$_p$			2		+	+	+	+	2/m
	4	C_s	m	m			m			(+)	+	+	
	5	C_{2h}	2/m	⬮⊥m	$\bar{1}$		2/m						
orthorhombisch $a \neq b \neq c$ $\alpha = \beta = \gamma = 90°$	6	D_2	222	⬮+⬮+⬮		2	2	2	+	+	+		mmm
	7	C_{2v}	mm2	m+m+⬮$_p$		m	m	2		(+)	+	+	
	8	D_{2h}	mmm 2/m 2/m 2/m	(⬮⊥m)+(⬮⊥m)+(⬮⊥m)	$\bar{1}$	2/m	2/m	2/m					
tetragonal $a = b \neq c$ $\alpha = \beta = \gamma = 90$						c	a	[110]					
	9	C_4	4	■$_p$		4			+	+	+	+	4/m
	10	S_4	$\bar{4}$	⧄		$\bar{4}$				(+)	+		

Tabelle 8.4 Kristallsysteme, Punktgruppen, Symmetrieabhängigkeit physikalischer Eigenschaften

Kristallsysteme	Punktgruppen Nr.	Sch[a]	H.-M.[b]	Symmetrie-Elemente[c]		Symmetrie-Elemente u. Bezugsrichtungen[d]			Enantiomorphie	opt. aktiv	Piezoelektriz.	Pyroelektriz.	Laue-Gruppen
tetragonal $a = b \neq c$ $\alpha = \beta = \gamma = 90°$ (Fortsetzung)						c	a	[110]					
	11	C_{4h}	4/m	■ ⊥m	$\bar{1}$	4/m							4/m
	12	D_4	422	■ + 2 ⬮ + 2 ⬮		4	2	2	+	+	+		4/mmm
	13	C_{4v}	4mm	$■_P$ + 2m + 2m		4	m	m			+	+	
	14	D_{2d}	$\bar{4}$2m	◩ + 2 ⬮ + 2m		$\bar{4}$	2	m		(+)	+		
	15	D_{4h}	4/mmm (4/m 2/m 2/m)	(■ ⊥m) + 2(⬮ ⊥m) + 2(⬮ ⊥m)	$\bar{1}$	4/m	2/m	2/m					
trigonal $a = b \neq c$ $\alpha = \beta = 90°$ $\gamma = 120°$						c	a	—					
	16	C_3	3	$▲_P$		3			+	+	+	+	$\bar{3}$
	17	C_{3i}	$\bar{3}$	◬	$\bar{1}$	$\bar{3}$							
	18	D_3	32	▲ + 3 $⬮_P$		3	2		+	+	+		$\bar{3}$m
	19	C_{3v}	3m	$▲_P$ + 3m		3	m				+	+	
	20	D_{3d}	$\bar{3}$m ($\bar{3}$ 2/m)	◬ + 3(⬮ ⊥m)	$\bar{1}$	$\bar{3}$	2/m						

hexagonal a=b≠c $\alpha=\beta=90°$ $\gamma=120°$						c	a	[210]					
	21	C_6	6	⬢$_p$		6	—	—	+	+	+	+	6/m
	22	C_{3h}	$\bar{6}$	⬢◬ ≡ (▲⊥m)		$\bar{6}$	—	—			+		
	23	C_{6h}	6/m	⬢ ⊥m	$\bar{1}$	6/m	—	—					
	24	D_6	622	⬢ + 3⬮ + 3⬮		6	2	2	+	+	+		6/mmm
	25	C_{6v}	6mm	⬢$_p$ + 3m + 3m		6	m	m			+	+	
	26	D_{3h}	$\bar{6}$m2	⬢◬ + 3m + 3⬮$_p$ | ⬢◬ ≡ (▲⊥m)		$\bar{6}$	m	2			+		
	27	D_{6h}	6/mmm (6/m 2/m 2/m)	(⬢ ⊥m) + 3(⬮⊥m) + 3(⬮⊥m)	$\bar{1}$	6/m	2/m	2/m					
kubisch a=b=c $\alpha=\beta=\gamma=90°$						a	[111]	[110]					
	28	T	23	3⬮ + 4▲$_p$		2	3	—	+	+	+		m3
	29	T_h	m3	3(⬮⊥m) + 4△	$\bar{1}$	2/m	$\bar{3}$	—					
	30	O	432	3■ + 4▲ + 6⬮		4	3	2	+	+			m3m
	31	T_d	$\bar{4}$3m	3◪ + 4▲$_p$ + 6m		$\bar{4}$	3	m			+		
	32	O_h	m3m (4/m $\bar{3}$ 2/m)	3(■ ⊥m) + 4△ + 6(⬮⊥m)	$\bar{1}$	4/m	$\bar{3}$	2/m					

[a] Schönflies-Symbole
[b] Hermann-Mauguin-Symbole
[c] Die Ziffern geben nur die Anzahl der SE an, p bedeutet polar
[d] Parallel zu den Bezugsrichtungen und ihren Äquivalenten sind die Drehachsen, Drehinversionsachsen und Normalen von m angeordnet

3-zähligen Achsen kommt nur das kubische System infrage und dort nur jene Punktgruppen mit polaren 3-zähligen Achsen[6]. Das sind die Punktgruppen 23 (T) und $\bar{4}3m$ (T_d) (Tabelle 8.4), die sich dadurch gravierend unterscheiden, daß nur $\bar{4}3m$ Spiegelebenen enthält. Da auch im Methan Spiegelebenen leicht zu finden sind, bleibt für das CH_4 nur die Punktgruppe $\bar{4}3m$ (T_d) übrig.

b) Magnesium-Kristall (Tafel 8.27). Der Kristall enthält eine 6-zählige Drehachse, was auf das hexagonale Kristallsystem hinweist. Außerdem ist ein Inversionszentrum vorhanden. Diese beiden Bedingungen erfüllen nur die Punktgruppen 6/m (C_{6h}) und 6/mmm (D_{6h}) in Tabelle 8.4. Sie unterscheiden sich durch m parallel zu 6 in 6/mmm (D_{6h}). Spiegelebenen parallel zu 6 sind am Kristall erkennbar, folglich kann der Magnesium-Kristall nur der Punktgruppe 6/mmm (D_{6h}) angehören.

Die Symmetrie-Bestimmung an Kristallen ist nicht immer eindeutig. So kommt der Würfel als Kristallform z. B. in allen fünf kubischen Punktgruppen vor. Eine Symmetrie-Bestimmung am Würfel führt aber nur zur Punktgruppe m3m (O_h) (Tafel 8.32). Auch die Kristalle des Minerals Pyrit FeS_2 (m3 – T_h) zeigen den Würfel als Kristallform. Die Würfelflächen sind aber charakteristisch gerieft (Tafel 8.29) und gestatten so eine genaue Punktgruppen-Bestimmung.

Sonst kann man bei Mehrdeutigkeiten mit Hilfe von *Ätzfiguren* (Ätzgruben) die Symmetrie einer Kristallfläche und damit auch die des Gesamtkristalls bestimmen. Ätzfiguren sind hochindizierte Lösungsflächen, die durch Anwendung von aggressiven Lösungsmitteln auf Kristallflächen entstehen. Der Nephelin-Kristall (Tafel 8.21) gehört aufgrund seiner Morphologie (hexagonales Prisma und Pinakoid)[7] zur Punktgruppe 6/mmm (D_{6h}). Die Ätzfiguren reduzieren die Symmetrie bis zur Punktgruppe 6 (C_6).

8.5 Enantiomorphie

Die Punktgruppe 1 (C_1) ist asymmetrisch. Punktgruppen, die nur Drehachsen enthalten, nennt man dissymmetrisch (chiral). Dies sind die Punktgruppen:

X (*C_n*)*:* 2 (C_2), 3 (C_3), 4 (C_4), 6 (C_6);
X2 (*D_n*)*:* 222 (D_2), 32 (D_3), 422 (D_4), 622 (D_6);
23 (T); 432 (O).

---

[6] Bei polaren Drehachsen ist in Tabelle 8.4 hinter das graphische Symbol ein p gesetzt (z. B. $\blacktriangle_p$).
[7] Die Kristallform Pinakoid besteht aus zwei parallelen Flächen, vgl. auch Abb. 6.8g.

Asymmetrische und dissymetrische Molekeln und Kristalle besitzen die gemeinsame Eigenschaft, daß die Molekeln bzw. Kristalle und ihr Spiegelbild sich nicht durch eine Drehung zur Deckung bringen lassen. Bild und Spiegelbild verhalten sich *enantiomorph*[8] zueinander. In Tafel 8.3, 8.18 sind enantiomorphe Molekeln bzw. Kristalle gezeigt.

8.6 Punktgruppen und physikalische Eigenschaften

Es soll an dieser Stelle auf einige physikalische Eigenschaften der Kristalle und Molekeln hingewiesen werden, die im engen Zusammenhang mit den Punktgruppen stehen bzw. deren Effekt auf bestimmte Symmetrie-Verhältnisse zurückzuführen ist.

8.6.1 Optische Aktivität

Unter optischer Aktivität versteht man die Eigenschaft von Kristallen und Molekeln, die Ebene des polarisierten Lichtes zu drehen. Man muß zwei Arten von optischer Aktivität unterscheiden:

a) *Optische Aktivität als Kristalleigenschaft:* Nur der Kristall ist optisch aktiv. Wird der Kristall aufgelöst oder geschmolzen, so geht diese Eigenschaft verloren. Als Beispiel wären hier das $MgSO_4 \cdot 7H_2O$, SiO_2 (Tief-Quarz), $NaClO_3$ (Tafel 8.6; 8.18; 8.28) zu nennen. Die genannten Kristallarten bilden enantiomorphe Kristalle aus, aber nicht nur die Morphologie, sondern auch die Kristallstrukturen verhalten sich spiegelbildlich zueinander. Die Links-Formen drehen die Ebene des polarisierten Lichtes nach links, die Rechts-Formen um den gleichen Betrag nach rechts.

b) *Optische Aktivität als Molekeleigenschaft:* Hier sind die sich in Lösung befindenden asymmetrischen und dissymmetrischen Molekeln und die aus diesen Molekeln aufgebauten Kristalle optisch aktiv. Als typisches Beispiel für diese Art der optischen Aktivität kann die D- und L-Weinsäure (Tafel 8.3) angesehen werden.

Dagegen ist das Razemat der Weinsäure (Traubensäure) optisch inaktiv, weil die Kristalle der Traubensäure der Punktgruppe $\bar{1}$ (C_i) angehören. Auch die Molekeln der Meso-Weinsäure ($\bar{1}$ (C_i), Tafel 8.2) sind inversionssymmetrisch und können nicht optisch aktiv sein.

Optische Aktivität kann in den gleichen Punktgruppen vorkommen, in denen auch Enantiomorphie auftritt (vgl. Kap. 8.5 und Tab. 8.4). Aufgrund

[8] enantiomorph = spiegelbildlich im Sinne von m.

von theoretischen Überlegungen soll auch in den Punktgruppen m (C_s), mm2 (C_{2v}), $\bar{4}$ (S_4) und $\bar{4}$2m (D_{2d}) optische Aktivität möglich sein. Dieser Umstand konnte aber bisher experimentell nicht bestätigt werden.

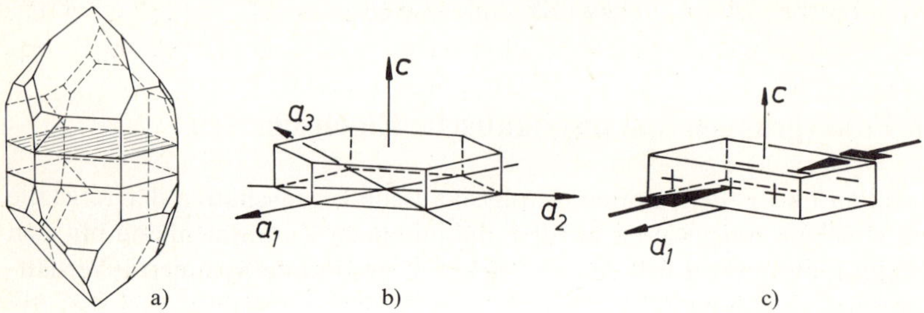

Abb. 8.11. Piezo-Effekt an einer Quarzplatte durch Druck in Richtung einer polaren Achse, hier parallel der a_1-Achse

8.6.2 Piezoelektrizität

Den Effekt, daß bei mechanischer Beanspruchung (Druck, Zug) in bestimmten Richtungen auf Kristallen elektrische Ladungen entstehen, nennt man *Piezoelektrizität*. Er läßt sich an einer Quarzplatte (Punktgruppe 32 (D_3)), die senkrecht zu einer a-Achse bzw. polaren 2-zähligen Drehachse geschnitten ist, gut nachweisen (Abb. 8.11). Druck- bzw. Zugrichtung muß stets eine polare Achse[9] sein. Durch Druck in Richtung der polaren Achse, also senkrecht auf die Kristallplatte, kommt es zu einer Verschiebung der in dieser Achse angeordneten postiv und negativ geladenen Bausteine der Kristallstruktur. Da die Verschiebung parallel zu einer polaren Achse erfolgt, entstehen elektrische Dipole mit Vektoren parallel zu dieser polaren Achse. Dies bedeutet, daß die Flächen der Quarzplatte, die senkrecht zur polaren Achse angeordnet sind, entgegengesetzt aufgeladen werden. Eine Dehnung in der polaren Richtung würde die Aufladung umkehren.

Piezoelektrizität kann nur in Kristallen auftreten, die polare Achsen besitzen. Polare Richtungen kommen nur in Punktgruppen ohne Inversionszentrum vor. Wie man der Tabelle 8.4 entnehmen kann, sind dies insgesamt 21 Punktgruppen. Davon muß die Punktgruppe 432 (O) gestrichen werden, weil ihre Symmetrie zu hoch ist, um diesen Effekt zu zeigen.

Der Piezo-Effekt ist umkehrbar. Legt man ein elektrisches Feld in Richtung der polaren Achse an die Quarzplatte, so wird sie je nach Polung kom-

[9] Polare Achsen sind solche Richtungen im Kristall, die durch keine Deckoperation in die Gegenrichtung überführt werden. Die polaren Drehachsen gehören dazu.

primiert oder gedehnt. Ein elektrisches Wechselfeld versetzt die Quarzplatten in Schwingungen.

Neben dem Quarz zeigen z.B. die folgenden Kristallarten den Piezo-Effekt: D- und L-Weinsäure ($2-C_2$; Tafel 8.3), Turmalin ($3m-C_{3v}$; Tafel 8.19), $NaClO_3$ ($23-T$; Tafel 8.28), ZnS (Zinkblende) ($\bar{4}3m-T_d$; Tafel 8.31).

Die Piezoelektrizität ist von großer technischer Bedeutung (z.B. Ultraschallgenerator, Lautsprecher, Mikrophon, Quarzuhr).

8.6.3 Pyroelektrizität

Unterzieht man einen Turmalin-Kristall (Tafel 8.19) einer Thermobehandlung, so kommt es an den polaren Enden des Kristalls zu einer elektrischen Aufladung. Bei einer Erwärmung wird der Bereich der positiven c-Achse positiv, der Bereich der negativen c-Achse negativ aufgeladen. Eine Abkühlung des Kristalls kehrt die Aufladung um. Dieser Effekt ist darauf zurückzuführen, daß die Kristallstruktur des Turmalins ein permanentes elektrisches Moment besitzt. Diese Aufladung wird aber nach einiger Zeit durch Ladungsträger aus der Umgebung des Kristalls kompensiert. Eine Temperaturänderung verändert die Größe des Dipolmoments.

Das elektrische Moment oder Dipolmoment ist ein Vektor. Deshalb kann Pyroelektrizität nur in Kristallen auftreten, die Punktgruppen angehören, deren Symmetrie-Elemente die Lage dieses Vektors nicht verändern. Der Vektor muß bei Einwirkung der Symmetrie-Elemente am Ort verbleiben. Es kommen die Punktgruppen infrage, die nur eine Drehachse beinhalten: 2 (C_2); 3 (C_3); 4 (C_4); 6 (C_6) und solche, die außerdem parallel zu diesen Drehachsen m besitzen: mm2 (C_{2v}); 3m (C_{3v}); 4mm (C_{4v}); 6mm (C_{6v}). Der Vektor des Dipolmoments liegt in der Drehachse. Die Bedingungen für ein Dipolmoment erfüllen auch die Punktgruppen m (C_s) (für alle Richtungen in der Spiegelebene) und 1 (C_1) (für alle Richtungen im Raum), vgl. Tab. 8.4.

Die Symmetrie-Verhältnisse gestatten nur eine qualitative Betrachtung der Pyroelektrizität. Über die Größe des Dipolmoments oder die Lage des positiven und negativen Pols kann nichts ausgesagt werden.
Rohrzucker $C_{12}H_{22}O_{11}$ ($2-C_s$) und Hemimorphit $Zn_4[(OH)_2/Si_2O_7] \cdot H_2O$ ($mm2-C_{2v}$) sind Kristallarten, die ebenfalls Pyroelektrizität zeigen.

8.6.4 Das Dipolmoment der Molekeln

Viele Molekeln besitzen eine ungleichmäßige Verteilung der Ladungen und bilden deshalb elektrische Dipole. Es besteht nun eine äquivalente Beziehung zwischen der Punktgruppe der Molekeln und dem Vektor des Dipolmoments, wie dies bei der Pyroelektrizität an Kristallen abgehandelt wurde (Kap. 8.6.3).

Dipolmessungen können einen wichtigen Hinweis auf die Gestalt einer Molekel geben. Von den Molekeln des BF_3 und PF_3 hat nur das PF_3 ein Dipolmoment. AB_3-Molekeln besitzen in der Regel eine planare Anordnung in Form eines gleichseitigen Dreiecks mit A im Zentrum ($\bar{6}m2 - D_{3h}$) oder eine pyramidale mit dem A-Atom als Spitze ($3m - C_{3v}$). Folglich ist die erste Anordnung dem BF_3, die zweite dem PF_3 zuzuordnen.

Tafel 8. Molekel - und Kristallbeispiele der Punktgruppen

Molekel	Punktgruppe	Kristalle
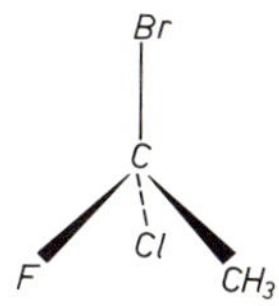	$1 - C_1$	8.1 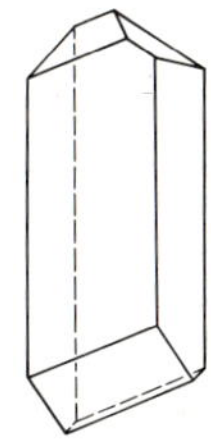 $SrH_2(C_4H_4O_6)_2 \cdot 4\,H_2O$ $ZnMoO_4$, $PbCrO_4 \cdot H_2O$ $Pr(NO_3)_3 \cdot 6\,H_2O$, Ti_5O_9
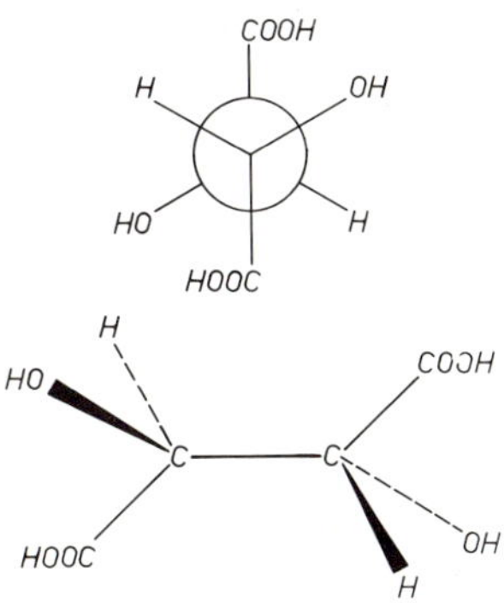 Mesoweinsäure	o $\bar{1} - C_i$	8.2 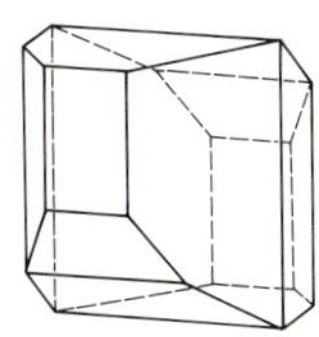 $CH_2(COOH)_2$ (Malonsäure) H_3BO_3, $K_2S_2O_8$, $CuSO_4 \cdot 5\,H_2O$ $MnSiO_3$ (Rhodonit) $NaAlSi_3O_8$ (Albit)
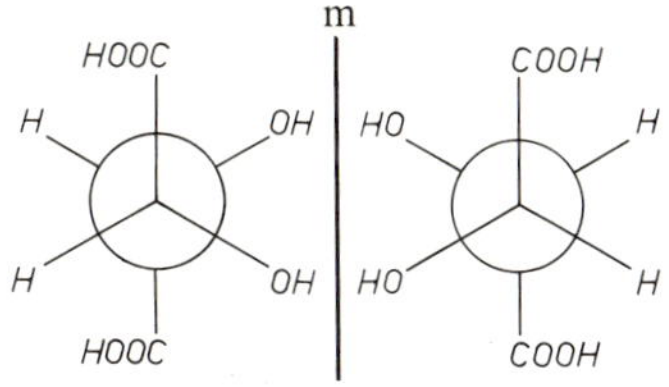 Die enantiomorphen Molekeln der Weinsäure	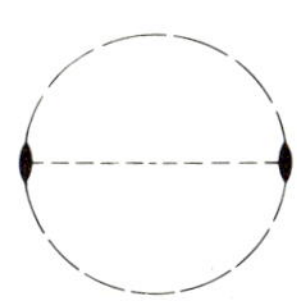 $2 - C_2$	8.3 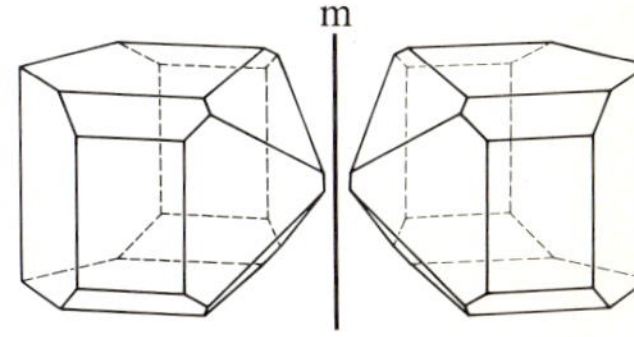 D- L- Weinsäure $Li_2SO_4 \cdot H_2O$ $C_{12}H_{22}O_{11}$ (Rohrzucker) $C_{12}H_{22}O_{11} \cdot H_2O$ (Milchzucker)

Tafel 8 (Fortsetzung)

Molekeln	Punktgruppe	Kristalle
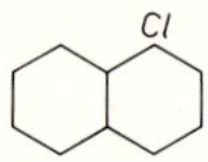 NOCl	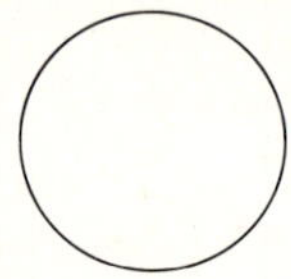 $m - C_s$	8.4 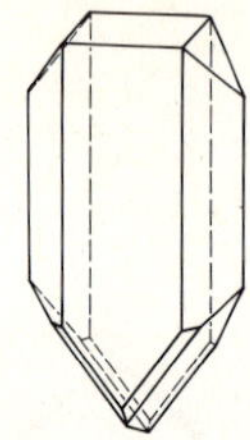 $K_2S_4O_6$
		KNO_2, $CuSO_4 \cdot 3\,H_2O$ $HgSO_4$, $S_6(NH)_2$
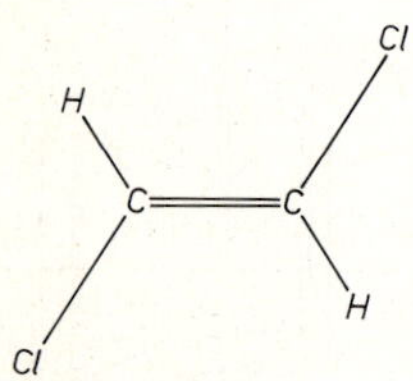 trans-1,2-Dichloräthylen	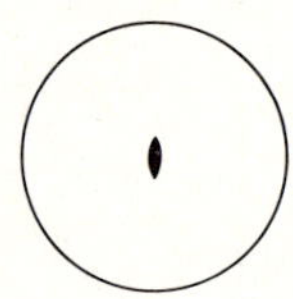 $2/m - C_{2h}$	8.5 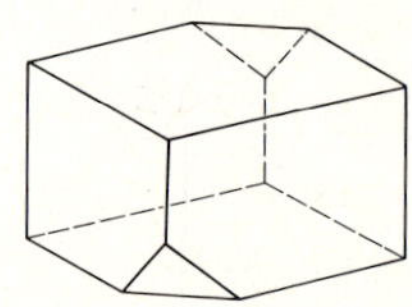 $KClO_3$
		$CaSO_4 \cdot 2\,H_2O$ (Gips) Abb. 5.6 $FeSO_4 \cdot 7\,H_2O$ $KAlSi_3O_8$ (Sanidin), S $C_{10}H_8$, $C_{14}H_{10}$ $(COOH)_2 \cdot 2\,H_2O$
———	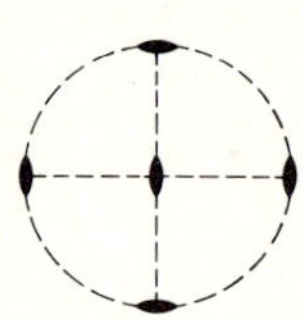 $222 - D_2$	8.6 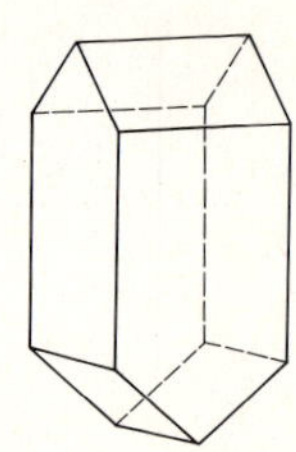 $MgSO_4 \cdot 7\,H_2O$
		Vitamin B_{12} (Abb. 1.1 b) $KNaC_4H_4O_6 \cdot 4\,H_2O$ (Seignettesalz)

Tafel 8 (Fortsetzung)

Molekeln	Punktgruppe	Kristalle
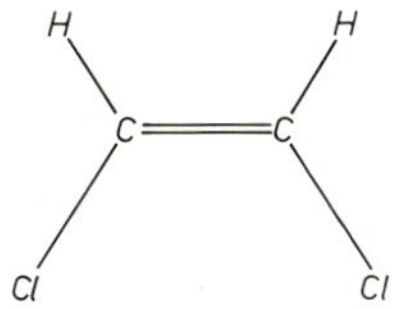 cis-1,2-Dichloräthylen	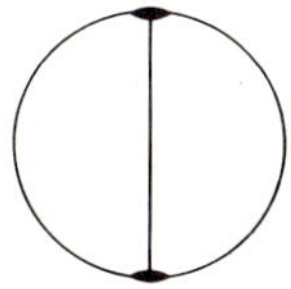 mm2 – C_{2v}	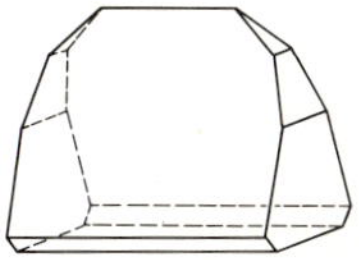 8.7 $NH_4MgPO_4 \cdot 6\,H_2O$ (Struvit)
		$FeAlO_3$, $Zn(NO_3)_2 \cdot 6\,H_2O$ $C_6H_4(OH)_2$ (Resorcin) $CH(C_6H_5)_3$ (Triphenylmethan)
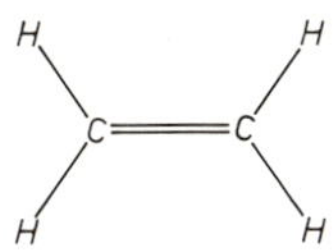 Äthylen	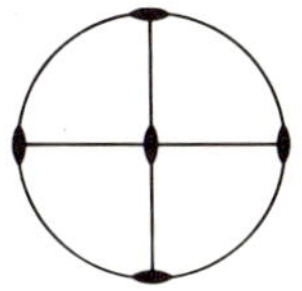 mmm – D_{2h}	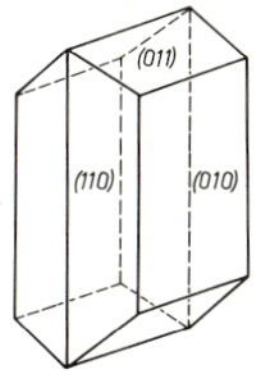 8.8 $CaCO_3$ (Aragonit)
		$CaSO_4$ (Anhydrit), $KClO_4$ $BaSO_4$ (Baryt), $PtCl_2$, S $(COOH)_2$ (Oxalsäure), $C_6H_6J_2$
——	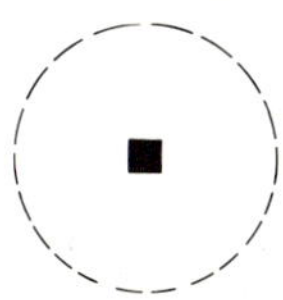 4 – C_4	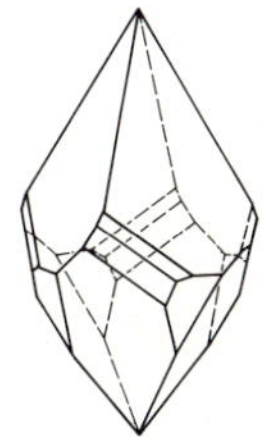 8.9 $PbMoO_4$ (Wulfenit)
		$(CH_3CHO)_4$ (Metaldehyd)
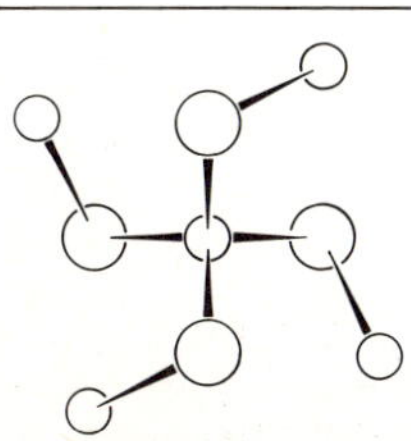 $C-(S-CH_3)_4$	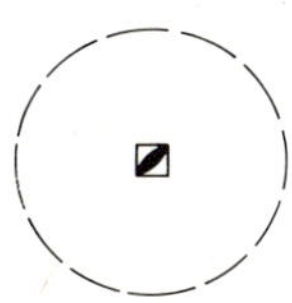 $\bar{4}$ – S_4	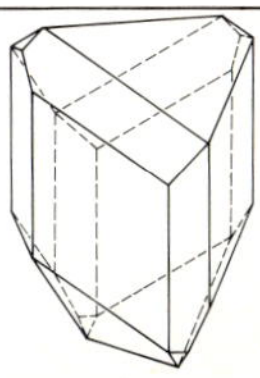 8.10 $Ca_2[AsO_4/B(OH)_4]$ (Cahnit)
		BPO_4, $BAsO_4$ $C(CH_2OH)_4$ (Pentaerythrit)

Tafel 8 (Fortsetzung)

Molekeln	Punktgruppe	Kristalle
——	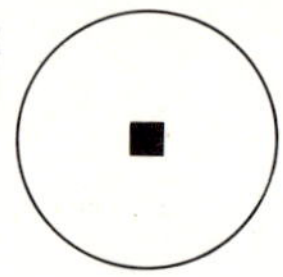 $4/m - C_{4h}$	8.11 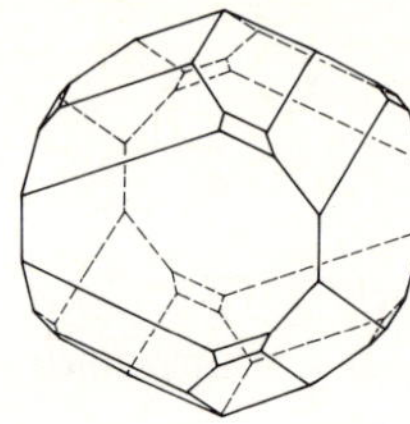 $CH_2OH \cdot (CHOH)_2 \cdot CH_2OH$ (i-Erythrit) $CaWO_4$ (Scheelit) $NaJO_4$, $BaMoO_4$
——	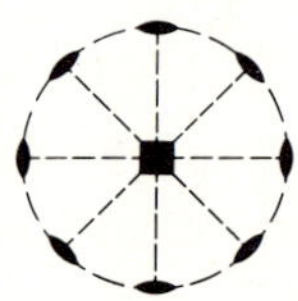 $422 - D_2$	8.12 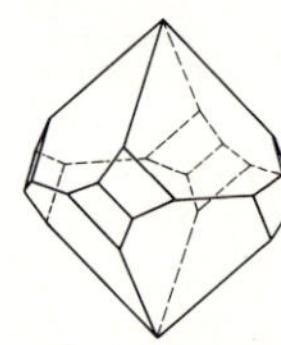 $CCl_3COOK \cdot CCl_3COOH$ $NiSO_4 \cdot 6\,H_2O$, $Na_2S \cdot 9\,H_2O$ $NH_3(CH_3)J$, H_2O_2
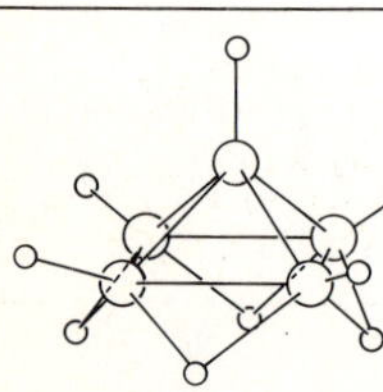 B_5H_9 (Pentaboran)	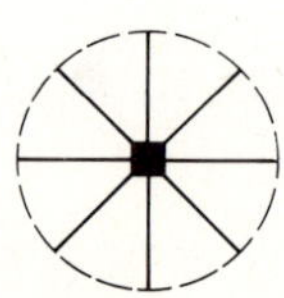 $4mm - C_{4v}$	8.13 B_5H_9 $K_2Pt(CN)_5 \cdot 3\,H_2O$
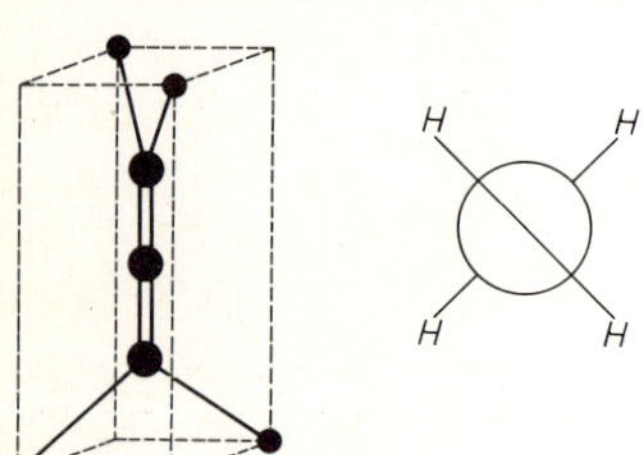 C_3H_4 (Allen)	 $\bar{4}2m - D_{2d}$	8.14 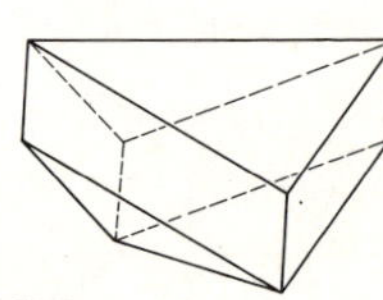 $Hg(CN)_2$ KH_2PO_4, $CuFeS_4$ $CO(NH_2)_2$ (Harnstoff) $N(C_2H_5)_4J$ (Tetraäthylammonium-jodid)

Tafel 8 (Fortsetzung)

Molekeln	Punktgruppe	Kristalle
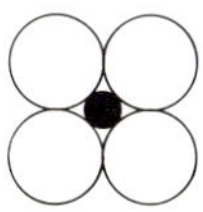 $PtCl_4^{--}$	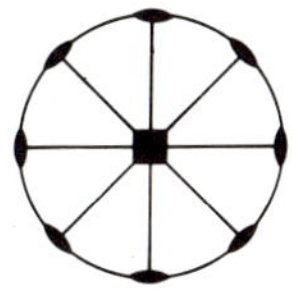 $4/mmm - D_{4h}$	8.15 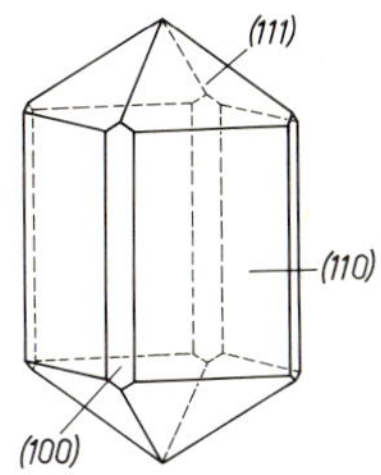 TiO_2 (Rutil)
		SnO_2 (Cassiterit) TiO_2 (Anatas), $ZrSiO_4$ $N(CH_3)_4J$ (Tetramethylammonium-jodid)
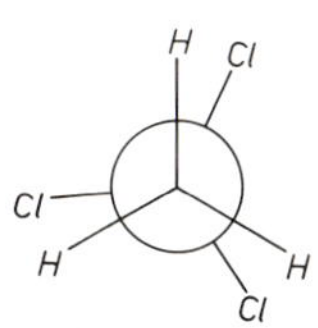 CH_3CCl_3	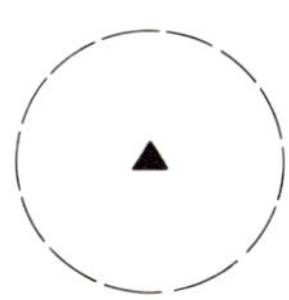 $3 - C_3$	8.16 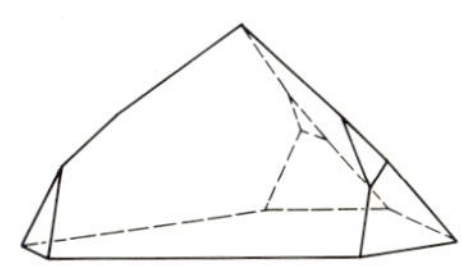 $NaJO_4 \cdot 3\,H_2O$
		$MgSO_3 \cdot 6\,H_2O$ $MgHPO_3 \cdot 6\,H_2O$ $LiBO_2 \cdot 8\,H_2O$, Tl_2S
———	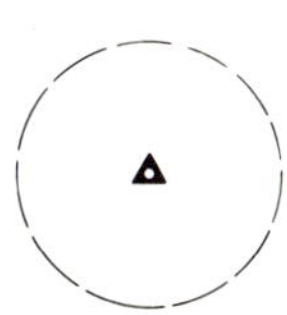 $\overline{3} - C_{3i}$	8.17 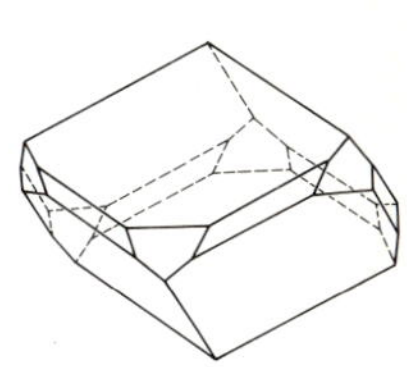 $CaMg(CO_3)_2$ (Dolomit)
		Li_2BeF_4, Na_2SO_3 $FeTiO_3$ (Ilmenit) Be_2SiO_4 (Phenakit)

Tafel 8 (Fortsetzung)

Molekeln	Punktgruppe	Kristalle
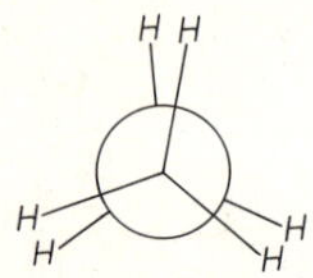 C_2H_6 (schiefe Konformation)	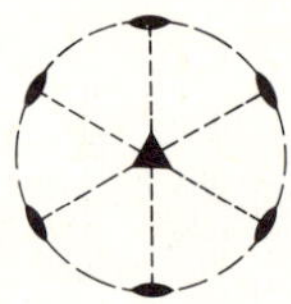 $32 - D_3$	8.18 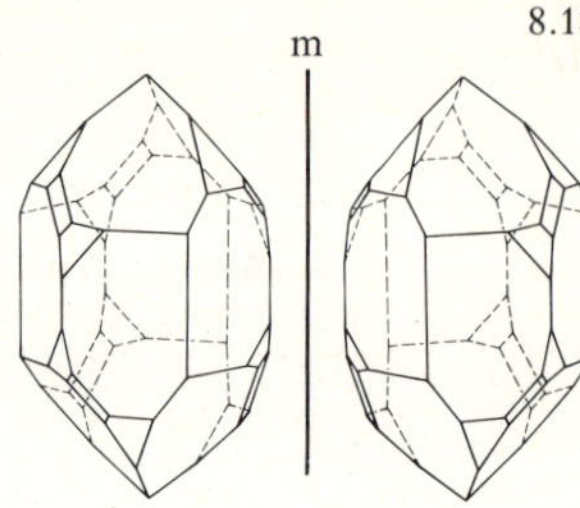 L- R- Tief-Quarz SiO_2 ——— $AlPO_4$, Se, Te, HgS, $K_2S_2O_6$ $(C_6H_5CO)_2$ (Benzil)
 JO_3^-, SeO_3^{--}, AsO_3^{---}	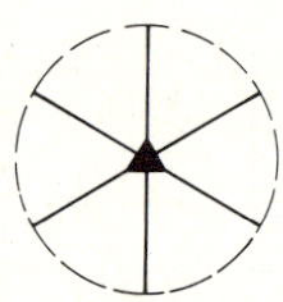 $3m - C_{3v}$	8.19 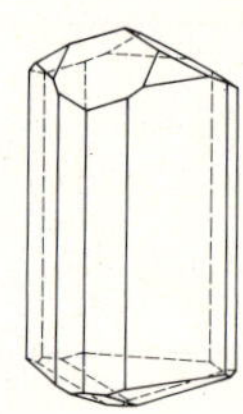 Turmalin ——— $KBrO_3$ NiS (Millerit) $LiNaSO_4$
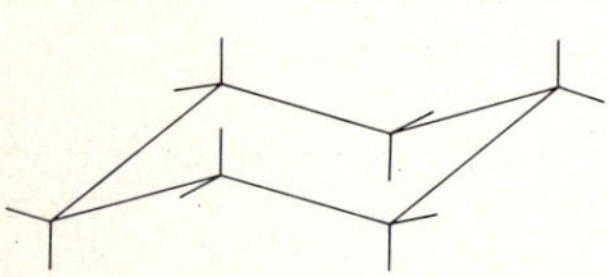 C_6H_{12} Cyclohexan (Sesselform)	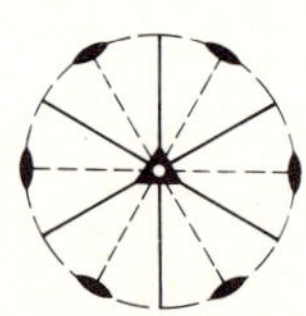 $\bar{3}m - D_{3d}$	8.20 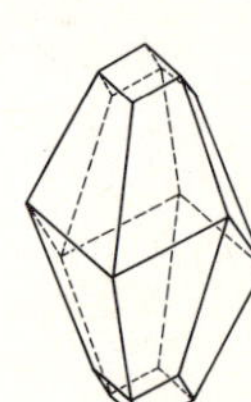 $CaCO_3$ (Calcit) ——— As, Sb, Bi, $CdCl_2$, $NaNO_3$ Al_2O_3 (Korund) Fe_2O_3 (Hämatit) $Mg(OH)_2$ (Brucit)

Tafel 8 (Fortsetzung)

Molekeln	Punktgruppe	Kristalle
———	 $6 - C_6$	8.21 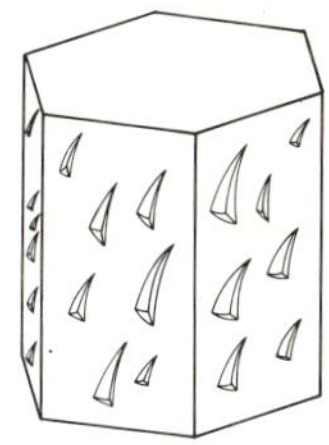 $KNa_3(AlSiO_4)_4$ (Nephelin) mit Ätzfiguren $LiKSO_4$ CHJ_3
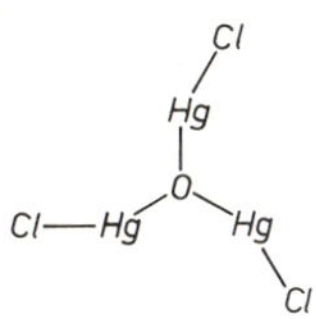 $[Hg_3Cl_3O]^+$	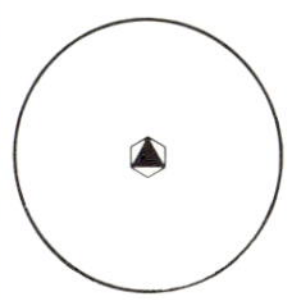 $\bar{6} - C_{3h}$	8.22 β-$NaHoF_4$, Zr_3S_2
———	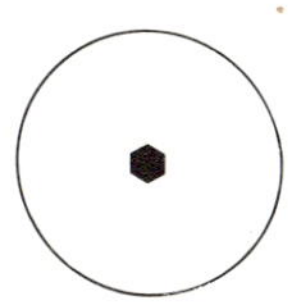 $6/m - C_{6h}$	8.23 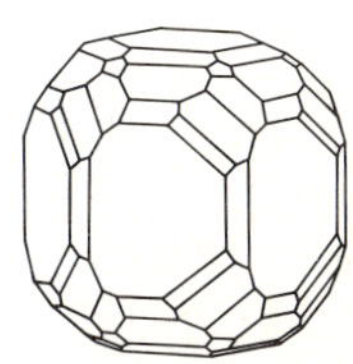 $Ca_5[F/(PO_4)_3]$ (Apatit) $Ce_2(SO_4)_3 \cdot 9\,H_2O$ $AlBO_3$
———	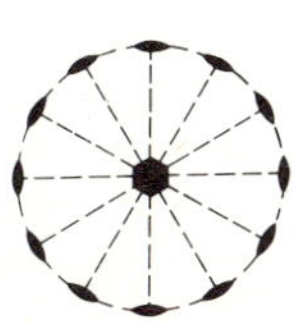 $622 - D_6$	8.24 SiO_2 (Hochquarz) $LiJO_3$, $LiAlSiO_4$, $BaAl_2O_4$

Molekeln	Punktgruppe	Kristalle
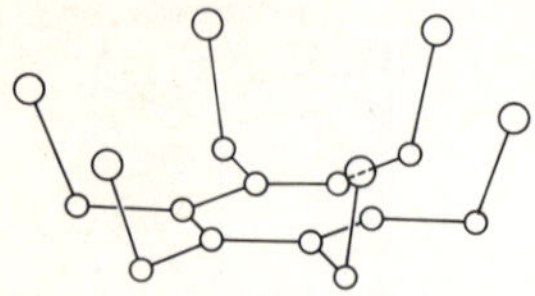 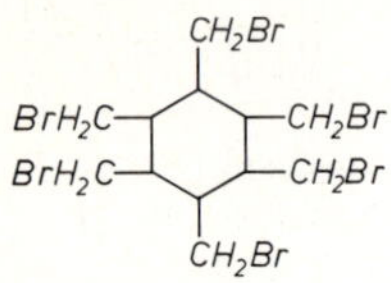 Hexabromomethylbenzol	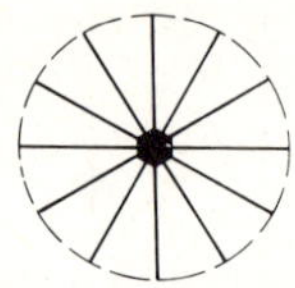 6 mm – C_{6v}	8.25 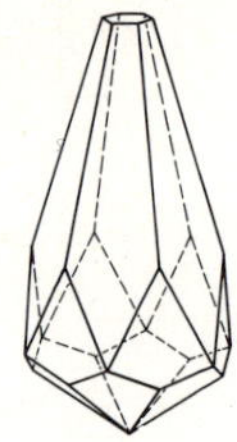 AgJ ZnS (Wurtzit), CdS ZnO, BeO, H_2O (Eis)
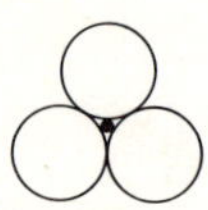 NO_3^-, CO_3^{--}	 $\bar{6}$m2 – D_{3h}	8.26 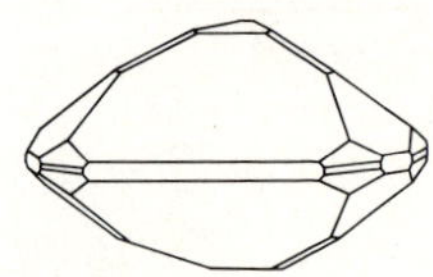 $BaTi(Si_3O_9)$ (Benitoit)
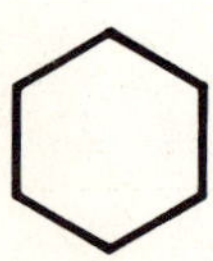 Benzol	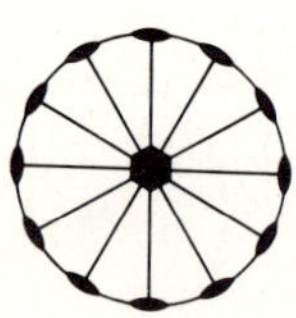 6/mmm – D_{6h}	8.27 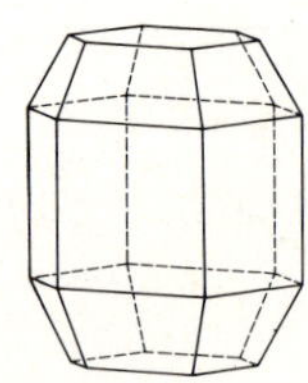 Mg Be, Zn, CuS, NiAs, $Be_3Al_2Si_6O_{18}$ (Beryll) C (Graphit), MoS_2 C_2H_6
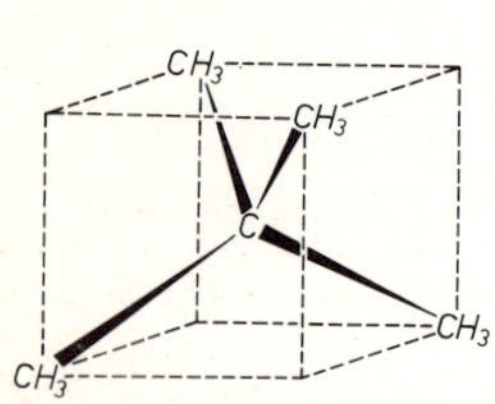 Tetramethylmethan	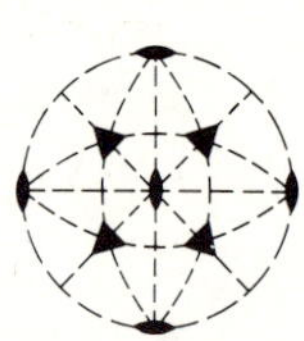 23 – T	8.28 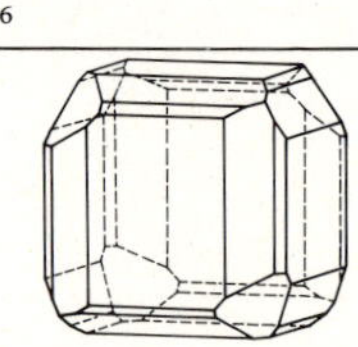 (Links)-$NaClO_3$ $NaBrO_3$ $Na(UO_2)(CH_3COO)_3$ $Na_3SbS_4 \cdot 9\,H_2O$

Tafel 8 (Fortsetzung)

Molekeln	Punktgruppe	Kristalle	
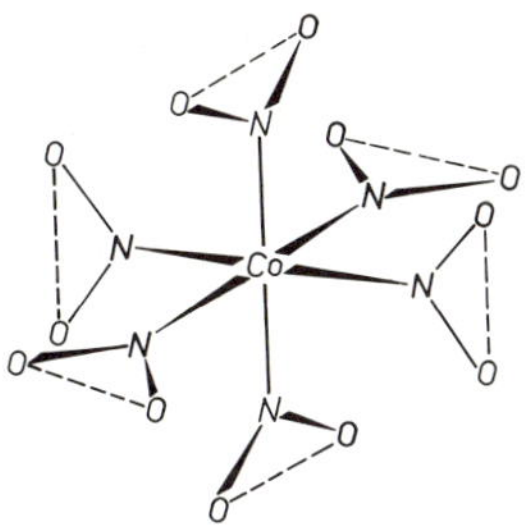 $[Co(NO_2)_6]^{3-}$	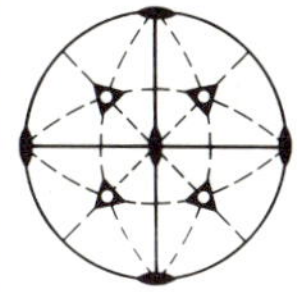 m 3 – T_h	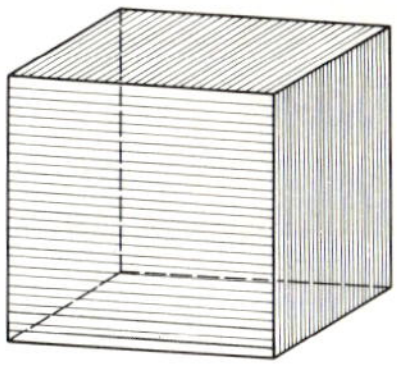 FeS_2 (Pyrit) Alaune (z. B. $KAl(SO_4)_2 \cdot 12\,H_2O$) $Ca(NO_3)_2$, $Pb(NO_3)_2$ $Zn(BrO_3)_2 \cdot 6\,H_2O$ CO_2, $PtCl_4$	8.29
———	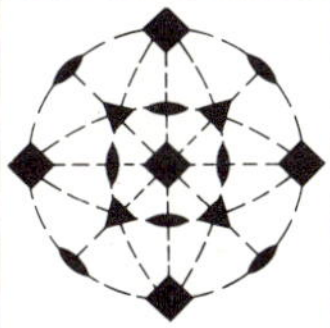 432 – O	Ag_3AuTe_2, $(NH_4)_2SrCl_4$, $Fe(CN)_2$, Zr_2S_3	8.30
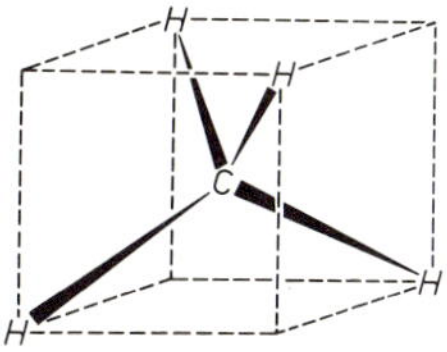 Methan	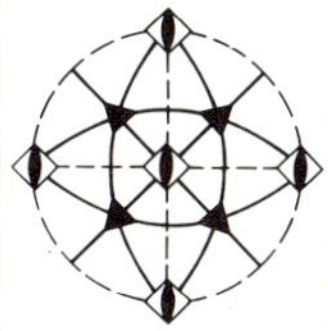 $\bar{4}3$ m – T_d	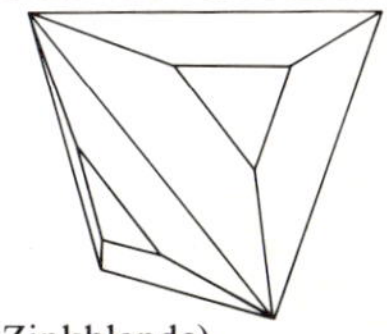 ZnS (Zinkblende) CuCl, CuBr, CuJ $Al(PO_3)_3$ Ag_3PO_4	8.31
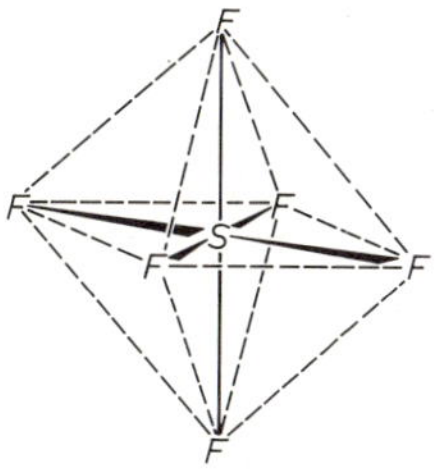 SF_6 C_8H_8 (Cuban)	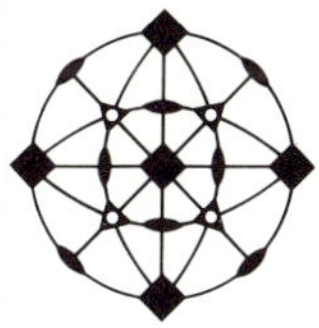 m 3 m – O_h	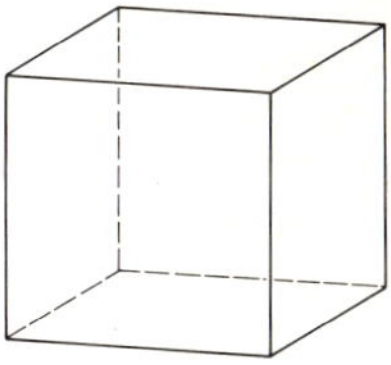 NaCl, KCl, CaF_2, MgO PbS (Abb. 4.1), CsCl Granat (Abb. 1.1 a) Cu, Ag, Au, Pt, Fe, W, Si C (Diamant) $MgAl_2O_4$ (Spinell)	8.32

Tafel 8 (Fortsetzung)

Einige nichtkristallographische Punktgruppen

Molekeln	Punktgruppe	Kristalle
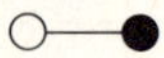 CO, HCl, CN^-	Eine unendlich-zählige Drehachse mit unendlich vielen Spiegelebenen parallel zu ihr $\infty m - C_{\infty v}$	8.33 unmöglich
 H_2 O_2 Cl_2  CO_2 C_2H_2	Eine unendlich-zählige Drehachse mit unendlich vielen Spiegelebenen parallel und unendlich vielen zweizähligen Drehachsen senkrecht und einer Spiegelebene senkrecht zu ihr $\infty/mm - D_{\infty h}$	8.34 unmöglich
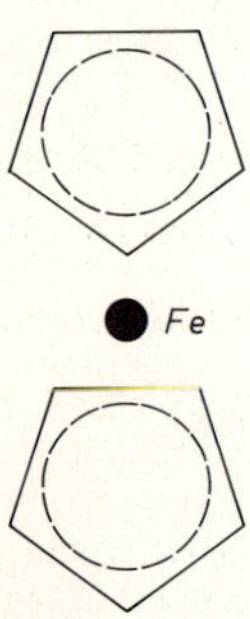 Ferrocen (verdeckte Konformation)	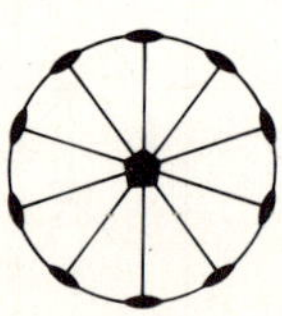 $5/mm - D_{5h}$	8.35 unmöglich
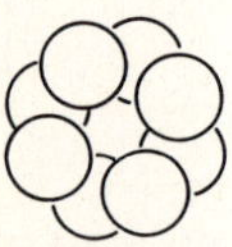 S_8	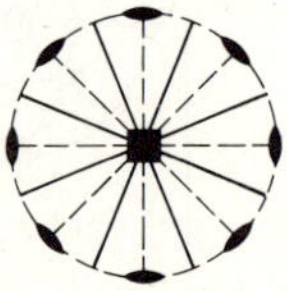 $\overline{8}2m - D_{4d}$	8.36 unmöglich

Aufgabe 8.1. a) Kombinieren Sie $1+\bar{1}$, $2+\bar{1}$, $3+\bar{1}$, $4+\bar{1}$, $6+\bar{1}$. Welche Punktgruppen entstehen? Geben Sie deren Symbole an.

b) Kombinieren Sie unter dem Winkel von 30°, 45°, 60°, 90°

A. 2+2

B. m+m

C. 2+m

Die Winkelangabe für m bezieht sich auf die Normale von m.

Führen Sie die Kombinationen in den in Tabelle 8.5 skizzierten stereographischen Projektionen durch. Welche Symmetrie-Elemente werden erzeugt? Welche Punktgruppen entstehen? Geben Sie deren Symbole an.

Zeichnen Sie die Stereogramme der Punktgruppen von Spalte A oder B oder C in die Spalte D und fügen Sie $\bar{1}$ hinzu. Welche neuen Punktgruppen entstehen? Geben Sie deren Symbole an.

Führen Sie bei allen Punktgruppen eine Achsenwahl durch und ordnen Sie die Punktgruppen den einzelnen Kristallsystemen zu.

Das Lösen dieses Aufgabenteils sollen die folgenden Symmetrie-Gesetze erleichtern:

A. Die Kombination von zwei 2-zähligen Achsen unter dem Winkel von $\frac{\varepsilon}{2}$ erzeugt eine Drehachse X mit der Zähligkeit $X=\frac{360}{\varepsilon}$. X steht im Schnittpunkt der 2-zähligen Achsen auf der von den 2-zähligen Drehachsen gebildeten Ebene senkrecht.

B. Die Kombination von zwei Spiegelebenen unter dem Winkel von $\frac{\varepsilon}{2}$ erzeugt in der Schnittgeraden der m eine Drehachse X mit der Zähligkeit $X=\frac{360°}{\varepsilon}$.

C. Die Kombination von einer 2-zähligen Drehachse mit einer Spiegelebene unter dem Winkel $\frac{\varepsilon}{2}$ erzeugt eine Drehinversionsachse $\bar{X}$ mit $\bar{X}=\frac{360°}{\varepsilon}$. $\bar{X}$ steht im Schnittpunkt der 2-zähligen Drehachsen und der Normalen von m auf der von den 2-zähligen Achsen und den Normalen von m gebildeten Ebene senkrecht.

Da nur X = 1, 2, 3, 4, 6 und $\bar{X}=\bar{1}$, $\bar{2}\equiv m$, $\bar{3}$, $\bar{4}$, $\bar{6}$ auftreten können, ergeben sich für $\frac{\varepsilon}{2}$ nur die Winkel von 30°, 45°, 60°, 90°, 120°. Die Kombinationen unter einem Winkel von 180° sind in der Tabelle 8.5 nicht berücksichtigt.

c) Kombinieren Sie unter einem Winkel von 54°44′ (Winkel zwischen der Kantenrichtung und der Raumdiagonalen eines Würfels)

E. 2+3

F. $\bar{4}+3$

G. 4+3

Führen Sie die Kombinationen in den in Tabelle 8.6 skizzierten stereographischen Projektionen durch und geben Sie die Symbole der entstandenen Punktgruppen an. Zeichnen Sie die Stereogramme der Punktgruppen in E, F, G nochmals in H, I, K und fügen Sie $\bar{1}$ hinzu. Geben Sie die Symbole der neuen Punktgruppen an.

Aufgabe 8.2. Leiten Sie aus der höchstsymmetrischen Punktgruppe $\bar{3}$ 2/m des trigonalen Kristallsystems die trigonalen Untergruppen ab.

Aufgabe 8.3. Malen Sie in Abbildung 8.3 alle die Kreise der Punktgruppen mit der gleichen Farbe an, die zu einem Kristallsystem gehören.

Aufgabe 8.4. Zeichnen Sie von den Punktgruppen 222 (D_2), 4mm (C_{4v}), $\bar{6}$m2 (D_{3h}), $\bar{3}$m (D_{3d}) und $\bar{4}$3m (T_d) das Stereogramm der Symmetrie-Elemente. Markieren Sie die Lage der kristallographischen Achsen a, b, c, im Stereogramm.

Aufgabe 8.5. Berechnen Sie bei der Punktgruppe 432 (O) die Winkel zwischen den 4-, 3- und 2-zähligen Drehachsen, und tragen Sie die Werte mit Hilfe des Wulffschen Netzes in eine stereographische Projektion ein. Berücksichtigen Sie das Symmetrie-Gerüst der Punktgruppe in Abb. 6.8f.

Tabelle 8.5.

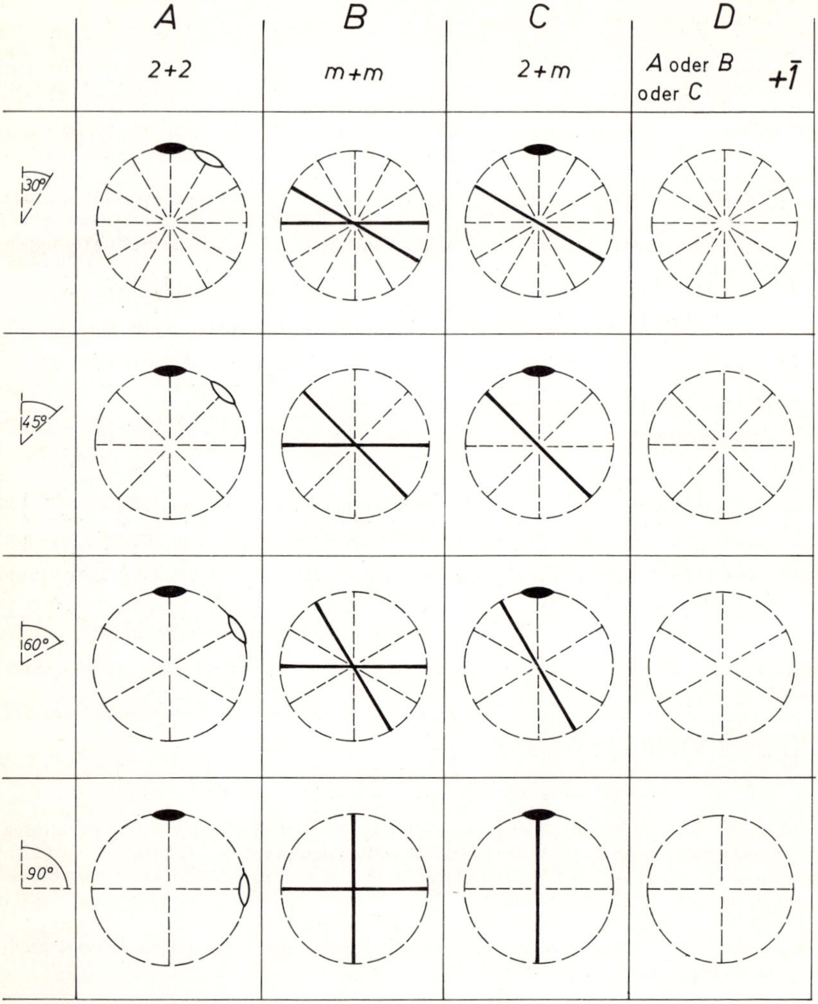

Aufgabe 8.6. Bauen Sie ein Oktaeder und ein Tetraeder. Diese Kristallformen sind von 8 bzw. 4 gleichseitigen Dreiecksflächen begrenzt. Bestimmen Sie die Punktgruppen beider Formen und führen Sie eine Achsenwahl durch.

Aufgabe 8.7. Bestimmen Sie die Punktgruppe der in Abb. 4.7 aufgeführten Kristallformen. Skizzieren Sie die Lage der kristallographischen Achsen a, b, c in den Kristallformen. Indizieren Sie die einzelnen Kristallflächen, d.h. ordnen Sie ihnen (hkl) zu.

Aufgabe 8.8. Skizzieren Sie die Lage der Symmetrie-Elemente in möglichst viele Kristall- und Molekel-Abbildungen der Tafel 8.

Tabelle 8.6.

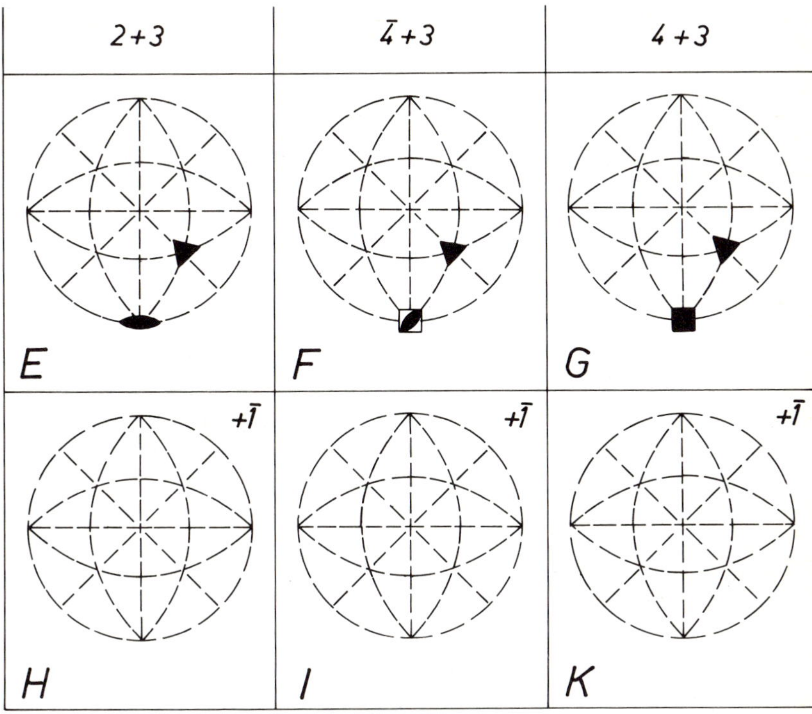

Aufgabe 8.9. Bestimmen Sie die Punktgruppe der Buchstaben A, H, I, N, S, W.

Aufgabe 8.10. Bestimmen Sie die Punktgruppe der folgenden Molekeln:

a) Äthylchlorid C_2H_5Cl

b) Cyclopropan C_3H_6, Cyclobutan C_4H_8 (gewinkelt und planar)

c) Monochlorbenzol 

d) Dichlorbenzol $C_6H_4Cl_2$ 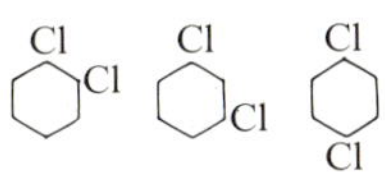

e) Ammoniak NH_3 (pyramidal), SO_2 (gewinkelt)

f) Methan CH_4 (vgl. Tafel 8.31)
Methylchlorid CH_3Cl
Methylenchlorid CH_2Cl_2
Chloroform $CHCl_3$
Tetrachlorkohlenstoff CCl_4

g) 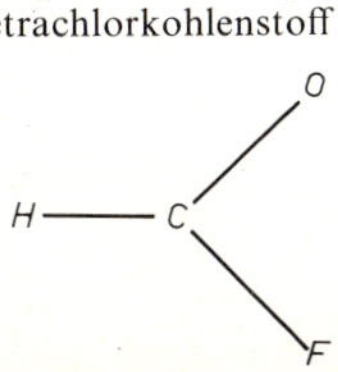

(planar)

h)

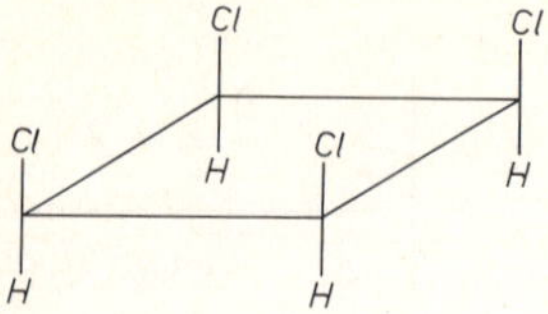

(Die C-Atome sind quadratisch angeordnet. Die Cl – C – H stehen senkrecht auf der Ebene des Quadrats)

i) H_2O_2

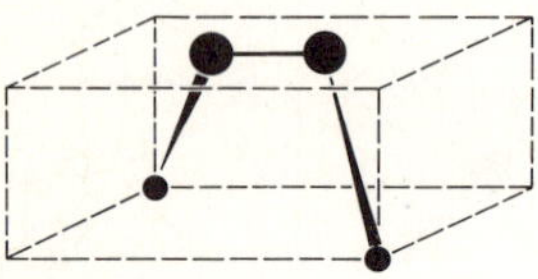

k) P_4S_3

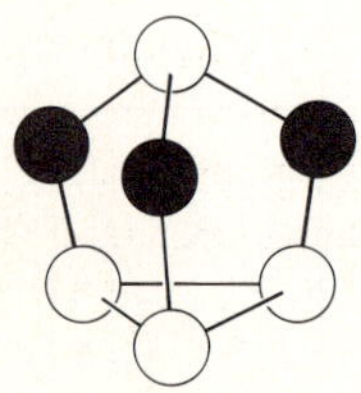

l) SbF_5

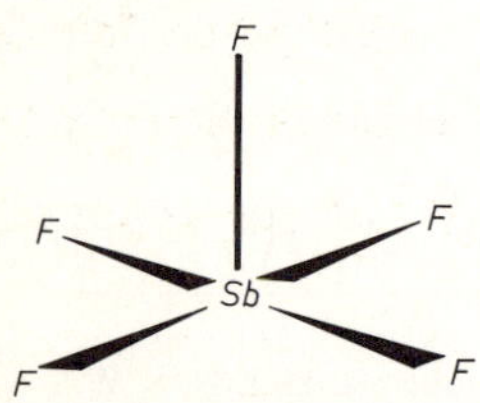

(Die Sb – F-Bindungen stehen alle senkrecht aufeinander.)

Aufgabe 8.11. Leiten Sie die Kristallformen der Punktgruppe mmm ab, und indizieren Sie die einzelnen Formen.

Aufgabe 8.12. Welche der unter Aufgabe 8.10 angegebenen Molekeln besitzen ein Dipolmoment?

Aufgabe 8.13. Kann man beim Dichloräthylen die cis- und trans-Form (Tafel 8.5 und 8.7) durch Dipolmessungen unterscheiden?

Aufgabe 8.14. Zeichnen Sie die zur $CFClBrCH_3$-Molekel (Tafel 8.1) enantiomorphe Molekel.

Aufgabe 8.15. Drehen Sie die CH_2Cl-Radikale der 1.2-Dichloräthan-Molekel um die C – C-Bindung um 360° gegeneinander. Welche symmetrisch unterschiedlichen Konformationen entstehen? Geben Sie deren Punktgruppen an.

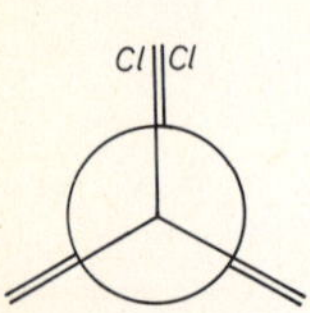

9. Die Raumgruppen

9.1 Gleitspiegelung und Schraubung

In Tabelle 6.4 sind zwar die Raumgruppen-Symbole der 14 Translationsgitter angegeben, aber das Raumgruppen-Symbol nennt im allgemeinen nicht alle Symmetrie-Elemente, die in der Raumgruppe auftreten. Insbesondere sind in den Symmetriegerüsten der zentrierten Raumgruppen noch Symmetrie-Elemente enthalten, die durch Koppelung von Spiegelung und Translation (I) und Drehung und Translation (II) entstehen (vgl. Kap. 5.4 und Tabelle 5.1):

I) Im orthorhombischen C-Gitter liegt z.B. in $\frac{1}{4}$,y,z eine Ebene (----) mit der Eigenschaft, durch Spiegelung und nachfolgende Translation um $\frac{\vec{b}}{2}$ den Gitterpunkt 0,0,0 nach $\frac{1}{2},\frac{1}{2}$,0 zu überführen (Abb. 9.1a). Diese Deckoperation nennt man *Gleitspiegelung*, das Element *Gleitspiegelebene* (b-Gleitspiegelebene).

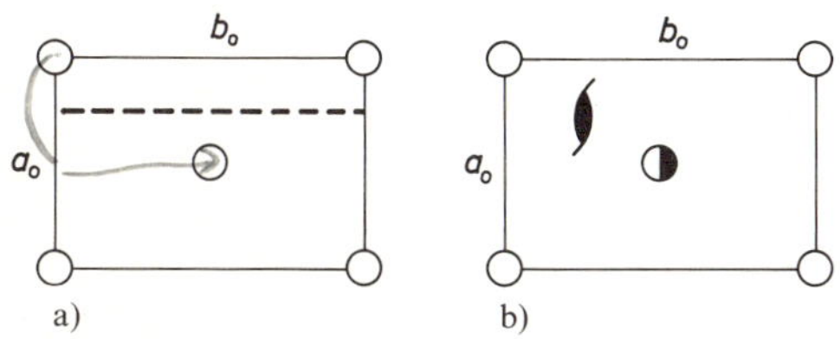

Abb. 9.1. Lage einer Gleitspiegelebene b im orthorhombischen C-Gitter (a); Lage einer zweizähligen Schraubenachse in einem orthorhombischen I-Gitter (b), (◑ Gitterpunkt mit z = $\frac{1}{2}$)

II) Im orthorhombischen I-Gitter liegt z.B. in $\frac{1}{4},\frac{1}{4}$,z eine Achse (❘) mit der Eigenschaft, durch Drehung um 180° und nachfolgende Translation um $\frac{\vec{c}}{2}$ den Gitterpunkt 0,0,0 nach $\frac{1}{2},\frac{1}{2},\frac{1}{2}$ zu überführen (Abb. 9.1b). Diese Deckoperation nennt man *Schraubung*, das Element *Schraubenachse* (zweizählig).

9.1.1 Gleitspiegelebenen

Gleitspiegelebenen entstehen durch Koppelung von

A) Spiegelung

und

B) Translation um einen Vektor $\vec{g}$, der in der Gleitspiegelebene liegen muß ($|\vec{g}|$ = *Gleitkomponente*).

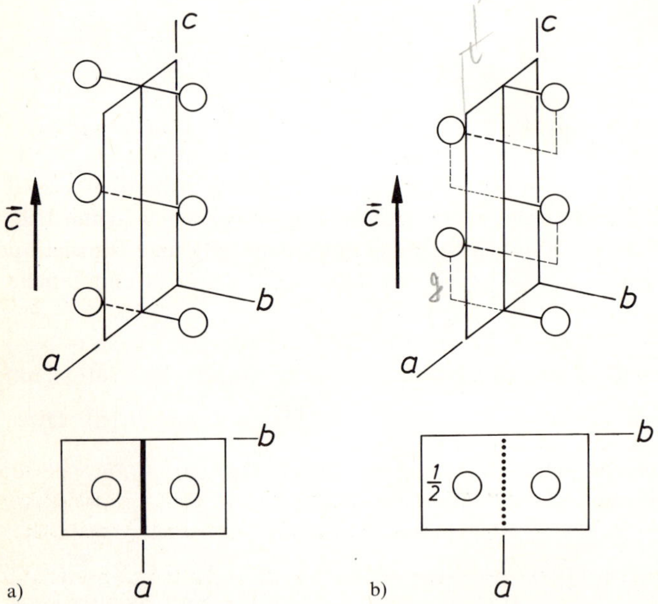

Abb. 9.2. Wirkungsweise einer Spiegelebene m und einer Gleitspiegelebene c auf einen Punkt in perspektivischer Darstellung und als Projektion auf (001)

In Abb. 9.2 sind Gleitspiegelebene und Spiegelebene in ihrer Wirkungsweise auf einen Punkt einander gegenübergestellt.

Nach zweimaliger Wiederholung erreicht man bei der Gleitspiegelung einen zum Ausgangspunkt identischen Punkt, d.h. $\vec{g}$ ist die Hälfte einer Gitter-Translation parallel zur Gleitspiegelebene. Die Gleitspiegelebenen leiten sich von den Spiegelebenen ab. Darum kann eine Gleitspiegelebene nur in solcher Lage vorkommen, in der auch Spiegelebenen auftreten können.

Im orthorhombischen Kristallsystem sind deshalb Gleitspiegelebenen nur parallel (100), (010), (001) möglich (höchstsymmetrische Punktgruppe mmm). Da die Gleitkomponente $|\vec{g}|$ die Hälfte einer Gitter-Translation in

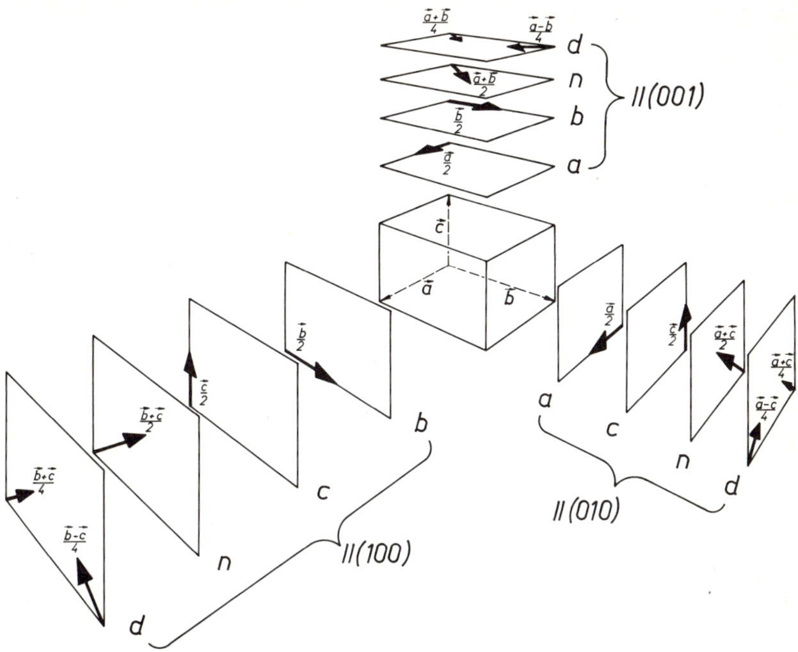

Abb. 9.3. Die Gleitspiegelebenen im orthorhombischen Kristallsystem

der Gleitspiegelebene sein muß, kommen in orthorhombischen Raumgruppen z. B. parallel (100) nur Gleitspiegelebenen mit den Gleitkomponenten $\left|\frac{\vec{b}}{2}\right|$; $\left|\frac{\vec{c}}{2}\right|$; $\left|\frac{\vec{b}+\vec{c}}{2}\right|$ und $\left|\frac{\vec{b}\pm\vec{c}}{4}\right|$ infrage, letztere nur in Raumgruppen mit flächenzentriertem Translationsgitter (Abb. 9.3). Auch die parallel (010) und (001) möglichen Gleitspiegelebenen sind mit ihren Gleitkomponenten in 9.3 angegeben.

Die Gleitspiegelebenen werden nach der Lage ihrer Gleitkomponenten zu den kristallographischen Achsen a, b, c bezeichnet (vgl. 15.3). Die Gleitspiegelebenen mit den axialen Gleitkomponenten $\left|\frac{\vec{a}}{2}\right|$; $\left|\frac{\vec{b}}{2}\right|$; $\left|\frac{\vec{c}}{2}\right|$ erhalten die Symbole **a** bzw. **b** bzw. **c**, die Gleitspiegelebenen mit den diagonalen Gleitkomponenten $\left|\frac{\vec{t}_1+\vec{t}_2}{2}\right|$ das Symbol **n**, während die Gleitspiegelebenen mit $\left|\frac{\vec{t}_1\pm\vec{t}_2}{4}\right|$ als Gleitkomponenten mit **d** (Diamant-Gleitspiegelebenen) bezeichnet werden.

Da die Gleitspiegelebenen bei den Raumgruppen eine große Rolle spielen, soll die Wirkungsweise einzelner Gleitspiegelebenen in der Projektion einer

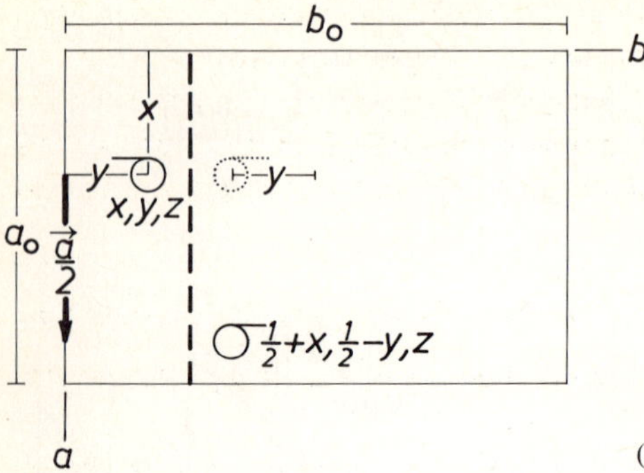

(a) Gleitspiegelebene a in x,$\frac{1}{4}$,z

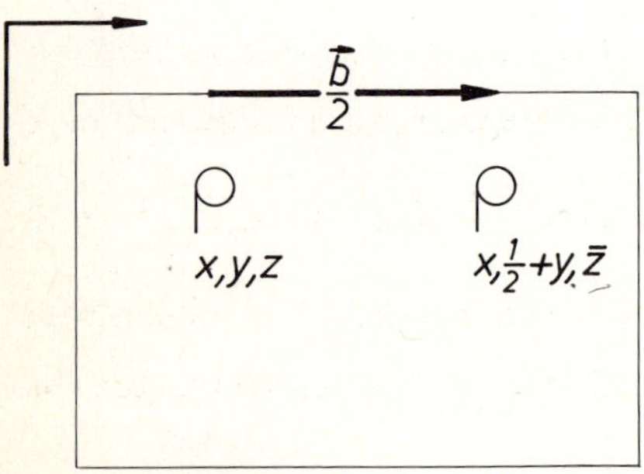

(b) Gleitspiegelebene b in x,y,0

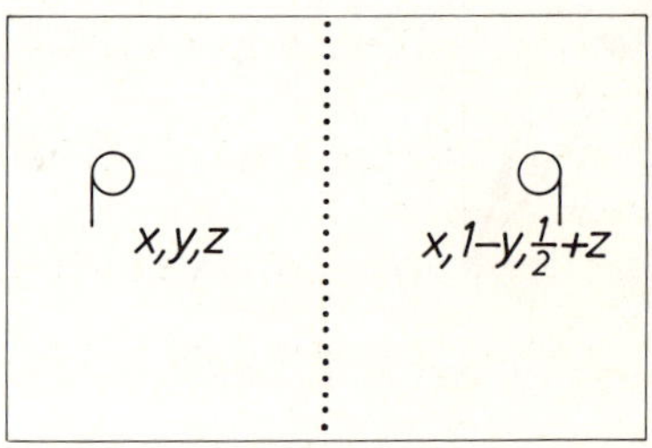

(c) Gleitspiegelebene c in x,$\frac{1}{2}$,z

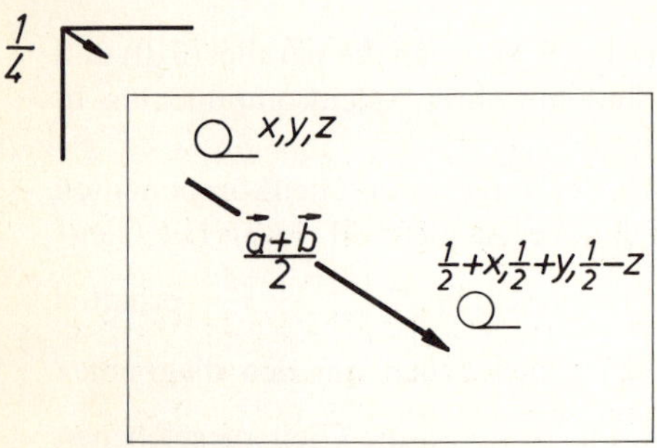

(d) Gleitspiegelebene n in x,y,$\frac{1}{4}$ mit der Gleitkomponenten $\left|\frac{\vec{a}+\vec{b}}{2}\right|$

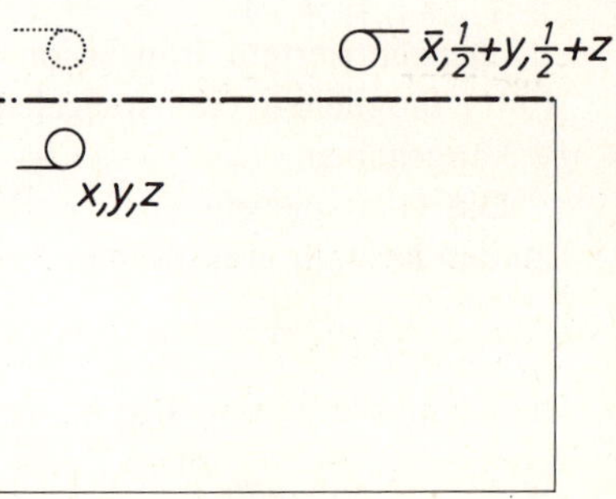

(e) Gleitspiegelebene n in 0,y,z mit der Gleitkomponenten $\left|\frac{\vec{b}+\vec{c}}{2}\right|$

Abb. 9.4. Die Wirkungsweise von Gleitspiegelebenen auf einen Punkt. Sie ist nur an *einer* Gleitspiegelebene in der Projektion einer orthorhombischen Elementarzelle auf (001) dargestellt orthorhombischen Elementarzelle auf (001) erläutert werden. In den Projektionen (Abb. 9.4) ist immer nur *eine* Gleitspiegelebene dargestellt.

a) In die Abb. 9.4a ist eine a-Gleitspiegelebene in $x,\frac{1}{4},z$ eingezeichnet[1]. Spiegelung eines Punktes in x,y,z an dieser Gleitspiegelebene führt zu dem gepunktet dargestellten Zwischenpunkt in $x,\frac{1}{2}-y,z$, auf den nun die Translation um $\frac{\vec{a}}{2}$ einwirkt und den Punkt in $\frac{1}{2}+x,\frac{1}{2}-y,z$ erzeugt.

b) Die Gleitspiegelebene b in x,y,0 (Abb. 9.4b) spiegelt den Punkt in x,y,z nach $x,y,\bar{z}$ (Zwischenpunkt), um ihn dann um $\frac{\vec{b}}{2}$ nach $x,\frac{1}{2}+y,\bar{z}$ zu ververschieben.

c) Die Gleitspiegelebene c in $x,\frac{1}{2},z$ (Abb. 9.4c) spiegelt den Punkt in x,y,z nach $x,1-y,z$ (Zwischenpunkt), um ihn dann um $\frac{\vec{c}}{2}$ nach $x,1-y,\frac{1}{2}+z$ zu translatieren.

d) Die Gleitspiegelebene n in $x,y,\frac{1}{4}$ (Abb. 9.4d) liegt parallel zur a,b-Ebene, hat also die Gleitkomponente $\left|\frac{\vec{a}+\vec{b}}{2}\right|$. Sie spiegelt den Punkt in x,y,z nach $x,y,\frac{1}{2}-z$ (Zwischenpunkt), um ihn dann um $\frac{\vec{a}+\vec{b}}{2}$ nach $\frac{1}{2}+x,\frac{1}{2}+y,\frac{1}{2}-z$ zu verschieben.

e) Die Gleitspiegelebene n in 0,y,z (Abb. 9.4e) mit der Gleitkomponenten $\left|\frac{\vec{b}+\vec{c}}{2}\right|$ spiegelt den Punkt in x,y,z nach $\bar{x},y,z$ (Zwischenpunkt), um ihn nun um $\frac{\vec{b}+\vec{c}}{2}$ nach $\bar{x},\frac{1}{2}+y,\frac{1}{2}+z$ zu translatieren.

9.1.2 Schraubenachsen

Eine Schraubenachse entsteht durch Koppelung von

A) Drehung um einen $\measuredangle\,\varepsilon=\frac{360^\circ}{X}$; (X=1, 2, 3, 4, 6)
und

B) Translation um einen Vektor $\vec{s}$ parallel zur Drehachse ($|\vec{s}|$ = *Schraubungskomponente*).

Bei den Drehachsen und Drehinversionsachsen war es gleichgültig, welcher Drehsinn verwendet wurde. Er muß bei den Schraubenachsen definiert werden: Liegt in einem Rechtskoordinatensystem X,Y,Z (Abb. 9.5) die Schraubenachse in Z, so dreht man von X ausgehend in Richtung Y und verschiebt gleichzeitig vom Ursprung aus parallel zur positiven Z-Achse. Es entsteht eine *Rechtsschraube:* Bei einer Rechtsschraube weist der Daumen

[1] Die graphischen Symbole sind in 15.3 erläutert.

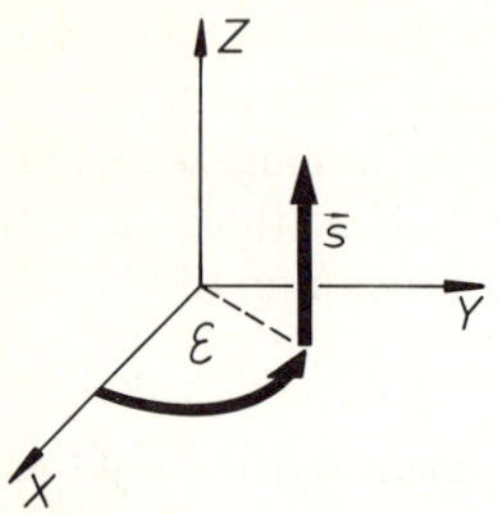

Abb. 9.5. Der Drehsinn bei Schraubenachsen

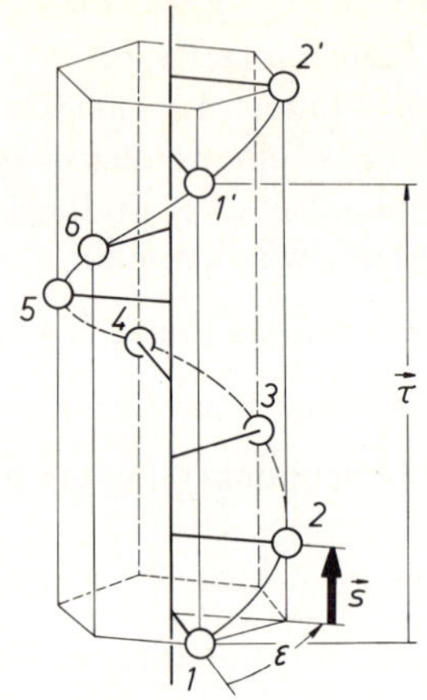

Abb. 9.6. Wirkungsweise einer sechszähligen Schraubenachse 6_1 auf einen außerhalb der Achse gelegenen Punkt

der rechten Hand in Richtung des Vektors $\vec{s}$, während die Finger dieser Hand den Drehsinn angeben.

In Abb. 9.6 ist die Wirkungsweise einer sechszähligen Schraubenachse ($\varepsilon = 60°$) auf einen nicht auf der Achse gelegenen Punkt gezeigt. Die Punkte 1, 2, 3 ... sind nach Art einer Wendeltreppe angeordnet. Nach X-facher Drehung ($X = 6$) um den $\sphericalangle\, \varepsilon$ ($X \cdot \varepsilon = 360°$) käme der Punkt 1 zum Ausgangspunkt zurück, wenn nicht die Schraubungskomponente einwirken würde. Inzwischen ist aber auch eine X-fache Translation $X \cdot \vec{s}$ erfolgt, und es wurde der Punkt 1′ erreicht, der zum Ausgangspunkt identisch ist. Der Vektor 1–1′ muß nicht *eine* Gitter-Translation $\vec{\tau}$ betragen, sondern kann auch ein ganzes Vielfaches σ von $\vec{\tau}$ sein.

Dann ist

$$X \cdot |\vec{s}| = \sigma |\vec{\tau}| \quad \text{und}$$

$$|\vec{s}| = \frac{\sigma}{X} |\vec{\tau}|$$

Da $|\vec{s}| < |\vec{\tau}|$, ist $\sigma < X$ und kann die folgenden Werte annehmen:

$$\sigma = 0, \; 1 \quad, \; 2 \quad \ldots X-1,$$

dann ist $|\vec{s}| = 0, \; \frac{1}{X} |\vec{\tau}|, \; \frac{2}{X} |\vec{\tau}| \ldots \frac{X-1}{X} |\vec{\tau}|.$

Aufgrund ihrer Schraubungskomponente $|\vec{s}| = \frac{\sigma}{X} |\vec{\tau}|$ bezeichnet man Schraubenachsen mit $X_\sigma = X_0, X_1, X_2 \ldots X_{X-1}$.

Für $X = 4$ ist $\sigma = 0, 1, 2, 3$. Daraus resultieren die Schraubenachsen 4_0 (vierzählige Drehachse); 4_1; 4_2; 4_3 mit den Schraubungskomponenten 0;

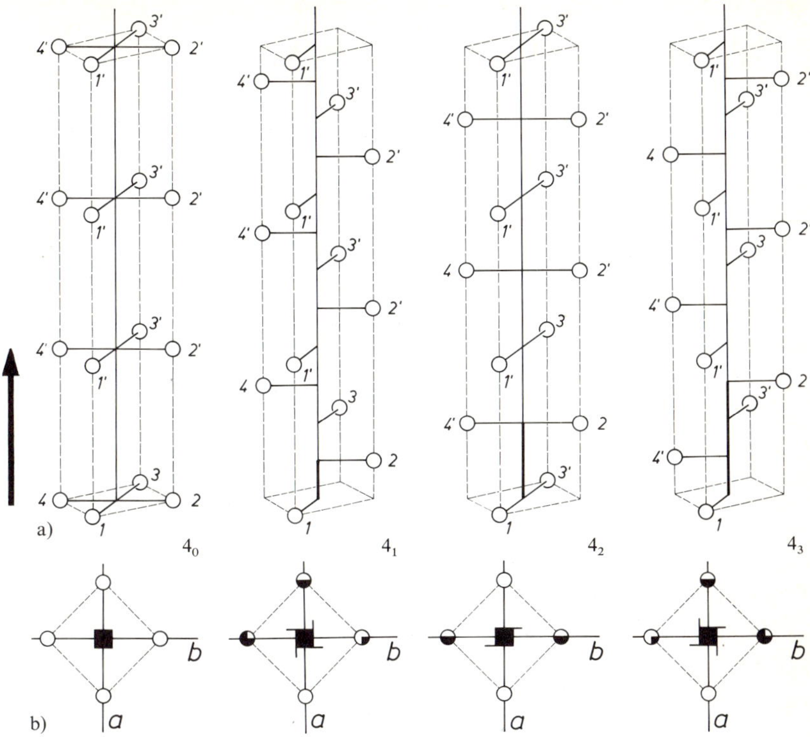

Abb. 9.7. Wirkungsweise einer vierzähligen Drehachse und der vierzähligen Schraubenachsen auf einen nicht auf der Achse gelegenen Punkt in perspektivischer Darstellung (a) und als Projektion auf (001) (b)

$\frac{1}{4}|\vec{t}|$; $\frac{2}{4}|\vec{t}|$; $\frac{3}{4}|\vec{t}|$. Die vierzähligen Schraubenachsen sind zusammen mit der vierzähligen Drehachse in Abb. 9.7 dargestellt. Durch Einwirken der vierzähligen Schraubenachsen auf einen nicht auf der Achse gelegenen Punkt 1 werden die Punkte 2, 3 und 4 erzeugt. Daneben entstehen durch die Gitter-Translation $\vec{t}$ die Punkte 1′, 2′, 3′, 4′. Die Wirkungsweise der Schraubenachsen ergibt sich natürlich bereits aus der Anordnung der Punkte innerhalb einer Gittertranslation $\vec{t}$, die in Abb. 9.7b auch als Projektionen auf eine Ebene senkrecht zur Schraubenachse dargestellt sind. Betrachtet man die Punkte bei 4_1 und 4_3, so erkennt man, daß sie spiegelsymmetrisch (enantiomorph) zueinander angeordnet sind. Da 4_1 eine Rechtsschraube erzeugt, kann man sich die Punkte bei der 4_3 auch auf einer Linksschraube mit $|\vec{s}'| = \frac{1}{4}|\vec{t}|$ angeordnet denken.

In Abb. 9.8 sind außer den vierzähligen alle in Kristallen möglichen Dreh- und Schraubenachsen dargestellt (vgl. auch 15.3). Davon sind 3_1-3_2, 4_1-4_3, 6_1-6_5, 6_2-6_4 enantiomorph zueinander.

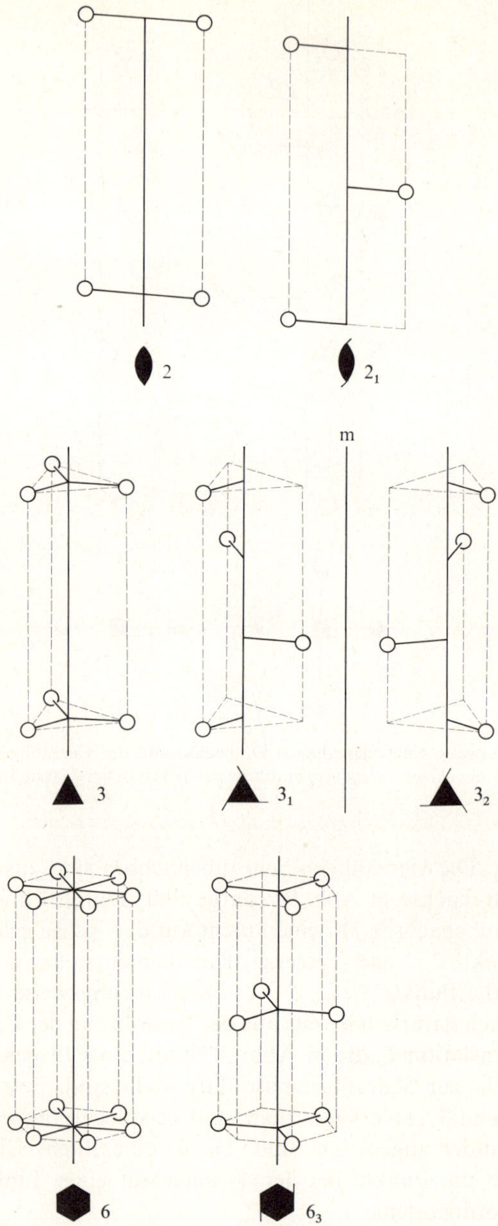

Abb. 9.8. Drehachsen und Schraubenachsen in ihrer Wirkungsweise auf einen außerhalb der Achse gelegenen Punkt. Die enantiomorphen Schraubenachsen $3_1 - 3_2$, $6_1 - 6_5$ und $6_2 - 6_4$ sind nebeneinander gestellt; 4, 4_1, 4_2, 4_3 siehe Abb. 9.7

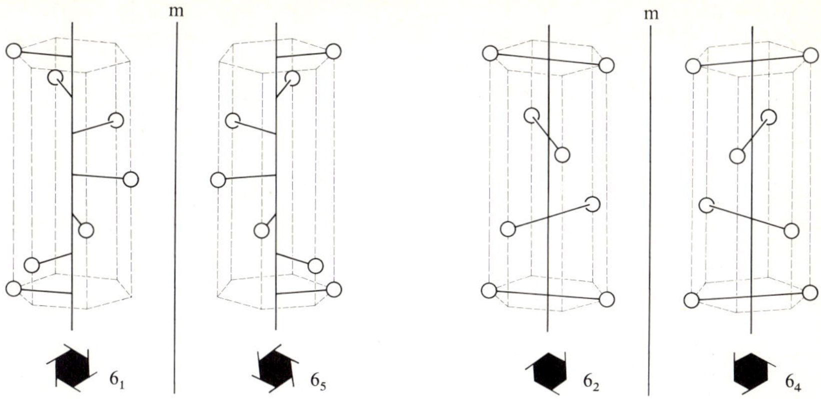

Abb. 9.8. (Fortsetzung)

Schraubenachsen können in Kristallen nur parallel zu solchen Richtungen auftreten, wo in den Punktgruppen Drehachsen entsprechender Zähligkeit vorhanden sind.

9.2 Die 230 Raumgruppen

Aus den höchstsymmetrischen Punktgruppen eines jeden Kristallsystems waren die 32 Punktgruppen abgeleitet worden (vgl. Tabelle 8.2). Bei den Raumgruppen soll entsprechend verfahren werden. Man geht von den höchstsymmetrischen Raumgruppen eines jeden Kristallsystems, den Symmetrien der 14 Translationsgitter, aus (vgl. Tabelle 6.4) und sucht nach dem

$P\bar{1}$			
P2/m	C2/m		
Pmmm	Cmmm	Immm	Fmmm
P4/mmm		I4/mmm	
P6/mmm		$R\bar{3}m$	
Pm3m		Im3m	Fm3m

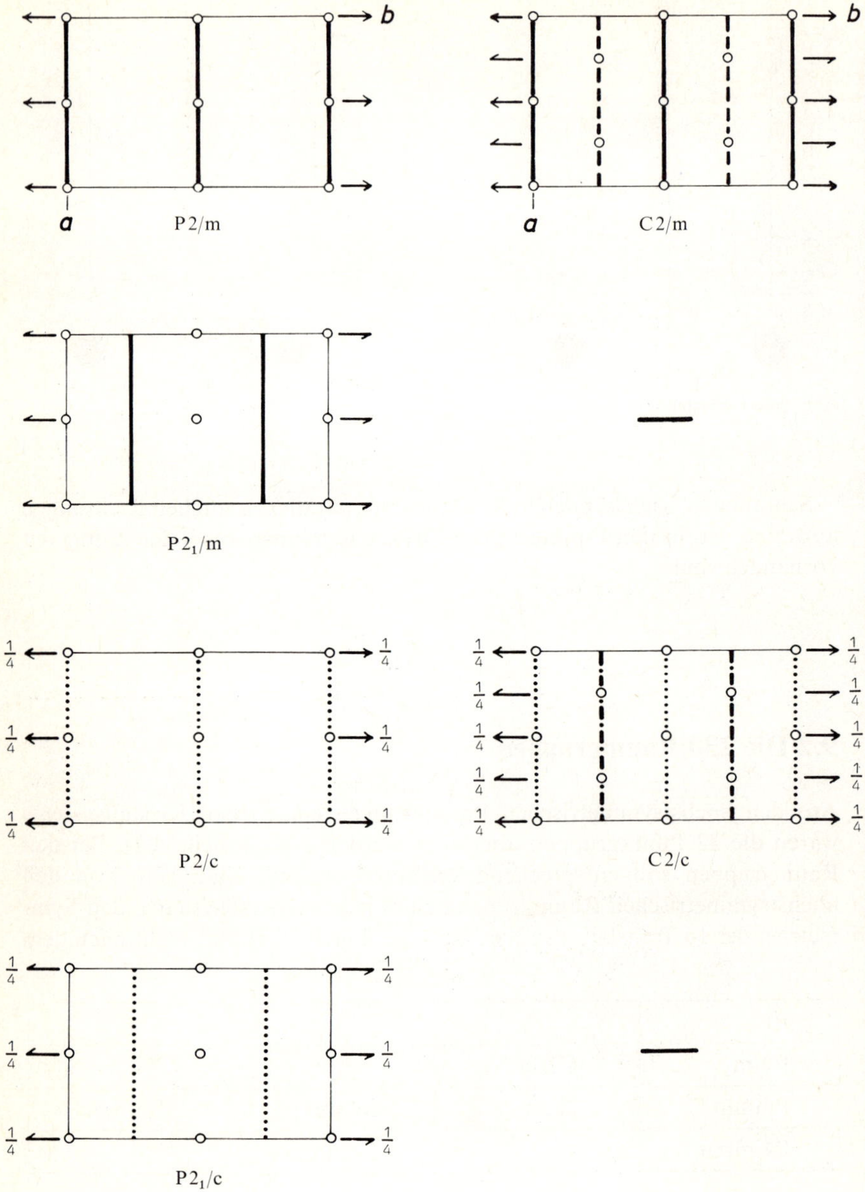

a) Raumgruppen der Punktgruppe 2/m

Abb. 9.9 a–c. Raumgruppen des monoklinen Kristallsystems als Projektionen auf (001),

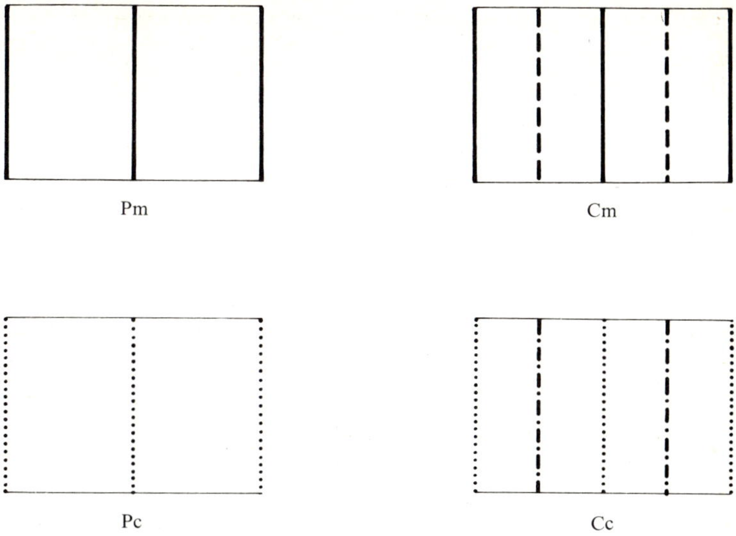

b) Raumgruppen der Punktgruppe m

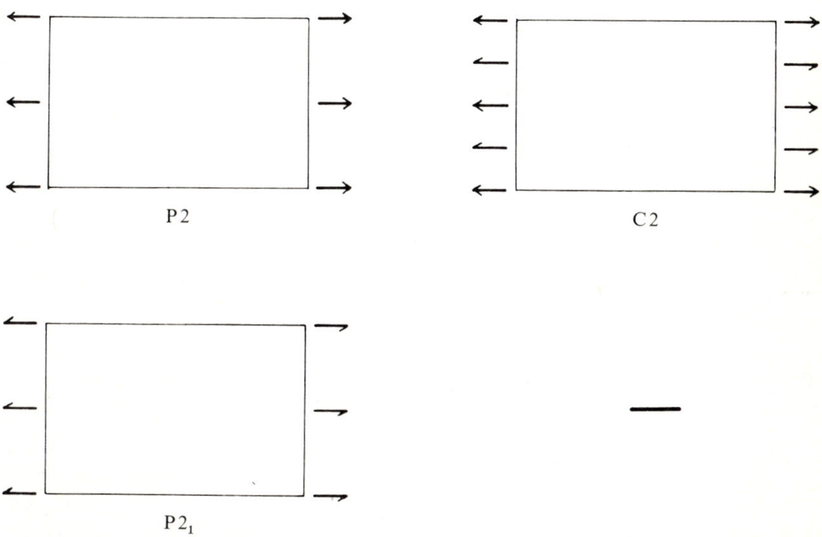

c) Raumgruppen der Punktgruppe 2

Abb. 9.9 b und c

gleichen Schema wie oben die Untergruppen der Raumgruppen. Dabei ist zu berücksichtigen, daß aus Drehachsen Schraubenachsen und aus Spiegelebenen Gleitspiegelebenen werden können:

$2 \leftarrow 2_1$
$3 \leftarrow 3_1, 3_2$
$4 \leftarrow 4_1, 4_2, 4_3$
$6 \leftarrow 6_1, 6_2, 6_3, 6_4, 6_5$
m ← a, b, c, n, d

Stellvertretend für alle Kristallsysteme sollen nur die Raumgruppen im monoklinen Kristallsystem abgeleitet werden. Man geht von den beiden höchstsymmetrischen monoklinen Raumgruppen P2/m und C2/m (Abb. 9.9) aus. Bei C2/m werden als Folge der C-Zentrierung a-Gleitspiegelebenen in $x,\frac{1}{4},z$ und $x,\frac{3}{4},z$ und 2_1 in $\frac{1}{4},y,0$; $\frac{1}{4},y,\frac{1}{2}$; $\frac{3}{4},y,0$ und $\frac{3}{4},y,\frac{1}{2}$ erzeugt.

Monokline Untergruppen der Punktgruppe 2/m sind m und 2. Von den Punktsymmetrie-Elementen kann 2 durch 2_1 und m durch eine Gleitspiegelebene ersetzt werden. Da m in (010) liegt, sind nur a-, c- oder n-Gleitspiegelebenen möglich. Die Gleitspiegelebenen a und n lassen sich aber durch Änderung der Achsenwahl für die a- und c-Achse in c-Gleitspiegelebenen überführen (Abb. 9.10). Folglich müssen nur c-Gleitspiegelebenen berücksichtigt werden[2].

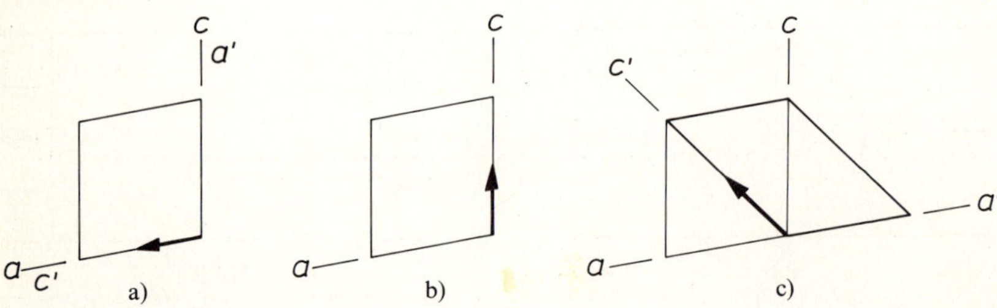

Abb. 9.10. Im monoklinen Kristallsystem sind a-Gleitspiegelebenen (a), c-Gleitspiegelebenen (b) und n-Gleitspiegelebenen (c) parallel zu (010) möglich. Bei entsprechender Änderung der Achsenwahl werden aus a- und n- c-Gleitspiegelebenen

Werden nun wechselseitig 2 und m durch 2_1 und c ersetzt, so ergeben sich die in der Tabelle 9.1 aufgeführten 13 monoklinen Raumgruppen.

Die Symmetrie-Gerüste der Raumgruppen sind in Korrespondenz zu Tabelle 9.1 in Abb. 9.9 als Projektionen auf (001) zusammengestellt. Dabei symbolisieren C2/m und $C2_1/m$; C2/c und $C2_1/c$ und C2 und $C2_1$ die gleiche Raumgruppe. Entsprechend kann man auch in den anderen Kristallsystemen

[2] Dies gilt nur für Gleitspiegelebenen anstelle von m. Für die C-Zentrierung des monoklinen Gitters in C2/m (Abb. 9.9a) ist natürlich parallel zu m eine a-Gleitspiegelebene unerläßlich.

verfahren und erhält dann insgesamt 230 Raumgruppen. Diese 230 Raumgruppen sind in der Tabelle 9.2 – nach Kristallsystemen und Punktgruppen geordnet – zusammengestellt. Es werden nur die gekürzten Symbole ange-

Tabelle 9.1. Die Punkt- und Raumgruppen des monoklinen Kristallsystems

Punktgruppen	Raumgruppen	
2/m	P2/m	C2/m
	$P2_1/m$	—[a]
	P2/c	C2/c
	$P2_1/c$	—[b]
m	Pm	Cm
	Pc	Cc
2	P2	C2
	$P2_1$	—[c]

[a] $C2_1/m \equiv C2/m$ [b] $C2_1/c \equiv C2/c$ [c] $C2_1 \equiv C2$

Tabelle 9.2. Die 230 Raumgruppen

Kristallsystem	Punktgruppe	Raumgruppen			
triklin	1	P1			
	$\bar{1}$	$P\bar{1}$			
monoklin	2	P2	$P2_1$	C2	
	m	Pm	Pc	Cm	Cc
	2/m	P2/m	$P2_1/m$	C2/m	P2/c
		$P2_1/c$	C2/c		
orthorhombisch	222	P222	$P222_1$	$P2_12_12$	$P2_12_12_1$
		C222	$C222_1$	F222	I222
		$I2_12_12_1$			
	mm2	Pmm2	$Pmc2_1$	Pcc2	Pma2
		$Pca2_1$	Pnc2	$Pmn2_1$	Pba2
		$Pna2_1$	Pnn2	Cmm2	$Cmc2_1$
		Ccc2	Amm2	Abm2	Ama2
		Aba2	Fmm2	Fdd2	Imm2
		Iba2	Ima2		
	mmm	Pmmm	Pnnn	Pccm	Pban
		Pmma	Pnna	Pmna	Pcca
		Pbam	Pccn	Pbcm	Pnnm
		Pmmn	Pbcn	Pbca	Pnma
		Cmcm	Cmca	Cmmm	Cccm
		Cmma	Ccca	Fmmm	Fddd
		Immm	Ibam	Ibca	Imma

Tabelle 9.2. Die 230 Raumgruppen (Fortsetzung)

Kristallsystem	Punktgruppe	Raumgruppen			
	4	P4	$P4_1$	$P4_2$	$P4_3$
		I4	$I4_1$		
	$\bar{4}$	$P\bar{4}$	$I\bar{4}$		
	4/m	P4/m	$P4_2/m$	P4/n	$P4_2/n$
		I4/m	$I4_1/a$		
	422	P422	$P42_12$	$P4_122$	$P4_12_12$
		$P4_222$	$P4_22_12$	$P4_322$	$P4_32_12$
		I422	$I4_122$		
	4mm	P4mm	P4bm	$P4_2cm$	$P4_2nm$
tetragonal		P4cc	P4nc	$P4_2mc$	$P4_2bc$
		I4mm	I4cm	$I4_1md$	$I4_1cd$
	$\bar{4}2m$	$P\bar{4}2m$	$P\bar{4}2c$	$P\bar{4}2_1m$	$P\bar{4}2_1c$
		$P\bar{4}m2$	$P\bar{4}c2$	$P\bar{4}b2$	$P\bar{4}n2$
		$I\bar{4}m2$	$I\bar{4}c2$	$I\bar{4}2m$	$I\bar{4}2d$
	4/mmm	P4/mmm	P4/mcc	P4/nbm	P4/nnc
		P4/mbm	P4/mnc	P4/nmm	P4/ncc
		$P4_2/mmc$	$P4_2/mcm$	$P4_2/nbc$	$P4_2/nnm$
		$P4_2/mbc$	$P4_2/mnm$	$P4_2/nmc$	$P4_2/ncm$
		I4/mmm	I4/mcm	$I4_1/amd$	$I4_1/acd$
	3	P3	$P3_1$	$P3_2$	R3
	$\bar{3}$	$P\bar{3}$	$R\bar{3}$		
	32	P312	P321	$P3_112$	$P3_121$
		$P3_212$	$P3_221$	R32	
trigonal	3m	P3m1	P31m	P3c1	P31c
		R3m	R3c		
	$\bar{3}m$	$P\bar{3}1m$	$P\bar{3}1c$	$P\bar{3}m1$	$P\bar{3}c1$
		$R\bar{3}m$	$R\bar{3}c$		
	6	P6	$P6_1$	$P6_5$	$P6_2$
		$P6_4$	$P6_3$		
	$\bar{6}$	$P\bar{6}$			
	6/m	P6/m	$P6_3/m$		
hexagonal	622	P622	$P6_122$	$P6_522$	$P6_222$
		$P6_422$	$P6_322$		
	6mm	P6mm	P6cc	$P6_3cm$	$P6_3mc$
	$\bar{6}m2$	$P\bar{6}m2$	$P\bar{6}c2$	$P\bar{6}2m$	$P\bar{6}2c$
	6/mmm	P6/mmm	P6/mcc	$P6_3/mcm$	$P6_3/mmc$
	23	P23	F23	I23	$P2_13$
		$I2_13$			
	m3	Pm3	Pn3	Fm3	Fd3
		Im3	Pa3	Ia3	
	432	P432	$P4_232$	F432	$F4_132$
kubisch		I432	$P4_332$	$P4_132$	$I4_132$
	$\bar{4}3m$	$P\bar{4}3m$	$F\bar{4}3m$	$I\bar{4}3m$	$P\bar{4}3n$
		$F\bar{4}3c$	$I\bar{4}3d$		
	m3m	Pm3m	Pn3n	Pm3n	Pn3m
		Fm3m	Fm3c	Fd3m	Fd3c
		Im3m	Ia3d		

geben. Überall sind die Korrespondenzen zwischen Punkt- und Raumgruppen erkennbar. Ersetzt man in einem Raumgruppen-Symbol die Schraubenachsen durch die entsprechenden Drehachsen, die Gleitspiegelebenen durch m und streicht den Translationstyp des Gitters, so erhält man das Symbol der Punktgruppe, der diese Raumgruppe angehört.

Es sei auch nochmals auf die Raumgruppen einiger Translationsgitter in Abb. 6.2d–6.8d hingewiesen.

Die internationalen Symbole bringen die Symmetrie-Verhältnisse in der Raumgruppe klar zum Ausdruck. Dagegen zählt die Schönflies-Symbolik nur die Raumgruppen, die zu einer Punktgruppe gehören, auf:

z. B. m (C_s):
Pm (C_s^1), Pc (C_s^2), Cm (C_s^3), Cc (C_s^4).

Aus diesem Grunde wird die Schönflies-Symbolik in der Kristallographie kaum noch verwendet.

9.3 Eigenschaften der Raumgruppen

Es ist absolut nicht notwendig, sich mit allen 230 Raumgruppen einzeln zu befassen, aber man sollte sich prinzipiell mit den Raumgruppen auseinandersetzen. Darum sollen die Eigenschaften der Raumgruppen an einigen Beispielen erläutert werden.

Das Symmetrie-Gerüst der Raumgruppe Pmm2 ist in Abb. 9.11 dargestellt. Wählt man einen Punkt mit den Koordinaten x,y,z und läßt auf ihn die Symmetrie-Operationen der Raumgruppe einwirken, so entstehen Punkte in $x,\bar{y},z$; $\bar{x},y,z$ und $\bar{x},\bar{y},z$, aber z. B. auch die zu ihnen identischen in $x,1-y,z$; $1-x,y,z$ und $1-x,1-y,z$. *Die Zahl äquivalenter Punkte in der Elementarzelle wird als Zähligkeit bezeichnet.* Die Punktlage in Abb. 9.11a wäre danach vierzählig. Der Punkt x,y,z kann nun dreidimensional beliebig verschoben werden; er besitzt drei Freiheitsgrade, und solange er nicht auf ein Punktsymmetrie-Element zu liegen kommt, bleibt die Zähligkeit erhalten, auch wenn sich die Anordnung der Punkte zueinander ändert. Eine Punktlage mit diesen Eigenschaften nennt man eine *allgemeine Punktlage*. Sie ist asymmetrisch, was in Abb. 9.11a durch den Strich am Kreis angedeutet werden soll[3].

Verschiebt man den Punkt x,y,z zur Spiegelebene in $\frac{1}{2}$,y,z, so wandert auch der Punkt $1-x,y,z$ um den gleichen Betrag zur Spiegelebene hin. Auf

---

[3] Diese geometrische Figur ist zwar nicht vollständig asymmetrisch, weil sie noch m parallel zur Projektionsebene enthält. Dieser „Grad der Asymmetrie" ist aber für die Verhältnisses in dieser Projektion ausreichend.

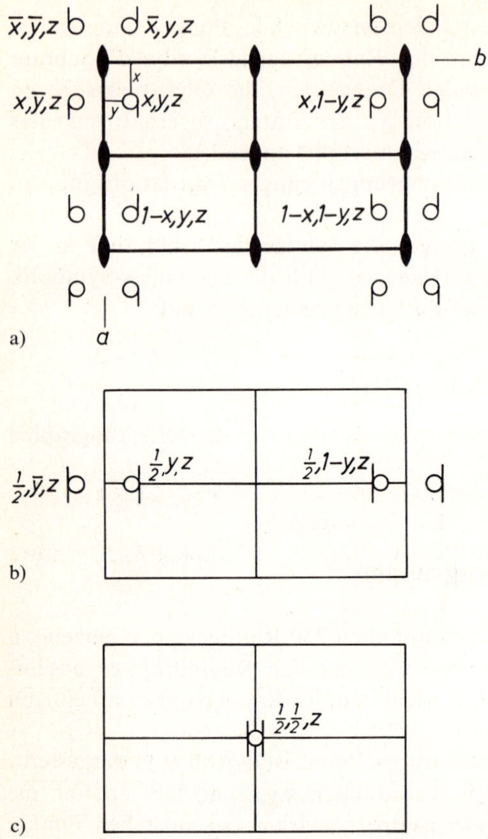

Abb. 9.11. Symmetrie-Gerüst der Raumgruppe Pmm2 als Projektion auf (001) mit allgemeiner Punktlage x,y,z (a) und den speziellen Punktlagen $\frac{1}{2}$,y,z (b) und $\frac{1}{2}$,$\frac{1}{2}$,z (c)

der Spiegelebene vereinigen sich beide Punkte in dem Punkt $\frac{1}{2}$,y,z (Abb. 9.11 b). Entsprechend gehen x,1 − y,z und 1 − x,1 − y,z in $\frac{1}{2}$,1 − y,z über. Aus der vierzähligen allgemeinen ist eine zweizählige *spezielle Punktlage* entstanden. Die Zähligkeit einer speziellen Punktlage ist immer ein Bruchteil der Zähligkeit der allgemeinen Punktlage. Eine spezielle Punktlage ist nicht mehr asymmetrisch, sondern besitzt eine Punktsymmetrie, in Abb. 9.11 b die Punktgruppe m. Diese spezielle Punktlage hat zwei Freiheitsgrade. Solange die Punktlage nur auf der Spiegelebene verbleibt, ändert sich die Zähligkeit nicht. Entsprechend würden sich auch Punkte auf den anderen Spiegelebenen in x,0,z; x,$\frac{1}{2}$,z; 0,y,z verhalten.

Wird nun der Punkt in $\frac{1}{2}$,y,z zur zweizähligen Achse in $\frac{1}{2}$,$\frac{1}{2}$,z verschoben, so verschmelzen $\frac{1}{2}$,y,z und $\frac{1}{2}$,1 − y,z in $\frac{1}{2}$,$\frac{1}{2}$,z. Diese spezielle Punktlage besitzt nur noch einen Freiheitsgrad. Die Symmetrie der Punktlage steigt

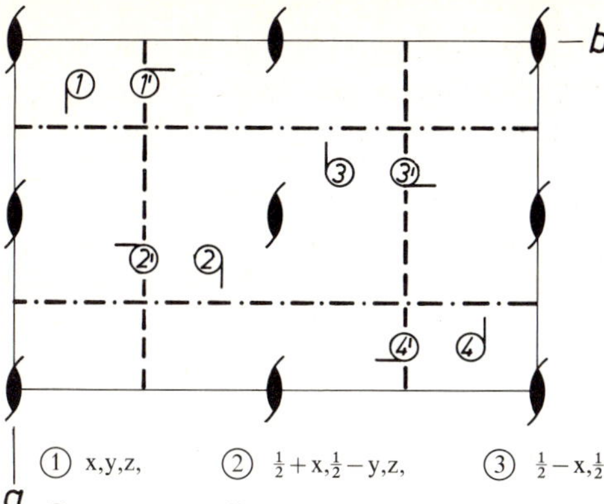

Abb. 9.12. Symmetrie-Gerüst der Raumgruppe Pna2₁ als Projektion auf (001) mit allgemeiner Punktlage x,y,z (1). Verschiebt man den Punkt in x,y,z auf die Gleitspiegelebene a in x,$\frac{1}{4}$,z (1′), so ändert sich die Zähligkeit nicht. Gleitspiegelebenen und Schraubenachsen reduzieren im Gegensatz zu den Punktsymmetrie-Elementen die Zähligkeit einer auf ihnen liegenden Punktlage nicht

① x,y,z, ② $\frac{1}{2}$+x,$\frac{1}{2}$−y,z, ③ $\frac{1}{2}$−x,$\frac{1}{2}$+y,$\frac{1}{2}$+z, ④ 1−x,1−y,$\frac{1}{2}$+z

①′ x,$\frac{1}{4}$,z, ②′ $\frac{1}{2}$+x,$\frac{1}{4}$,z, ③′ $\frac{1}{2}$−x,$\frac{3}{4}$,$\frac{1}{2}$+z, ④′ 1−x,$\frac{3}{4}$,$\frac{1}{2}$+z

auf mm2, dagegen sinkt die Zähligkeit auf 1. Entsprechend wie die Punktlage $\frac{1}{2}$,$\frac{1}{2}$,z würden sich auch 0,0,z; $\frac{1}{2}$,0,z; 0,$\frac{1}{2}$,z verhalten[4].

Die allgemeine und die speziellen Punktlagen der Raumgruppe Pmm2 sind in Tabelle 9.3 zusammengestellt.

Tabelle 9.3. Punktlagen der Raumgruppe Pmm2

Punktlage	Freiheitsgrade	Zähligkeit	Punktsymmetrie	Koordinaten äquivalenter Punkte	Abb.
allgemeine	3	4	1	x,y,z; $\bar{x}$,$\bar{y}$,z; x,$\bar{y}$,z; $\bar{x}$,y,z	9.11 a
spezielle	2	2	m	$\frac{1}{2}$,y,z; $\frac{1}{2}$,$\bar{y}$,z	9.11 b
		2	m	0,y,z; 0,$\bar{y}$,z	
		2	m	x,$\frac{1}{2}$,z; $\bar{x}$,$\frac{1}{2}$,z	
		2	m	x,0,z; $\bar{x}$,O,z	
	1	1	mm2	$\frac{1}{2}$,$\frac{1}{2}$,z	9.11 c
		1	mm2	$\frac{1}{2}$,0,z	
		1	mm2	0,$\frac{1}{2}$,z	
		1	mm2	0,0,z	

[4] Es gibt natürlich auch Raumgruppen mit Punktlagen ohne Freiheitsgrad. Dies sind z. B. solche, die auf einem Inversionszentrum liegen.

Eine weitere Raumgruppe der Punktgruppe mm2 ist $Pna2_1$ (Abb. 9.12). Das Symbol gibt darüber Auskunft, daß in einer orthorhombischen Elementarzelle senkrecht zur a-Achse n-Gleitspiegelebenen mit einer Gleitkomponenten $\left|\frac{\vec{b}+\vec{c}}{2}\right|$, senkrecht zur b-Achse a-Gleitspiegelebenen und parallel zur c-Achse 2_1-Schraubenachsen angeordnet sind. Die in Abb. 9.12 eingetragene allgemeine Punktlage x,y,z ist ebenfalls vierzählig. Verschiebt man den Punkt x,y,z zur a-Gleitspiegelebene in $x,\frac{1}{2},z$, so ändert sich die Zähligkeit nicht. Es liegt keine spezielle Punktlage vor, denn Gleitspiegelebenen und Schraubenachsen reduzieren die Zähligkeit nicht. Die Raumgruppe $Pna2_1$ besitzt daher keine speziellen Punktlagen.

9.4 Die „International Tables for X-Ray Crystallography"

Viele wesentliche Angaben über die 230 Raumgruppen sind in den „International Tables for X-Ray Crystallography, Vol. I" zusammengestellt. Es ist sehr zweckmäßig, mit diesen Tabellen umgehen zu können. Welche Informationen sie enthalten, soll an der Raumgruppe $P4_2/mnm$ erläutert werden (vgl. Abb. 9.13):

(1) Angabe von Kristallsystem und Symbol der Punktgruppe, vollständiges Symbol der Raumgruppe, Nummer der Raumgruppe, gekürztes Symbol und Schönflies-Symbol der Raumgruppe.

(2) Projektion des Symmetriegerüsts der Raumgruppe auf (001); a weist in der Papierebene nach unten, b nach rechts, Nullpunkt liegt links oben.

(3) Projektion einer allgemeinen Punktlage auf (001), Achsenwahl wie in (2), ○ Punkt; ⦶ zwei Punkte übereinander; ⦶ die übereinander liegenden Punkte sind enantiomorph (liegen spiegelbildlich zueinander); Angabe der z-Koordinate.

(4) Hinweis auf die Nullpunktswahl, hier in $\bar{1}$ (Schnittpunkt von drei zueinander senkrecht stehenden m).

(5) 1. Spalte: Number of positions = Zähligkeit
2. Spalte: Wyckoff notations = Wyckoff-Bezeichnung; kleine Buchstaben für die einzelnen Punktlagen; der höchste Buchstabe (hier k) kennzeichnet die allgemeine Punktlage
3. Spalte: Point symmetry = Punktsymmetrie der Punktlage
4. Spalte: Koordinaten äquivalenter Punkte der einzelnen Punktlagen

P4_2/mnm No. 136 P4_2/m 2_1/n 2/m 4/mmm Tetragonal (1)

D_{4h}^{14}

(3)

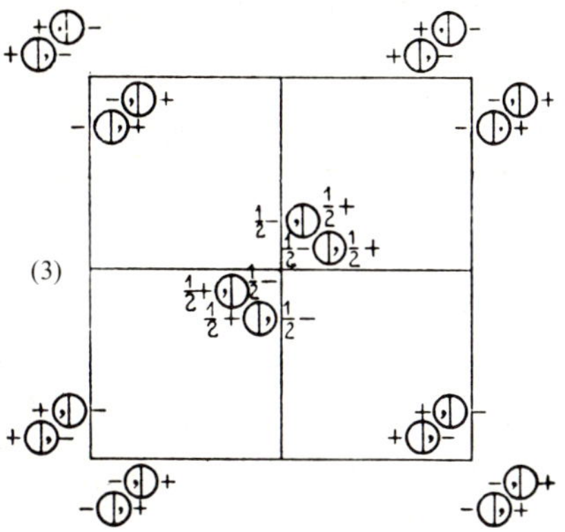

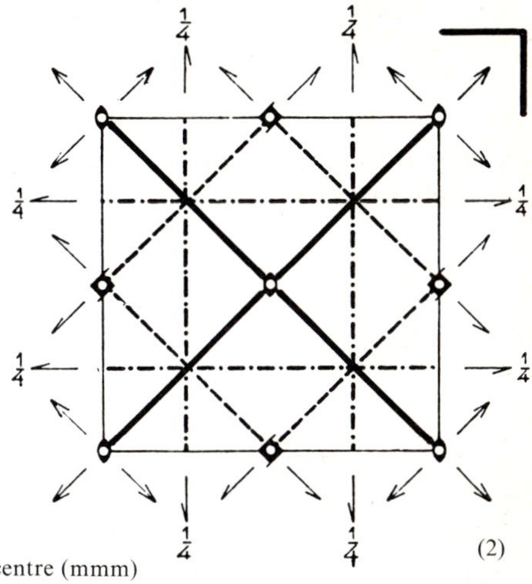

(2)

(4) Origin at centre (mmm)

(5) Number of positions, Wyckoff notation, and point symmetry — Co-ordinates of equivalent positions

16	k	1	x, y, z;	$\bar{x}$, $\bar{y}$, z;	$\frac{1}{2}$+x, $\frac{1}{2}$−y, $\frac{1}{2}$+z;	$\frac{1}{2}$−x, $\frac{1}{2}$+y, $\frac{1}{2}$+z;
			x, y, $\bar{z}$;	$\bar{x}$, $\bar{y}$, $\bar{z}$;	$\frac{1}{2}$+x, $\frac{1}{2}$−y, $\frac{1}{2}$−z;	$\frac{1}{2}$−x, $\frac{1}{2}$+y, $\frac{1}{2}$−z;
			y, x, z;	$\bar{y}$, $\bar{x}$, z;	$\frac{1}{2}$+y, $\frac{1}{2}$−x, $\frac{1}{2}$+z;	$\frac{1}{2}$−y, $\frac{1}{2}$+x, $\frac{1}{2}$+z;
			y, x, $\bar{z}$;	$\bar{y}$, $\bar{x}$, $\bar{z}$;	$\frac{1}{2}$+y, $\frac{1}{2}$−x, $\frac{1}{2}$−z;	$\frac{1}{2}$−y, $\frac{1}{2}$+x, $\frac{1}{2}$−z.
8	j	m	x, x, z;	$\bar{x}$, $\bar{x}$, z;	$\frac{1}{2}$+x, $\frac{1}{2}$−x, $\frac{1}{2}$+z;	$\frac{1}{2}$−x, $\frac{1}{2}$+x, $\frac{1}{2}$+z;
			x, x, $\bar{z}$;	$\bar{x}$, $\bar{x}$, $\bar{z}$;	$\frac{1}{2}$+x, $\frac{1}{2}$−x, $\frac{1}{2}$−z;	$\frac{1}{2}$−x, $\frac{1}{2}$+x, $\frac{1}{2}$−z.
8	i	m	x, y, 0;	$\bar{x}$, $\bar{y}$, 0;	$\frac{1}{2}$+x, $\frac{1}{2}$−y, $\frac{1}{2}$;	$\frac{1}{2}$−x, $\frac{1}{2}$+y, $\frac{1}{2}$;
			y, x, 0;	$\bar{y}$, $\bar{x}$, 0;	$\frac{1}{2}$+y, $\frac{1}{2}$−x, $\frac{1}{2}$;	$\frac{1}{2}$−y, $\frac{1}{2}$+x, $\frac{1}{2}$.
8	h	2	0, $\frac{1}{2}$, z;	0, $\frac{1}{2}$, $\bar{z}$;	0, $\frac{1}{2}$, $\frac{1}{2}$+z;	0, $\frac{1}{2}$, $\frac{1}{2}$−z;
			$\frac{1}{2}$, 0, z;	$\frac{1}{2}$, 0, $\bar{z}$;	$\frac{1}{2}$, 0, $\frac{1}{2}$+z;	$\frac{1}{2}$, 0, $\frac{1}{2}$−z.
4	g	mm	x, $\bar{x}$, 0;	$\bar{x}$, x, 0;	$\frac{1}{2}$+x, $\frac{1}{2}$+x, $\frac{1}{2}$;	$\frac{1}{2}$−x, $\frac{1}{2}$−x, $\frac{1}{2}$.
4	f	mm	x, x, 0;	$\bar{x}$, $\bar{x}$, 0;	$\frac{1}{2}$+x, $\frac{1}{2}$−x, $\frac{1}{2}$;	$\frac{1}{2}$−x, $\frac{1}{2}$+x, $\frac{1}{2}$.
4	e	mm	0, 0, z;	0, 0, $\bar{z}$;	$\frac{1}{2}$, $\frac{1}{2}$, $\frac{1}{2}$+z;	$\frac{1}{2}$, $\frac{1}{2}$, $\frac{1}{2}$−z.
4	d	$\bar{4}$	0, $\frac{1}{2}$, $\frac{1}{4}$;	$\frac{1}{2}$, 0, $\frac{1}{4}$;	0, $\frac{1}{2}$, $\frac{3}{4}$;	$\frac{1}{2}$, 0, $\frac{3}{4}$.
4	c	2/m	0, $\frac{1}{2}$, 0;	$\frac{1}{2}$, 0, 0;	0, $\frac{1}{2}$, $\frac{1}{2}$;	$\frac{1}{2}$, 0, $\frac{1}{2}$.
2	b	mmm	0, 0, $\frac{1}{2}$;	$\frac{1}{2}$, $\frac{1}{2}$, 0.		
2	a	mmm	0, 0, 0;	$\frac{1}{2}$, $\frac{1}{2}$, $\frac{1}{2}$.		

Abb. 9.13. Raumgruppe P4_2/mnm, aus „International Tables for X-Ray Crystallography, Vol. I"

9.5 Raumgruppe und Kristallstruktur

In Kap. 3 wurde die *Kristallstruktur = Gitter + Basis* definiert. Dabei kann es sich nur um eine geometrische Beschreibung der Bausteinanordnung handeln. In Tabelle 9.4A sind Gitter und Basis der Struktur des Rutils (TiO_2) angegeben. Aufgrund dieser Daten wurde das perspektivische Bild und die Projektion auf (001) in Abb. 9.14 gezeichnet.

Tabelle 9.4. Beschreibung der Kristallstruktur des Rutils TiO_2

A		B			
Gitter	Basis	Raumgruppe	Punktlagen der Bausteine		
tetragonal P	Ti: 0,0,0 $\frac{1}{2},\frac{1}{2},\frac{1}{2}$	$P4_2/mnm$	a	Ti: 0,0,0 $\frac{1}{2},\frac{1}{2},\frac{1}{2}$	
$a_0 = 4{,}59$ Å $c_0 = 2{,}96$ Å	O: 0,3; 0,3; 0 0,8; 0,2; $\frac{1}{2}$ 0,2; 0,8; $\frac{1}{2}$ 0,7; 0,7; 0	$a_0 = 4{,}59$ Å $c_0 = 2{,}96$ Å	f	O: x,x,0 $\frac{1}{2}+x,\frac{1}{2}-x,\frac{1}{2}$ $\frac{1}{2}-x,\frac{1}{2}+x,\frac{1}{2}$ $\bar{x},\bar{x},0$	$x = 0{,}3$

Jede Kristallstruktur kann nun auch durch die Raumgruppe und die Besetzung der einzelnen Punktlagen mit Bausteinen beschrieben werden. Die Kristallstruktur des Rutils gehört zur Raumgruppe $P4_2/mnm$. Das Titan besetzt die Punktlage a, der Sauerstoff die Punktlage f mit $x = 0{,}3$ (vgl. die „International Tables" in Abb. 9.13). Die Punktlage a bedeutet 0,0,0; $\frac{1}{2},\frac{1}{2},\frac{1}{2}$ (zweizählig), die vierzählige Punktlage f x,x,0; $\frac{1}{2}+x,\frac{1}{2}-x,\frac{1}{2}$; $\frac{1}{2}-x,\frac{1}{2}+x,\frac{1}{2}$; $\bar{x},\bar{x},0$ (Tabelle 9.4B). Setzt man nun 0,3 in die Koordinatentripel der Punktlage f ein, so ergeben sich die in Tabelle 9.4A unter Basis angegebenen

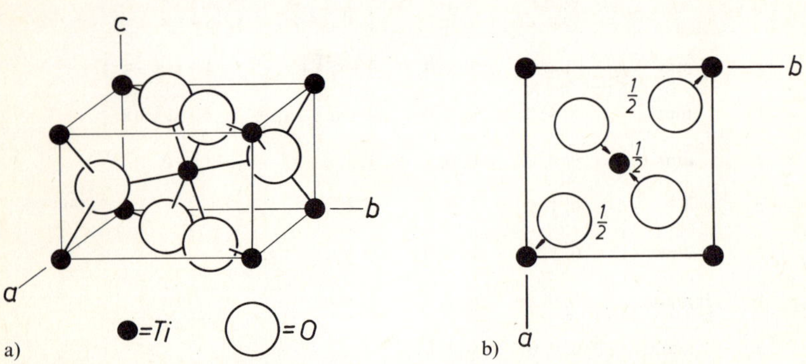

Abb. 9.14. Kristallstruktur des Rutils TiO_2. a) perspektivisches Bild; b) Projektion auf (001)

Koordinaten. Die Beschreibung einer Kristallstruktur mit Hilfe der Raumgruppe ist besonders dort, wo höherzählige Punktlagen besetzt werden, viel einfacher als über die Basis. Außerdem ergibt sich die Beziehung gleichwertiger Bausteine zueinander über die Symmetrie-Elemente der Raumgruppe. Dieser Zusammenhang ist für Punktlagen mit Freiheitsgrad besonders wichtig. Jede Veränderung von x (vgl. Punktlage f in Abb. 9.13) verändert die Lage aller Bausteine zueinander, eine Vergrößerung von x hätte eine Verschiebung in Pfeilrichtung (Abb. 9.14b) zur Folge.

Aufgabe 9.1. Zeichnen Sie von den Punktanordnungen, die bei Einwirkung der drei- und sechszähligen Schraubenachsen auf einen Punkt außerhalb der Achse entstehen (vgl. Abb. 9.8), eine Projektion auf eine Ebene senkrecht zur Achse (vgl. Abb. 9.7).

Aufgabe 9.2. Welche Raumgruppen gehören dem triklinen Kristallsystem an?

Aufgabe 9.3. Weisen Sie nach, daß $C2_1/c \equiv C2/c$, $C2_1/m \equiv C2/m$, $C2_1 \equiv C2$ ist.

Aufgabe 9.4. Bestimmen Sie die Symmetrie des orthorhombischen C-, I- und F-Gitters (vgl. Aufgabe 6.3). Zeichnen Sie die Symmetrie-Elemente in eine Projektion des Gitters auf (001). Geben Sie die Raumgruppen-Symbole an.

Aufgabe 9.5. Lassen Sie die Symmetrie-Operationen der unten genannten Raumgruppen auf eine allgemeine Punktlage, x,y,z einwirken. Geben Sie die Koordinaten der äquivalenten Punkte an. Wie groß ist die Zähligkeit dieser Punktlagen? Nennen Sie – wenn vorhanden – eine spezielle Punktlage und deren Zähligkeit:

Pba2 (Abb. 9.15); Pnc2 (Abb. 9.16); Pmna (Abb. 9.17); $P3_1$ (Abb. 9.18).

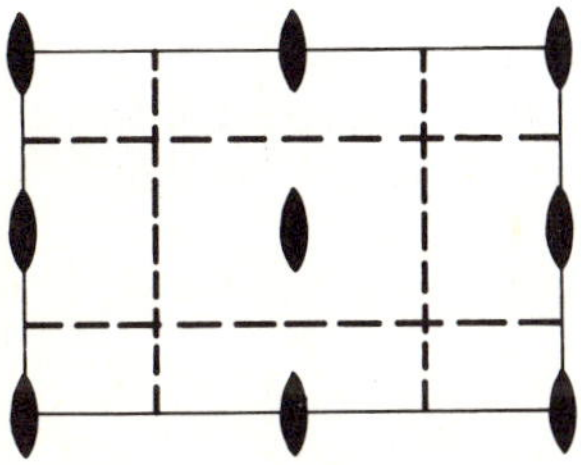

Abb. 9.15. Pba2

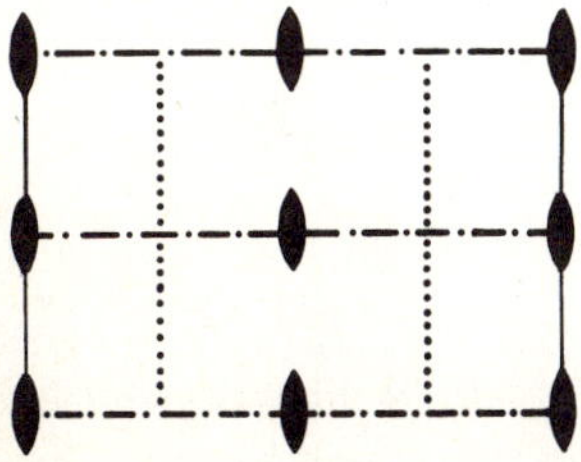

Abb. 9.16. Pnc2

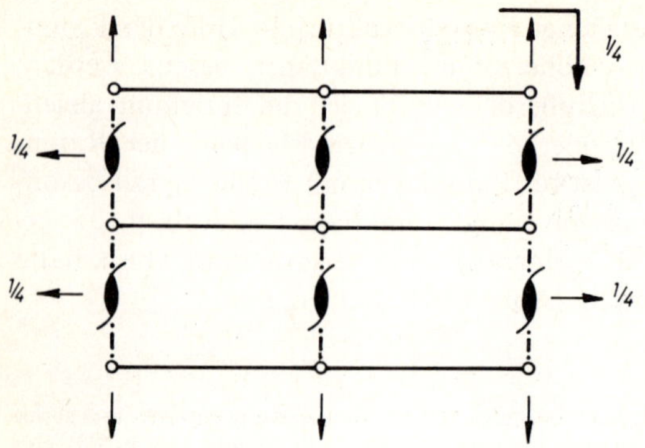

Abb. 9.17. Pmna

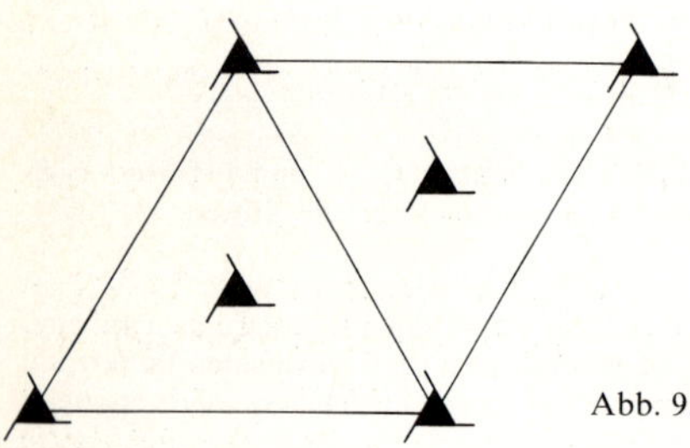

Abb. 9.18. $P3_1$

Aufgabe 9.6. Zeichnen Sie eine Projektion des Symmetriegerüsts der Raumgruppe Iba2 auf (001). Gehen Sie von der allgemeinen Punktlage der Raumgruppe Pba2 (vgl. Aufgabe 9.15) aus und führen Sie eine I-Zentrierung aus. Welche zusätzlichen Symmetrie-Elemente entstehen?

Aufgabe 9.7. Welche Informationen (Punktgruppe, Kristallsystem, Translationstyp und Beziehung der Gitterkonstanten zueinander, Art und Lage der Symmetrie-Elemente in der Elementarzelle) enthalten die folgenden Symbole: C2/m, Ibca, $P6_3/mmc$, Fm3c, $P\bar{4}c2$.

Aufgabe 9.8. Diskutieren Sie Pabc.

10. Das Verhältnis von Punktgruppen und Raumgruppen

Wie aus Tabelle 9.2 hervorgeht, besteht bei Kristallen ein eindeutiger Zusammenhang zwischen der Punktgruppe der Morphologie und der Raumgruppe der Kristallstruktur. An einem Kristall können nur solche Kristallformen auftreten, die der Punktgruppe angehören, die sich aus der Raumgruppe der Kristallstruktur ergibt. Zum Beispiel besitzt die Rutil-Struktur (Abb. 9.14) die Raumgruppe $P4_2/mnm$, gehört also zur Punktgruppe 4/mmm. In der Punktgruppe 4/mmm sind nur die in Abb. 8.6 dargestellten Kristallformen möglich. Am Kristall in Tafel 8.15 sind jedoch nur $\{111\}$, $\{110\}$ und $\{100\}$ ausgebildet.

Es gibt nur wenige Ausnahmen von dieser Korrespondenz zwischen Punkt- und Raumgruppen bei Kristallen. Diese Abweichungen sind auf Adsorptionseffekte beim Kristallwachstum zurückzuführen.

Auch die Molekeln sind durch Punktgruppen beschreibbar. Welche Rolle spielt aber die Symmetrie der Molekeln, wenn sich gleichartige Molekeln zu einem Kristall zusammenlagern? In welcher Beziehung steht die Punktgruppe der Molekeln und die Raumgruppe des Kristalls? Die Hexamethylentetramin(Urotropin)-Molekel gehört der Punktgruppe $\bar{4}3m$ (Abb. 10.1a) an. Die Urotropin-Molekeln besetzen in der Raumgruppe $I\bar{4}3m$ der Kristallstruktur (Abb. 10.0b) eine Punktlage mit der Punktsymmetrie $\bar{4}3m$. Hier besteht also auch eine eindeutige Korrespondenz. Dies ist aber nicht die Regel!

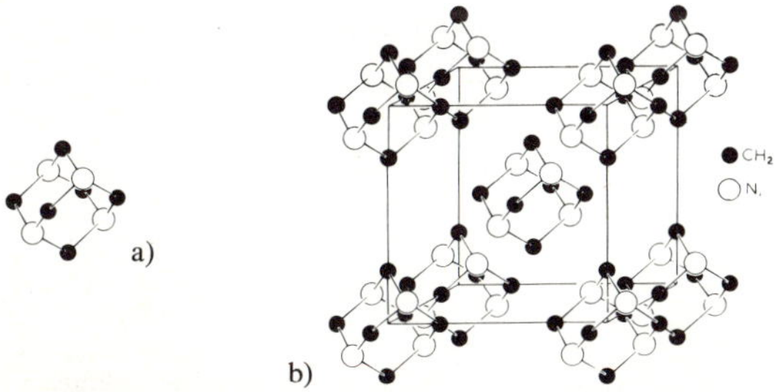

Abb. 10.1. Symmetrie des Hexamethylentetramins (Urotropin). (a) Molekel $\bar{4}3m$, (b) Kristallstruktur $I\bar{4}3m$. Nach [3]

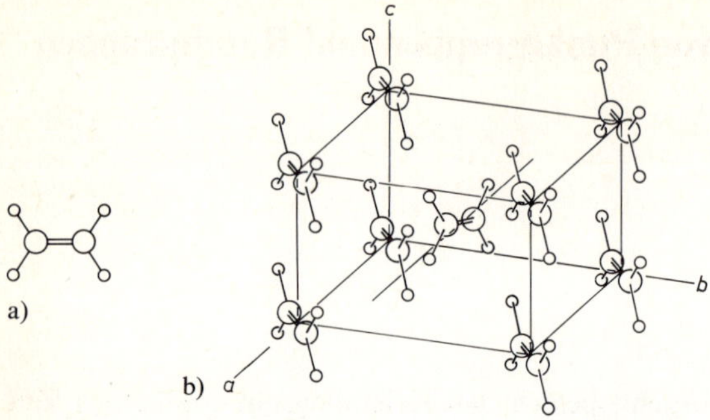

Abb. 10.2. Symmetrie des Äthylens, (a) Molekel 2/m 2/m 2/m, (b) Kristallstruktur P 2/n 2/n 2/m

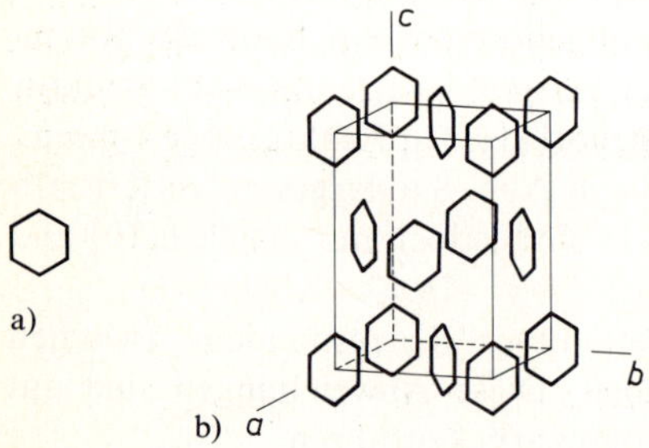

Abb. 10.3. Symmetrie des Benzols, (a) Molekel 6/mmm, (b) Kristallstruktur Pbca

Die Äthylen-Molekeln (Punktgruppe 2/m 2/m 2/m (mmm), Abb. 10.2a) besetzen in der entsprechenden Kristallstruktur (Raumgruppe P 2/n 2/n 2/m (Pnnm)) in Abb. 10.2b mit ihren Schwerpunkten nur Punktlagen der Punktsymmetrie 2/m.

Dagegen bilden die hochsymmetrischen Benzol-Molekeln (Abb. 10.3a), die der Punktgruppe 6/mmm angehören, nur eine orthorhombische Kristallstruktur (Raumgruppe Pbca), die in Abb. 10.3 dargestellt ist. Hier ist die Molekelsymmetrie höher als die Kristallsymmetrie mmm.

Die S_8-Molekeln (Tafel 8.36) sind der nichtkristallographischen Punktgruppe $\bar{8}2m$ (D_{4d}) zuzuordnen. Diese Molekeln lagern sich zu einer orthorhombischen Kristallstruktur des Schwefels (Raumgruppe Fddd) zusammen.

Es gibt also keinen allgemeinen Zusammenhang zwischen Molekel- und Kristallsymmetrie. Welche Kristallstruktur sich ausbildet, hängt von vielen Faktoren ab, z.B. von den Bindungsverhältnissen, der Form und den sich daraus ergebenden Packungen der Bausteine.

Aufgabe 10.1. Man besetze in den Raumgruppen $P\bar{1}$ (Abb. 6.2d), Pm und P2/m (Abb. 9.9), Pmmm (Abb. 6.4d) die Punktlage 0,0,0 mit dem Baustein A und eine allgemeine Punktlage x,y,z (x,y,z $<$ 0,25) mit einem Baustein B.
Geben Sie den einzelnen Strukturen eine chemische Formel. Wie groß ist Z (Zahl der Formeleinheiten/Elementarzelle)? Beschreiben Sie die Gestalt der entstandenen Molekeln. Bestimmen Sie die Punktsymmetrie dieser Molekeln. Wie hoch ist aber die Symmetrie der Punktlage in der Raumgruppe, die die Molekeln als Ganzes einnehmen?

11. Grundbegriffe der Kristallchemie

Die Raumgruppen sind für das Baumotiv einer Struktur verantwortlich, das sich aufgrund der Translation durch den ganzen Kristall zieht. Die Bausteine einer Struktur werden durch Bindungskräfte in bestimmte Anordnungen gezwungen und festgehalten. Welche Bindungskräfte auftreten, hängt von der Art der Bausteine ab und dem Zustand, in dem sie sich befinden. Die Bindung beruht auf den Wechselwirkungen zwischen den Elektronenhüllen der Atome. Man unterscheidet:

a) *Metallbindung*
b) *Van der Waals-Bindung*
c) *Ionenbindung (heteropolare Bindung)*
d) *Atombindung (homöopolare oder kovalente Bindung)*

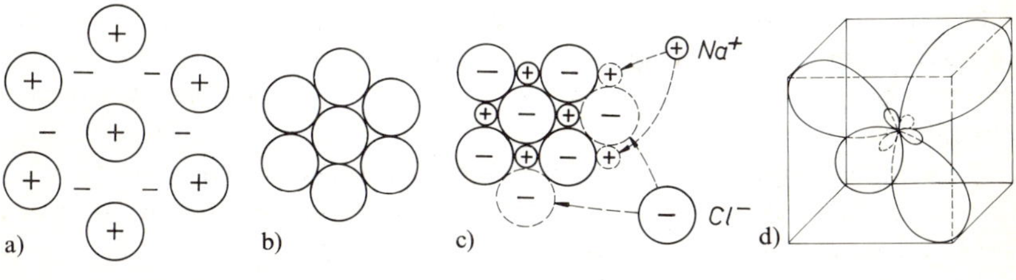

Abb. 11.1. Schematische Darstellung der Kristallbindungen
(a) *Metallbindung*. Die Metallatome geben Valenzelektronen an die sie umgebende Elektronenwolke ab. Die negativ geladene Elektronenwolke verknüpft einerseits die positiv geladenen Atomrümpfe und schirmt sie gleichzeitig voreinander ab
(b) *Van der Waals-Bindung*. Sie entsteht durch Schwankungen in den Ladungsverteilungen der Atome und ist extrem schwach. Die Atome streben eine möglichst dichte Packung an
(c) *Ionenbindung*. Die positiv und negativ geladenen Ionen werden in einem Ionenkristall durch elektrostatische Kräfte zusammengehalten
(d) *Atombindung*. Die vier sp^3-Orbitale des Kohlenstoffs in der Diamant-Struktur

Sie sind in Abb. 11.1 schematisch dargestellt. Diese Bindungstypen kommen nur selten rein vor. In sehr vielen Fällen liegen Mischbindungen vor; darum können die genannten Bindungen nur als Grenzfälle betrachtet werden.

Es kann nicht die Aufgabe dieses Buches sein, in die Bindungstheorie einzuführen. Deshalb soll sich hier – was die Bindungstheorie betrifft – auf einige wesentliche und für das weitere Verständnis notwendige Aussagen beschränkt werden.

11.1 Koordination

Für die Kristallchemie spielen neben der Gesamtgeometrie der Atomanordnung die unmittelbaren Nachbarschaftsverhältnisse der Strukturbestandteile eine große Rolle, weil sich hier die Größenverhältnisse der Bausteine und die Bindungskräfte in erster Linie äußern. Man bezeichnet die Zahl der nächsten, untereinander gleichartigen Nachbarn um einen Zentralbaustein als *Koordinationszahl (KZ)* und das durch die Verbindungslinien der gleichartigen Bausteine um den Zentralbaustein gebildete Polyeder als *Koordinationspolyeder*. In Tabelle 11.1 sind wichtige Koordinationspolyeder zusammengestellt und Beispiele angegeben. Man setzt die Koordinationszahl in eckigen Klammern als Index in die chemische Formel der Kristallstruktur und gibt damit der Formel eine zusätzliche kristallchemische Information.

Die Koordinationspolyeder haben im Idealfall eine hohe Punktsymmetrie. Der Begriff Koordinationspolyeder ist aber nicht so scharf definiert wie die Kristallform (Kap. 8.2.1). Die um den Zentralbaustein gelagerten gleichartigen Nachbar-Bausteine müssen nicht im Sinne der Symmetrie äquivalent zueinander sein. Sonst könnten das Hexaeder ($m3m - O_h$), Oktaeder ($m3m - O_h$) und Tetraeder ($\bar{4}3m - T_d$) nur in Kristallen des kubischen Kristallsystems vorkommen. Die Koordinationspolyeder sind jedoch häufig mehr oder weniger stark verzerrt. Das Hexaeder im kubischen CsJ (Abb. 3.3) ist regelmäßig angeordnet, dagegen ist das Oktaeder im tetragonalen Rutil (Abb. 9.14) verzerrt.

11.2 Metall-Strukturen

Die Metallbindung kann man sich vereinfacht in der Weise vorstellen, daß die Metallatome Valenzelektronen an die sie umgebende Elektronenwolke abgeben (Abb. 11.1a). Die negativ geladene Elektronenwolke verknüpft einerseits die positiv geladenen Atomrümpfe (keine Ionen) und schirmt sie

[a] Grenzwert des Radienquotienten R_A/R_X unter der Voraussetzung, daß sich die kugelförmigen Bausteine X des Polyeders berühren und der kugelförmige Zentralbaustein A genau in der gebildeten Lücke sitzt.
[b] Vgl. Aufgabe 3.2.

Tabelle 11.1. Wichtige Koordinationspolyeder

	KZ	Koordinations- Schema	Polyeder		R_A/R_X [a]	Beispiele
a)	[12]	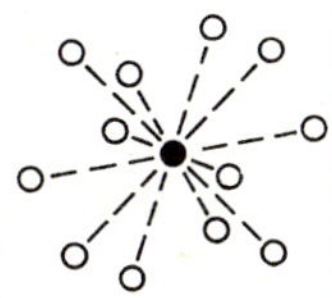	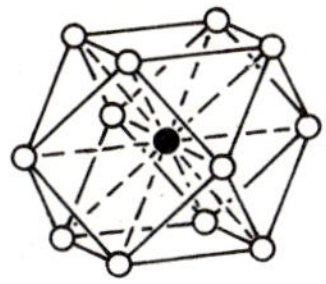	Kubooktaeder	1	kubisch dichteste Kugelpackung (Cu, Ne usw.)
b)			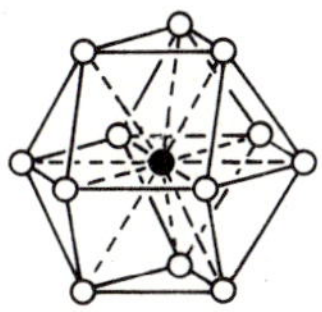	Disheptaeder		hexagonal dichteste Kugelpackung (Mg, He usw.)
c)	[8]	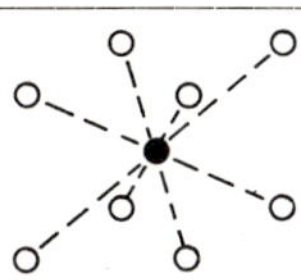	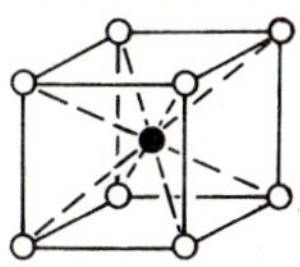	Hexaeder	0,73	$Cs^{[8]}Cl$ $Ca^{[8]}F_2$
d)	[6]	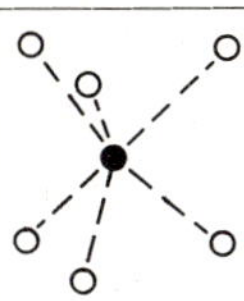	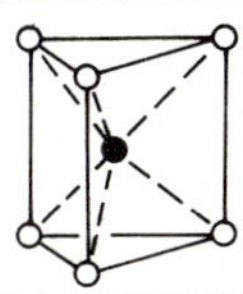	trigonales Prisma	0,53	$NiAs^{[6]}$ $Al^{[6]}B_2$ [b]
e)		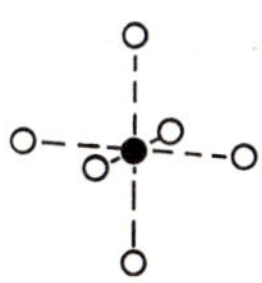	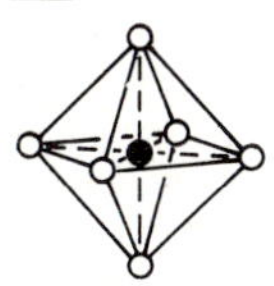	Oktaeder	0,41	$Na^{[6]}Cl$ $Ti^{[6]}O_2$ $Pt^{[6]}Cl_6^{2-}$
f)	[4]	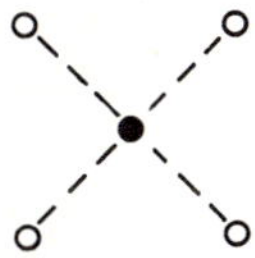	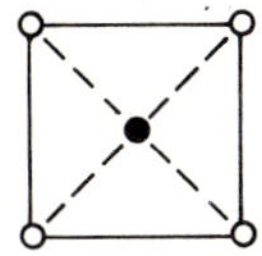	planare [4]-Koordination		$Pt^{[4]}Cl_4^{2-}$
g)		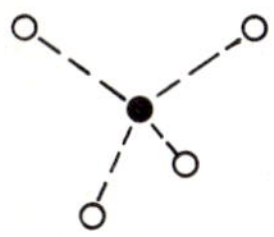	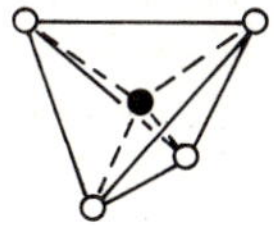	Tetraeder	0,23	$Zn^{[4]}S$ $Si^{[4]}O_2$ $S^{[4]}O_4^{2-}$
h)	[3]		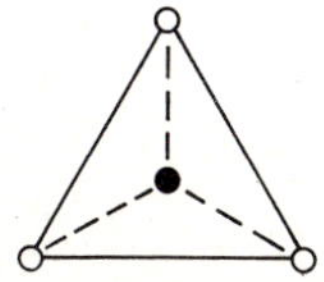	planare [3]-Koordination	0,15	$C^{[3]}O_3^{2-}$ $N^{[3]}O_3^-$

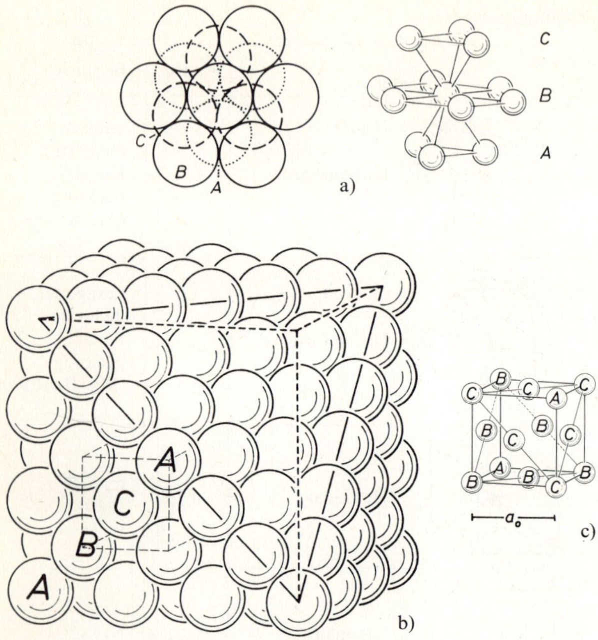

Abb. 11.2. Kubisch dichteste Kugelpackung.
(a) Koordinationspolyeder [12] (Kubooktaeder) in perspektivischer Darstellung der Schwerpunkte der Bausteine und als Projektion der kugelförmigen Bausteine auf eine Schichtebene.
(b) Kristallstruktur. Die einzelnen parallel (111) angeordneten Schichten mit der Abfolge ABCA... sind gekennzeichnet
(c) Die aus den Schwerpunkten der Kugeln gebildete Elementarzelle (kubisches F-Gitter). Die Zugehörigkeit der Punkte zu den einzelnen Schichten ist erkennbar. Die Elementarzelle ist auch in (b) skizziert

gleichzeitig voreinander ab. Die Bindungskräfte sind ungerichtet und in allen Richtungen gleich groß.

Man ordnet den Metallatomen in diesem Modell eine Kugelgestalt zu. Jeder Baustein wird versuchen, sich mit möglichst vielen der gleichartigen Bausteinen zu umgeben. Dies kann mit 12 nächsten Nachbarn in zwei geometrischen Anordnungen (Koordinationspolyedern) geschehen (Abb. 11.2a und 11.3a)[1]. Im Endeffekt entstehen zwei Strukturen, deren Bausteine schichtweise angeordnet sind (Abb. 11.2b und 11.3b). Die Strukturen unterscheiden sich nur in der Schichtabfolge:

[1] Vgl. auch Tabelle 11.1a und b.

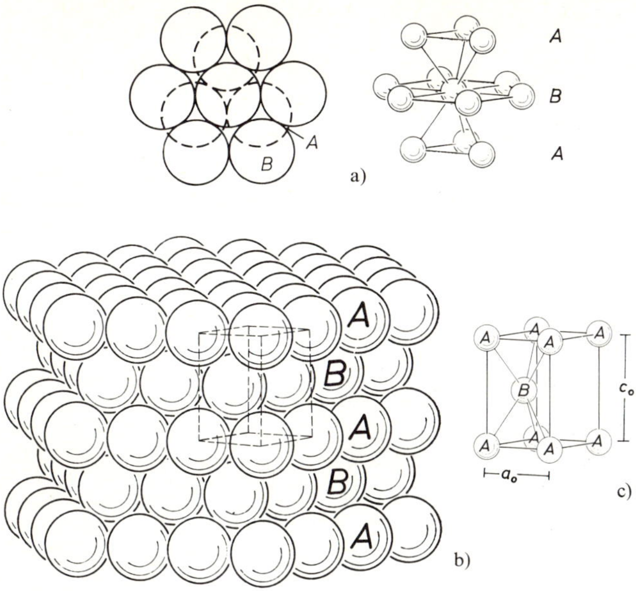

Abb. 11.3. Hexagonal dichteste Kugelpackung
(a) Koordinationspolyeder [12] (Disheptaeder) in perspektivischer Darstellung der Schwerpunkte der Bausteine und als Projektion der kugelförmigen Bausteine auf die Schichtebene
(b) Kristallstruktur, die einzelnen parallel (001) angeordneten Schichten mit der Abfolge ABA... sind gekennzeichnet
(c) Die aus den Schwerpunkten der Kugeln gebildetete Elementarzelle. Die Zugehörigkeit der Punkte zu den einzelnen Schichten ist erkennbar. Die Elementarzelle ist auch in (b) markiert

	.		.
	A		.
I	C	II	A
	B		B
	A		A

In die Struktur I kann man eine kubische Elementarzelle (kubisches F-Gitter), in die Struktur II eine hexagonale Elementarzelle legen (Abb. 11.2c und 11.3c). Man nennt die Struktur I eine *kubisch*, die Struktur II eine *hexagonal dichteste Kugelpackung*. Vertreter für beide Strukturtypen enthält Tabelle 11.2.

Die *Raumerfüllung* (Packungsdichte) – das Verhältnis des von den Atomkugeln einer Elementarzelle eingenommenen Volumens zum Volumen der Elementarzelle – ist bei beiden dichtesten Kugelpackungen gleich groß und gleich 0,74.

Tabelle 11.2. Strukturtypen einiger Metalle

kubisch dichteste Kugelpackung (kub. F-Gitter)	hexagonal dichteste Kugelpackung	kubisches I-Gitter
Cu, Ag, Au Al, Pt, Ir	Mg, Be, Zn Tl, Ti, Zr	W, Mo, V Li, Na, K

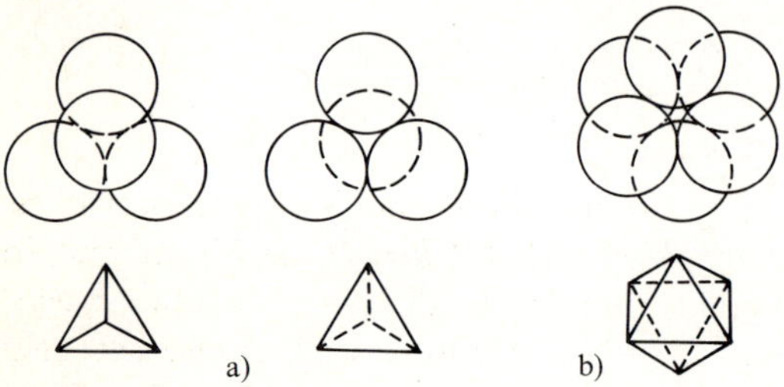

Abb. 11.4. Tetraederlücken [4] (a) und Oktaederlücken [6] (b) der dichtesten Kugelpackungen

Beide dichteste Kugelpackungen enthalten gleichartige Lücken: a) *Tetraeder-* und b) *Oktaederlücken* (Abb. 11.4).

Kennt man die Gitterkonstanten, so lassen sich Aussagen über die Größe der Bausteine machen. Bei der kubisch dichtesten Kugelpackung wäre der Radius R eines Bausteins gleich einem Viertel der Flächendiagonale der EZ ($= \frac{1}{4} \cdot a_0 \cdot \sqrt{2}$), bei der hexagonal dichtesten gleich $\frac{1}{2} \cdot a_0$. Die Radien der Metallbausteine können aus Tabelle 11.3 entnommen werden.

Neben den beiden dichtesten Kugelpackungen kristallisieren Metalle auch in dem Wolfram-Typ (kubisches I-Gitter), vgl. Abb. 11.5. Die Raumerfüllung dieser Struktur beträgt nur 0,68. Weitere Vertreter dieses Strukturtyps sind in Tabelle 11.2 enthalten.

Die Metalle streben eine hohe Raumerfüllung und eine hohe Symmetrie an. Der überwiegende Teil der Metalle kristallisiert deshalb in den drei genannten Strukturtypen. Eine Anordnung der Bausteine nach dem Prinzip eines kubischen P-Gitters (vgl. α-Polonium, Abb. 2.1) kommt ausgesprochen selten vor.

Die Metalle besitzen viele charakteristische Eigenschaften, die sich durch den strukturellen Aufbau und die Bindungskräfte erklären lassen:

a) *Elektrische und thermische Leitfähigkeit.* Metalle leiten den elektrischen Strom und die Wärme gut. Diese Eigenschaften beruhen darauf, daß die Elektronen der Elektronenwolke zwischen den Atomrümpfen frei beweglich sind.

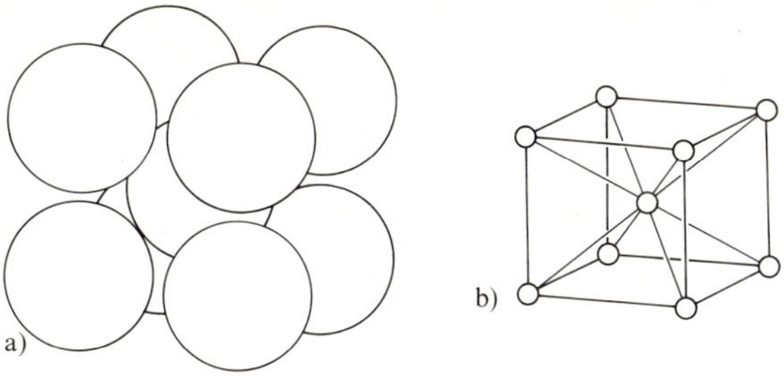

a) b)

Abb. 11.5. Kristallstruktur des Wolframs unter Berücksichtigung der Größenverhältnisse der Bausteine (a), nur der Schwerpunkte der Bausteine (b)

b) *Plastische Verformung*. Die plastische Verformung ist auf Gleitprozesse parallel zu dichtgepackten Ebenen zurückzuführen. Diese Eigenschaft ist besonders bei den Metallen mit kubisch dichtester Kugelpackung ausgeprägt, da als Gleitebenen 4 äquivalente (111)-Ebenen wirksam werden können. Diese Metalle sind besonders weich, dehn- und hämmerbar. Gold kann z.B. zu einer so dünnen Folie ausgehämmert werden, daß es das Licht schwach grün durchscheinen läßt. Kristalle mit hexagonal dichtester Kugelpackung der Bausteine sind weniger gut verformbar, da sie nur eine Gleitebene parallel (001) besitzen. Kristalle des Wolfram-Strukturtyps sind noch spröder.

11.3 Edelgas- und Molekel-Strukturen

Bei den *Edelgas*- und *Molekel-Strukturen* treten *Van der Waals-Kräfte* als Bindungen zwischen den Kristallbausteinen auf. Diese Bindungen sind extrem schwach. Dies findet seinen Ausdruck in tiefen Schmelzpunkten. Neon-Kristalle können sich z.B. nur unterhalb von −248,7 °C, Äthan-Kristalle nur unterhalb von −183,3 °C bilden.

Den Edelgas-Atomen kann auch eine Kugelgestalt zugeordnet werden (Edelgas-Konfiguration der Elektronen). Da die Bindung wie bei den Metallen ungerichtet ist, kommen als Strukturtypen wieder dichteste Kugelpackungen infrage:

a) *Kubisch dichteste Kugelpackung* (vgl. Abb. 11.2)
   Ne, Ar, Kr, Xe, Rn
b) *hexagonal dichteste Kugelpackung* (vgl. Abb. 11.3)
   He

Molekelstrukturen sind in den Abbildungen 10.1–10.3 (Urotropin, Äthylen, Benzol) dargestellt. Hier liegen hohe Bindungskräfte innerhalb der

Tabelle 11.3. Atom- und Ionenradien in Abhängigkeit von der Ordnungszahl. Nach Ramdohr und Strunz [25]

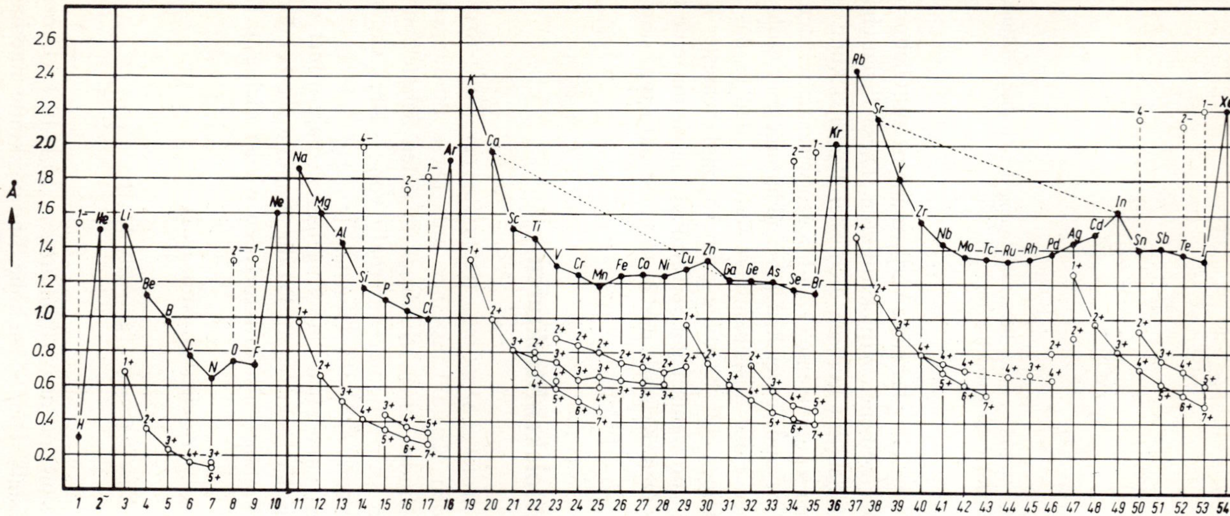

Tabelle 11.3 (Fortsetzung)

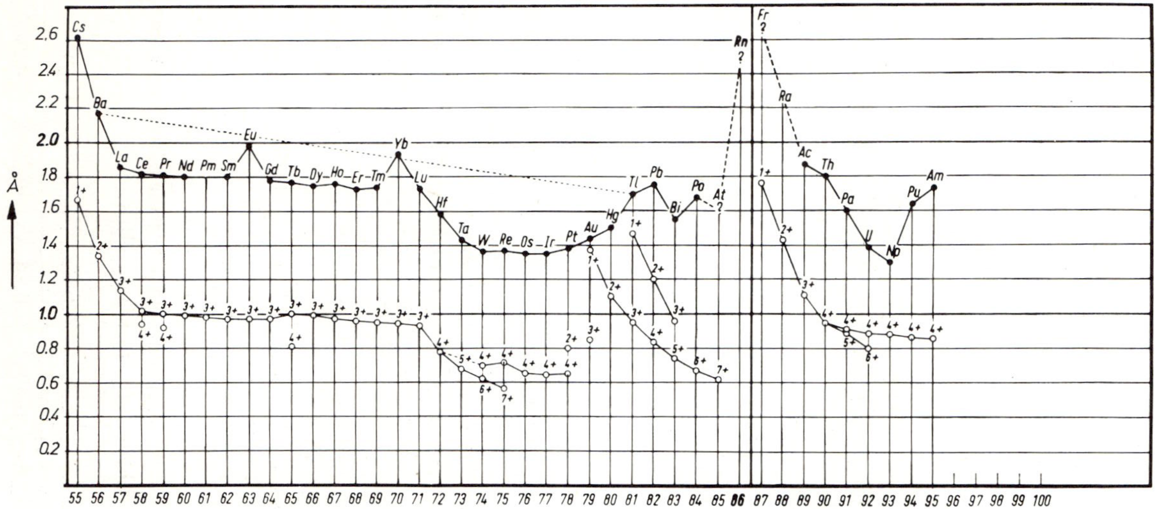

Molekeln vor, während die Bindungen zwischen den Molekeln nur schwach sind.

11.4 Ionen-Strukturen

In Ionenkristallen sind die Bausteine negativ und positiv geladene Ionen, und die Verknüpfung erfolgt durch *Coulomb-Kräfte,* die ungerichtet sind, also in jeder Richtung wirksam werden können. Die Stärke der Bindung K hängt von der Ladung der Ionen e und ihrem Abstand d voneinander ab:

$$\text{Coulomb-Gesetz: } K = \frac{e_1 \cdot e_2}{d^2}$$

Jedes Kation wird versuchen, sich mit möglichst vielen Anionen zu umgeben, die Anionen ziehen nun ihrerseits Kationen an (Abb. 11.1 c). Die Ausbildung der Ionenstrukturen ist also ebenfalls ein Packungsproblem, aber es liegen hier unterschiedlich geladene Bausteine vor, die in der Regel unterschiedlich groß sind. Je nach dem Verhältnis der Radien von R_A (Kation) zu R_X (Anion) – dem *Radienquotienten* – können sich bestimmte Koordinationspolyeder und im Endeffekt bestimmte Kristallstrukturen ausbilden (Kap. 11.4.2–4).

11.4.1 Ionenradien

Die Größe der Ionenbausteine – man betrachtet die Ionen als Kugeln – hängt von der Kernladung und der Zahl der Elektronen ab:

a) Innerhalb einer Vertikalreihe des Periodischen Systems nimmt der Ionenradius als Folge der größer werdenden Elektronenzahl mit steigender Ordnungszahl zu:

$Li^+ = 0{,}70$ Å	$F^- = 1{,}33$ Å
$Na^+ = 0{,}98$ Å	$Cl^- = 1{,}81$ Å
$K^+ = 1{,}33$ Å	$Br^- = 1{,}96$ Å
$Rb^+ = 1{,}52$ Å	$J^- = 2{,}20$ Å
$Cs^+ = 1{,}70$ Å	

b) Bei gleicher Elektronenkonfiguration in der Hülle bewirkt ein Ansteigen der Kernladung eine Verkleinerung des Ionenradius:

Na^+	Mg^{2+}	Al^{3+}	Si^{4+}	P^{5+}	S^{6+}	Cl^{7+}
0,98 Å	0,65 Å	0,57 Å	0,39 Å	0,34 Å	0,29 Å	0,26 Å

c) Beim gleichen Element sinken die Ionenradien mit zunehmender positiver Ladung:

$$\begin{aligned} Pb^{4-} &= 2{,}15\ \text{Å} \\ Pb &= 1{,}74\ \text{Å} \\ Pb^{2+} &= 1{,}18\ \text{Å} \\ Pb^{4+} &= 0{,}84\ \text{Å} \end{aligned}$$

In Tabelle 11.3 sind die Ionenradien in Abhängigkeit von der Ordnungszahl angegeben.

11.4.2 Oktaeder-Koordination [6]

Das *Koordinationspolyeder Oktaeder* ist in Tabelle 11.1e dargestellt. Es soll der Grenzwert des Radienquotienten R_A/R_X in diesem Polyeder unter der Voraussetzung bestimmt werden, daß sich die kugelförmigen Anionen-Bausteine X des Polyeders berühren und der kugelförmige Zentralbaustein A genau in der gebildeten Lücke sitzt[2]. Die Abb. 11.6 zeigt einen Schnitt durch

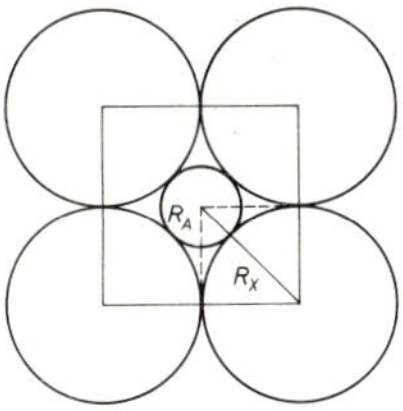

Abb. 11.6. Schnitt durch ein Koordinations-Oktaeder [6]

ein solches Oktaeder. Es ist $R_A + R_X = R_X \cdot \sqrt{2}$ und $R_A/R_X = \sqrt{2} - 1 = 0{,}41$. Die Oktaederanordnung ist nur stabil, wenn R_A/R_X gleich oder größer als 0,41 ist (Abb. 11.7a und b). Ein Schnitt durch eine instabile Oktaeder-Koordination ist in Abb. 11.7c gezeigt.

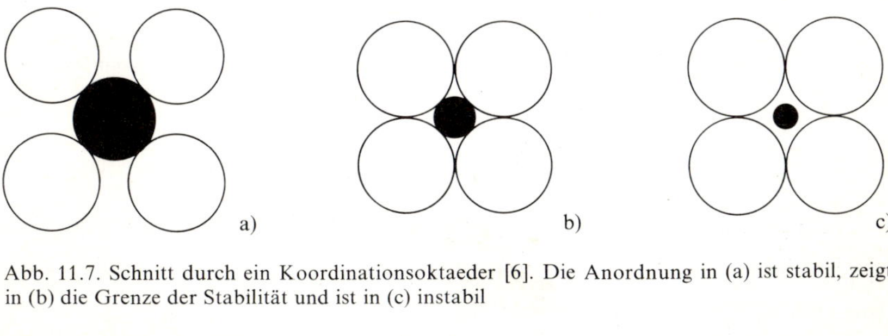

Abb. 11.7. Schnitt durch ein Koordinationsoktaeder [6]. Die Anordnung in (a) ist stabil, zeigt in (b) die Grenze der Stabilität und ist in (c) instabil

---

[2] Alle R_A/R_X-Werte in Tabelle 11.1 sind solche Grenzwerte.

Die Oktaeder-Koordination ist beim $Na^{[6]}Cl$-Typ (Abb. 11.8) und beim Rutil (Abb. 9.14) realisiert. Der NaCl-Typ kann auch als kubisch dichteste Kugelpackung der Anionen angesehen werden, in deren Oktaeder-Lücken die Kationen sitzen. Diese Verhältnisse sind etwa beim LiCl ($R_A/R_X = 0{,}43$) erfüllt. Dagegen hat das NaCl nur einen Radienquotienten von 0,54.

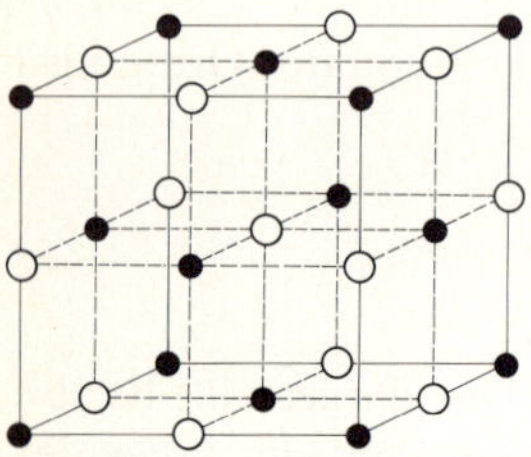

Abb. 11.8. $Na^{[6]}Cl$-Typ
Gitter: Kub. F
Basis: Na^+ 0,0,0
Cl^- $\frac{1}{2}$,0,0

11.4.3 Hexaeder-Koordination [8]

Steigt der Radienquotient an, so sollte es formal einen Übergang zum Koordinationspolyeder trigonales Prisma (Tabelle 11.1d; $R_A/R_X = 0{,}53$) geben. Bei Ionenstrukturen erfolgt der Übergang gleich zur [8]-*Koordination (Hexaeder)*, vgl. Tabelle 11.1c. Anhand der Abb. 11.9, die einen Schnitt parallel (110) durch das Hexaeder zeigt, kann der Grenzwert von R_A/R_X für die Hexaeder-Koordination bestimmt werden: $R_A + R_X = R_X \cdot \sqrt{3}$ und $R_A/R_X = \sqrt{3} - 1 = 0{,}73$.

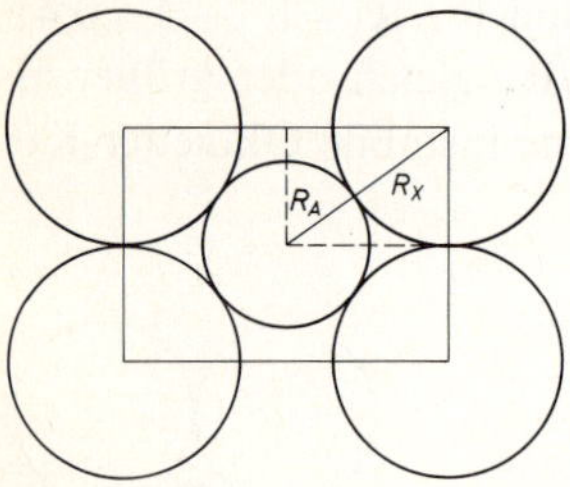

Abb. 11.9. Schnitt parallel (110) durch ein Koordinations-Hexaeder [8]

Damit ergibt sich für die Oktaeder-Koordination ein Bereich von 0,41–0,73, für die Hexaeder-Koordination $> 0{,}73$.

Die Hexaeder-Koordination kommt beim $Cs^{[8]}Cl$-Typ und beim Fluorit-Typ $Ca^{[8]}F_2$ (Abb. 11.10) vor. Das $Cs^{[8]}J$ (Abb. 3.3) gehört zum $Cs^{[8]}Cl$-Typ mit dem fast idealen Radienquotienten von 0,75.

In Tabelle 11.4 sind einige AX- und AX_2-Verbindungen – nach Strukturtypen geordnet – unter Angabe des Radienquotienten zusammengefaßt

Tabelle 11.4 Strukturen und Radienquotienten einiger AX- und AX_2-Verbindungen

	AX				AX_2			
	$Cs^{[8]}Cl$-Typ	$Na^{[6]}Cl$-Typ			Fluorit-Typ $Ca^{[8]}F_2$		Rutil-Typ $Ti^{[6]}O_2$	
R_A/R_X	> 0,73	0,73–0,41			> 0,73		0,73–0,41	
	CsCl 0,91	KF 1,00	KCl 0,73	MgSe 0,41	BaF_2 1,05	ZrO_2 0,67	TeO_2 0,67	MnO_2 0,39
	CsBr 0,84	SrO 0,96	SrS 0,73	LiBr 0,40	PbF_2 0,99	HfO_2 0,67	MnF_2 0,66	GeO_2 0,36
	CsJ 0,75	BaO 1/0,94	RbJ 0,68	LiJ 0,35	SrF_2 0,95		PbO_2 0,64	
		RbF 0,89	KBr 0,68		HgF_2 0,84		FeF_2 0,62	
		RbCl 0,82	SrSe 0,66		ThO_2 0,83		CoF_2 0,62	
		BaS 0,82	CaS 0,61		CaF_2 0,80		ZnF_2 0,62	
		CaO 0,80	KJ 0,60		UO_2 0,79		NiF_2 0,59	
		CsF 1/0,80	ScTe 0,60		CeO_2 0,77		MgF_2 0,58	
		RbBr 0,76	MgO 0,59		PrO_2 0,76		SnO_2 0,56	
		BaSe 0,75	LiF 0,59		CdF_2 0,74		NbO_2 0,52	
		NaF 0,74	CaSe 0,56				MoO_2 0,52	
			NaCl 0,54				WO_2 0,52	
			NaBr 0,50				OsO_2 0,51	
			CaTe 0,50				IrO_2 0,50	
			MgS 0,49				RuO_2 0,49	
			NaJ 0,44				TiO_2 0,48	
			LiCl 0,43				VO_2 0,46	

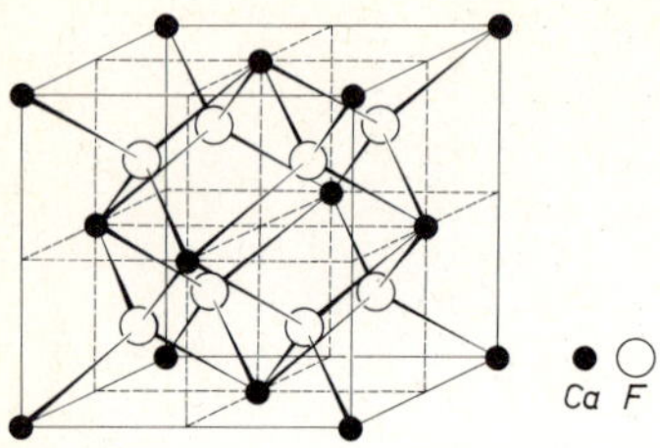

Abb. 11.10. Fluorit-Typ $Ca^{[8]}F_2$
Gitter: Kub. F
Basis: Ca^{2+} 0,0,0
F^{-} $\frac{1}{4},\frac{1}{4},\frac{1}{4}$; $\frac{3}{4},\frac{1}{4},\frac{1}{4}$

(nach Kleber [20]). Die Übereinstimmung von Theorie und Realität ist zufriedenstellend, wenn man berücksichtigt, daß bei der Ableitung der Grenzradienquotienten die Ionen als starre Kugeln betrachtet wurden.

11.4.4 Tetraeder-Koordination [4]

Das Koordinationspolyeder Tetraeder zeigt Tabelle 11.1 g. Entsprechende Betrachtungen über Radienquotienten lassen sich auch für die *tetraedrische* [4]-*Koordination* anstellen. Das Koordinationstetraeder ist in Abb. 11.11 a in einen Würfel eingezeichnet. Die Abb. 11.11 b zeigt dagegen unter Berücksichtigung der Größenverhältnisse der Bausteine einen Schnitt parallel (110) durch Würfel und Tetraeder. Es ist $(R_A + R_X)/R_X = \sqrt{3}/\sqrt{2}$ [3] und $R_A/R_X = \sqrt{3/2} - 1 = 0{,}225$.

Damit ergibt sich für die Tetraeder-Koordination ein Stabilitätsbereich von 0,225–0,41. Wichtige Vertreter sind der Zinkblende-Typ $Zn^{[4]}S$ (Abb. 11.12)[4] und alle SiO_2-Modifikationen (außer Stishovit). Eine Quarz-Struktur zeigt Abb. 11.13. Die SiO_4-Tetraeder sind über die Ecken zu einer Gerüststruktur verknüpft. Der Radienquotient des SiO_2 beträgt 0,29.

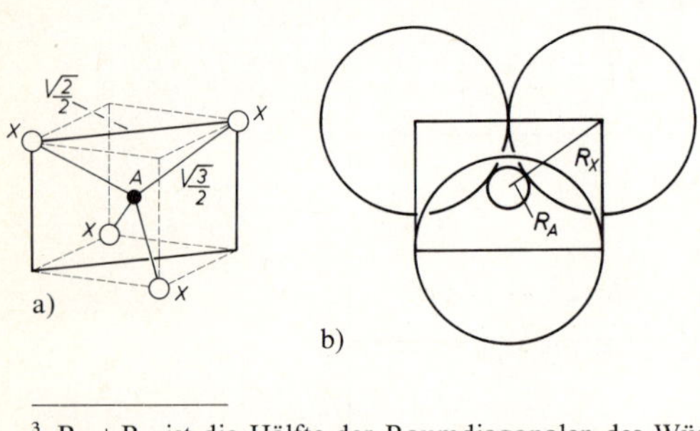

Abb. 11.11. Koordinationstetraeder $A^{[4]}X_4$, das in einen Würfel eingezeichnet ist (a); (110)-Schnitt durch das Koordinationstetraeder als Kugelpackung (b)

---

[3] $R_A + R_X$ ist die Hälfte der Raumdiagonalen des Würfels $(\frac{1}{2}\sqrt{3})$, R_X die Hälfte der Flächendiagonale des Würfels $(\frac{1}{2}\sqrt{2})$.

[4] Die Zinkblende-Struktur tendiert hinsichtlich ihrer Bindungsverhältnisse schon stark zur homöopolaren Bindung.

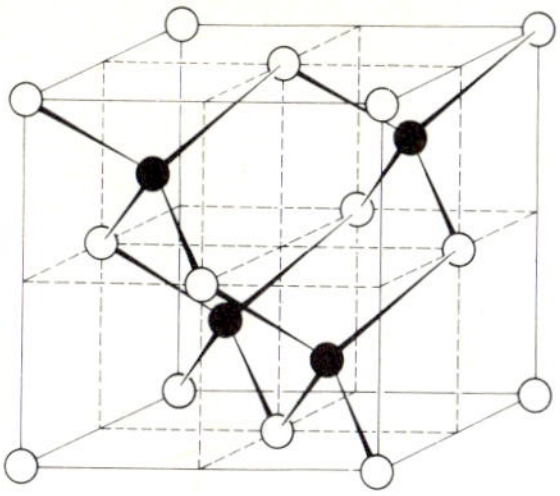

Abb. 11.12. $Zn^{[4]}S$-Struktur (Zinkblende)
Gitter: Kub. F
Basis: S 0,0,0
Zn $\frac{1}{4},\frac{1}{4},\frac{1}{4}$

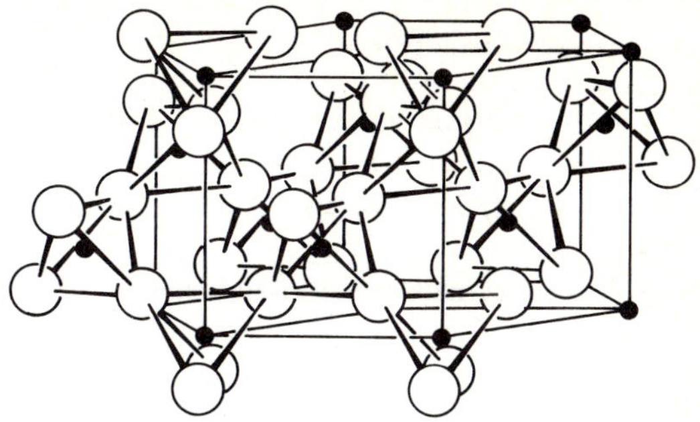

Abb. 11.13. Struktur des Hoch-Quarz $Si^{[4]}O_2$

11.5 Kovalente Strukturen

Die kovalente oder homöopolare Bindung tritt im Diamanten auf und soll an der Diamant-Struktur – die nur aus C-Atomen besteht – erläutert werden. Die äußerste Schale des Kohlenstoffatoms ist mit $2s^2 2p^2$-Elektronen besetzt. Im angeregten Zustand befindet sich jedoch je ein Elektron im 2s-Orbital und in den $2p_x$-, $2p_y$-, $2p_z$-Orbitalen. Daraus werden vier neue sp^3-Hybrid-Orbitale gebildet, die nach den Ecken eines Tetraeders (Abb. 11.1d) ausgerichtet sind. Jedes C-Atom kann maximal vier C-Atome an sich binden. Dies führt zur Ausbildung einer Kristallstruktur, die aus Einzeltetraedern besteht (Abb. 11.14) und die gleiche geometrische Anordnung besitzt wie der Zinkblende-Typ in Abb. 11.12. Jedes C-Atom ist tetraedrisch von vier C-Atomen umgeben. Die Atombindung ist gerichtet. Dies führt dazu, daß die Packungsdichte verhältnismäßig klein ist.

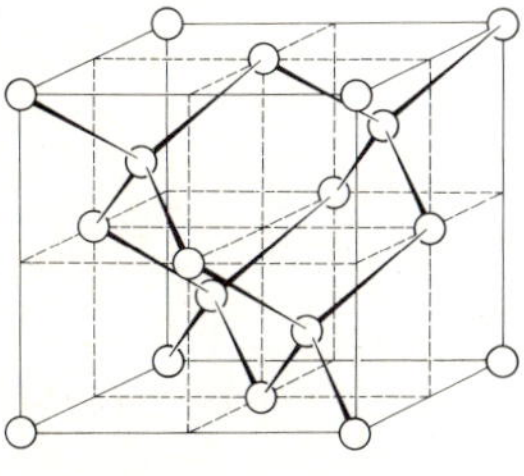

Abb. 11.14. Diamant-Struktur
Gitter: Kub. F
Basis: C 0,0,0; $\frac{1}{4},\frac{1}{4},\frac{1}{4}$

Die Bindung im Diamanten ist außerordentlich stark, darum ist der Diamant einer der härtesten Werkstoffe.

11.6 Polymorphie

Viele feste chemische Substanzen können bei gleicher chemischer Zusammensetzung unter verschiedenen thermodynamischen Bedingungen in verschiedenen Kristallstrukturen auftreten. Diese Erscheinung wird als *Polymorphie* bezeichnet.

Die Substanz $CaCO_3$ kristallisiert im Calcit-Typ $Ca^{[6]}CO_3$ und Aragonit-Typ $Ca^{[9]}CO_3$. Diese Kristallstrukturen bilden natürlich eine unterschiedliche Morphologie aus (vgl. Tafel 8.20 und 8.8). Das Ca^{2+}-Ion ist in der Calcit-Struktur oktaedrisch von [6], in der Aragonit-Struktur aber von [9] nächsten Nachbarn (Sauerstoff-Ionen) umgeben. In Tabelle 11.5 sind Kristallarten aufgeführt, die im Calcit- bzw. Aragonit-Typ kristallisieren. Der Kationenradius ist beigefügt. Es ist ersichtlich, daß bis zu einem Radius von 1,06 Å der Calcit-Strukturtyp mit der [6]-Koordination stabil ist. Kationen mit einem größeren Ionenradius passen nicht mehr in die Oktaederlücke und bewirken die Ausbildung des Aragonit-Strukturtyps mit einer größeren Lücke [9].

Auch der Kohlenstoff ist polymorph und bildet die Diamant-Struktur (Abb. 11.14) und die Graphit-Strukturen (Abb. 11.15). Im Graphit sind die Kohlenstoffatome schichtförmig in Sechserringen angeordnet. Koordinationspolyeder ist hier die planare [3]-Koordination (Tabelle 11.1h). Die Stapelung der Schichten kann a) in einer Zweier- und b) in einer Dreierperiode (Abb. 11.15) erfolgen. Man erhält zwei Strukturen, die sich nur durch eine

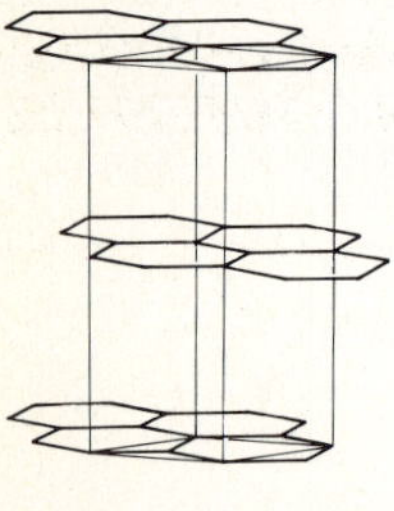

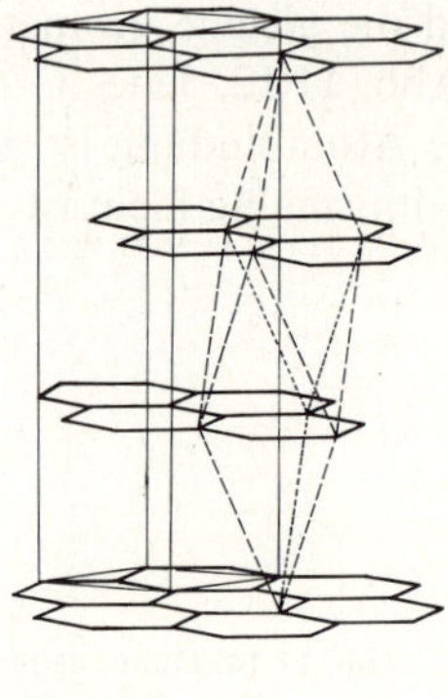

Abb. 11.15. Die polytypen Graphit-Strukturen
(a) 2H mit einer Schichtabfolge 1 2 1 . . .
Gitter: hexagonal P
Basis: C $0,0,0;\ 0,0,\frac{1}{2};\ \frac{1}{3},\frac{2}{3},0;\ \frac{2}{3},\frac{1}{3},\frac{1}{2}$
(b) 3R mit einer Schichtabfolge 1 2 3 1 . . .
Gitter: hexagonal P
Basis: C $0,0,0;\ 0,0,\frac{1}{3};\ \frac{1}{3},\frac{2}{3},0;\ \frac{2}{3},\frac{1}{3},\frac{1}{3};\ \frac{1}{3},\frac{2}{3},\frac{2}{3};\ \frac{2}{3},\frac{1}{3},\frac{2}{3}$

Tabelle 11.5. Das Auftreten des Calcit- und Aragonit-Typs in Abhängigkeit vom Kationenradius. Nach Kleber [20]

Strukturtyp	Formel	Kationsradius [Å]	KZ
Calcit	$MgCO_3$	0,78	[6]
	$FeCO_3$	0,83	
	$ZnCO_3$	0,83	
	$McCO_3$	0,91	
	$CdCO_3$	1,03	
	$CaCO_3$	1,06	
Aragonit	$CaCO_3$	1,06	[9]
	$SrCO_3$	1,27	
	$PbCO_3$	1,32	
	$BaCO_3$	1,43	

unterschiedliche Stapelfolge der Schichten unterscheiden. Diesen Spezialfall der Polymorphie nennt man *Polytypie*. In diese polytypen Strukturen kann man a) eine hexagonale und b) eine rhomboedrische Elementarzelle hineinlegen und man bezeichnet sie deshalb als 2H- bzw. 3R-Polytype des Graphits.

11.7 Mischkristalle

Bringt man eine Schmelze, die eine Mischung von Cu- und Au-Bausteinen darstellt, zur Kristallisation, so entsteht eine Legierung Cu, Au. Kupfer und auch Gold kristallisieren in der kubisch dichtesten Kugelpackung, sie sind *isotyp*. In der Legierung sind die Punkte des kubischen F-Gitters statistisch mit Cu- und Au-Bausteinen besetzt ($R_{Cu} = 1{,}28$ Å; $R_{Au} = 1{,}44$ Å). Kristalle, in denen eine oder mehrere Punktlagen von zwei oder mehr verschiedenen Bausteinen statistisch besetzt sind, nennt man *Mischkristalle*. Eine (100)-Ebene eines Cu, Au-Mischkristalls zeigt Abb. 11.16. Das Komma in der

Abb. 11.16. (100)-Ebene eines Cu,Au-Mischkristalls

Formel deutet an, daß Cu und Au in der Struktur statistisch verteilt sind. Erfolgt die Mischkristallbildung bei isotypen Kristallarten, so spricht man von *Isomorphie*. Die Cu,Au-Legierung ist spröde und kann nicht mehr so gut plastisch verformt werden (vgl. Kap. 11.2), weil die größeren Au-Atome den Gleitvorgang hemmen.

Mischkristallbildung erfolgt auch bei Ionen-Strukturen. Ein (K,Rb)Cl-Mischkristall ist möglich ($R_{K^+} = 1{,}33$ Å; $R_{Rb^+} = 1{,}52$ Å), da die Radien der Kationen nicht zu stark voneinander abweichen. Dagegen kann das K^+ im KCl nicht durch Li^+ ($R_{Li^+} = 0{,}70$ Å) ersetzt werden, da der Unterschied in den Kationenradien zu groß ist.

11.8 Literatur über Kristallstrukturen

Wer sich mit bestimmten Kristallstrukturen befassen will, sollte wissen, wo er sich über die Daten der Kristallstrukturen informieren kann: [9], [22], [28], [29], [30], [36].

Aufgabe 11.1. Berechnen Sie den Radienquotienten R_A/R_X für das Koordinationspolyeder trigonales Prisma [6] und die planare [3]-Koordination (vgl. Tabelle 11.1).

Aufgabe 11.2. Berechnen Sie die Packungsdichte der kubisch und der hexagonal dichtesten Kugelpackung, beim W-Typ (kub. I-Gitter) und beim α-Polonium (kub. P-Gitter).

Aufgabe 11.3. Berechnen Sie das $\frac{c_0}{a_0}$-Verhältnis für die hexagonal dichteste Kugelpackung.

Aufgabe 11.4. Berechnen Sie den Radius des Wolframatoms aus den Gitterkonstanten ($a_0 = 3{,}15$ Å) der W-Struktur.

Aufgabe 11.5. LiCl (NaCl-Typ; $a_0 = 5{,}13$ Å) besitzt angenähert eine kubisch dichteste Kugelpackung der Cl^--Bausteine ($R_A/R_X = 0{,}43$). Berechnen Sie die Ionenradien von Cl^- und Li^+.

Aufgabe 11.6: Zeichnen Sie die Zinkblende- (Abb. 11.12; $a_0 = 5{,}41$ Å) und die Fluorit-Struktur (Abb. 11.10; $a_0 = 5{,}46$ Å) als Projektion auf (001). Berechnen Sie die Dichte beider Kristallarten.

Aufgabe 11.7. Berechnen Sie die Ti–O-Abstände im Koordinationsoktaeder der Rutil-Struktur (vgl. Tabelle 9.4). Welche Abstände sind äquivalent und damit gleich groß?

Aufgabe 11.8. Zeichnen Sie eine (100)-Ebene der NaCl- ($a_0 = 5{,}64$ Å) und der KCl-Struktur ($a_0 = 6{,}29$ Å). Die Ionenradien können der Tabelle 11.3 entnommen werden.

Aufgabe 11.9. Berechnen Sie die kürzesten C–C-Abstände in der Diamant-(Abb. 11.14; $a_0 = 3{,}57$ Å) und der Graphit-Struktur (Abb. 11.15a; $a_0 = 2{,}46$ Å, $c_0 = 6{,}70$ Å für den 2H-Typ), und vergleichen Sie diese mit den C–C-Abständen im Äthan (1,53 Å), Äthylen (1,34 Å) und Benzol (1,39 Å).

Aufgabe 11.10. An einer NH_4–Hg–Cl-Verbindung wurde bestimmt:
a) Raumgruppe P4/mmm
b) Gitterkonstanten $a_0 = 4{,}19$ Å $c_0 = 7{,}94$ Å

c) Punktlagen: Hg: 0,0,0
NH$_4$: $\frac{1}{2},\frac{1}{2},\frac{1}{2}$
Cl(1): $\frac{1}{2},\frac{1}{2},0$
Cl(2): $\pm(0,0,z)$ $z=0,3$

1. Zeichnen Sie eine Projektion der Struktur auf (100).
2. Geben Sie der Verbindung eine chemische Formel. Wie groß ist Z?
3. Geben Sie die Koordinationsverhältnisse an (Koordinationspolyeder, -zahlen).
4. Berechnen Sie die kürzesten Hg – Cl- und NH_4 – Cl-Abstände.

Aufgabe 11.11. Kristallstruktur des $BaSO_4$

a) Raumgruppe: Pmna
mit den Punktlagen
(4c)[5]: $\pm(x,\frac{1}{4},z;\ \frac{1}{2}+x,\frac{1}{4},\frac{1}{2}-z)$
(8d): $\pm(x,y,z;\ \bar{x},\frac{1}{2}+y,\bar{z};\ \frac{1}{2}+x,\frac{1}{2}-y,\frac{1}{2}-z;\ \frac{1}{2}-x,\bar{y},\frac{1}{2}+z)$

b) Gitterkonstanten: $a_0=8{,}87$ Å, $b_0=5{,}45$ Å, $c_0=7{,}15$ Å

c) Besetzung der Punktlagen

Baustein	Punktlage	x	y	z
Ba	(4c)	0,18	$\frac{1}{4}$	0,16
S	(4c)	0,06	$\frac{1}{4}$	0,70
O (1)	(4c)	–0,09	$\frac{1}{4}$	0,61
O (2)	(4c)	0,19	$\frac{1}{4}$	0,54
O (3)	(8d)	0,08	0,03	0,81

1. Zeichnen Sie eine Projektion der Struktur auf (001).
2. Wie groß ist Z?
3. Bestimmen Sie die Koordinationsverhältnisse O um S.
4. Berechnen Sie die kürzesten S – O-Abstände.

[5] Ziffer = Zähligkeit, Buchstabe = Wyckoff-Bezeichnung.

12. Röntgenographische Untersuchungen an Kristallen

Da die Wellenlänge der Röntgenstrahlen und die Gitterkonstanten der Kristalle von der gleichen Größenordnung sind, können die Röntgenstrahlen an Kristallgittern gebeugt werden. Dieser 1912 von Max v. Laue entdeckte Beugungseffekt begründet die moderne Kristallographie. Erst von diesem Zeitpunkt an war es möglich, die Strukturen der Kristalle zu bestimmen.

Es soll hier nur auf eine Röntgenmethode – das *Debye-Scherrer-Verfahren* – eingegangen werden, weil sie für den Naturwissenschaftler eine wichtige Untersuchungsmethode darstellt. Außerdem wird kurz skizziert, wie man eine Kristallstruktur bestimmen kann.

Was die Röntgenstrahlen und ihre Eigenschaften betrifft, sei auf Lehrbücher der Kristallographie oder Physik verwiesen.

12.1 Die Braggsche Gleichung

Die Beugung der Röntgenstrahlen an Kristallen kann formal auch als Reflexion der Röntgenstrahlen an Netzebenenscharen angesehen werden. Auf eine Netzebenenschar, deren Ebenen im gleichen Abstand d in paralleler Lage aufeinanderfolgen, trifft ein paralleler monochromatischer[1] Röntgenstrahl unter dem Glanzwinkel θ auf (Abb. 12.1). Die Strahlen I und II werden in A_1 und B reflektiert, und es kommt zur Interferenz. Die Strahlen haben jenseits von A_1 einen Gangunterschied $\Gamma = BA_1 - A_1B' = BA_3 - BC = CA_3$, da $BA_1 = BA_3$ und $B'A_1 = BC$ ist. Dann ist

$$\sin\,\theta = \frac{\Gamma}{2d}$$

Ein Interferenzmaximum ist nur dann zu beobachten, wenn Γ ein ganzzahliges Vielfaches n von λ ist ($\Gamma = n \cdot \lambda$; n = Ordnung der Interferenz).

Daraus ergibt sich die *Braggsche Gleichung*

$$n\,\lambda = 2d\,\sin\,\theta$$

[1] Enthält nur Röntgenlicht einer bestimmten Wellenlänge λ

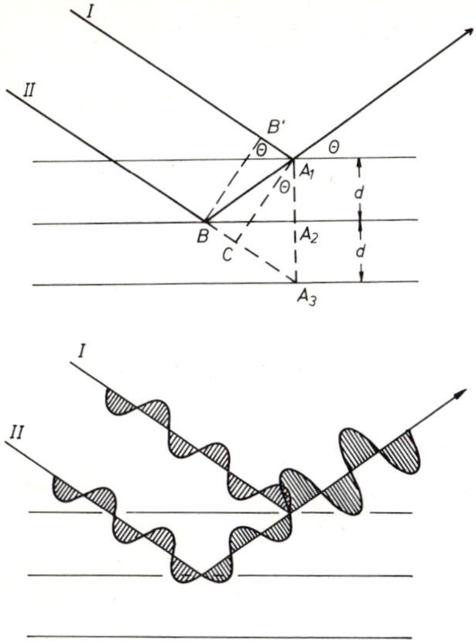

Abb. 12.1. Beugung („Reflexion") eines Röntgenstrahlbündels an einer Netzebenenschar (a), Interferenz der an der Netzebenenschar reflektierten Röntgenwellen ($\Gamma = 1\lambda$) (b)

12.2 Das Debye-Scherrer-Verfahren

Beim Debeye-Scherrer-Verfahren wird feines Kristallpulver mit monochromatischem Röntgenlicht bestrahlt. Nach den Bedingungen der Braggschen Gleichung wird eine Netzebenenschar (hkl) bei einem bestimmten Glanzwinkel θ die Röntgenstrahlen reflektieren (Abb. 12.2a). Da die Kristallite in einem feinen Kristallpulver statistisch verteilt sind, liegt eine große Zahl von Kristallen so, daß eine bestimmte Netzebene (hkl), die mit dem Röntgenstrahl den $\sphericalangle\theta$ bildet, zur Reflexion kommen kann. Diese Netzebenen tangieren die Oberfläche eines Kegels mit dem Öffnungswinkel 2θ. Die von diesen Netzebenen reflektierten Strahlen liegen wieder auf dem Mantel eines Kegels mit dem Öffnungswinkel 4θ (Abb. 12.2b). Die Abb. 12.2c zeigt die Reflexionskegel einiger unterschiedlicher Netzebenen.

Beim Debye-Scherrer-Verfahren arbeitet man in einer zylindrischen Kamera mit einem dünnen stäbchenförmigen Pulverpräparat. Die Reflexionskegel schneiden den Film in den *Debye-Scherrer-Linien* (Abb. 12.2c und d). Der Winkel zwischen den beiden vom gleichen Kegel herrührenden Linien beträgt 4θ. Es ist

$$\frac{S}{2R\pi} = \frac{4\theta}{360^\circ} \qquad (R = \text{Radius der Kamera})$$

Für $R = 28{,}65$ mm ($2R\pi = 180$ mm) entspricht S in mm gemessen also zahlenmäßig dem Wert von 2θ in Winkelgraden.

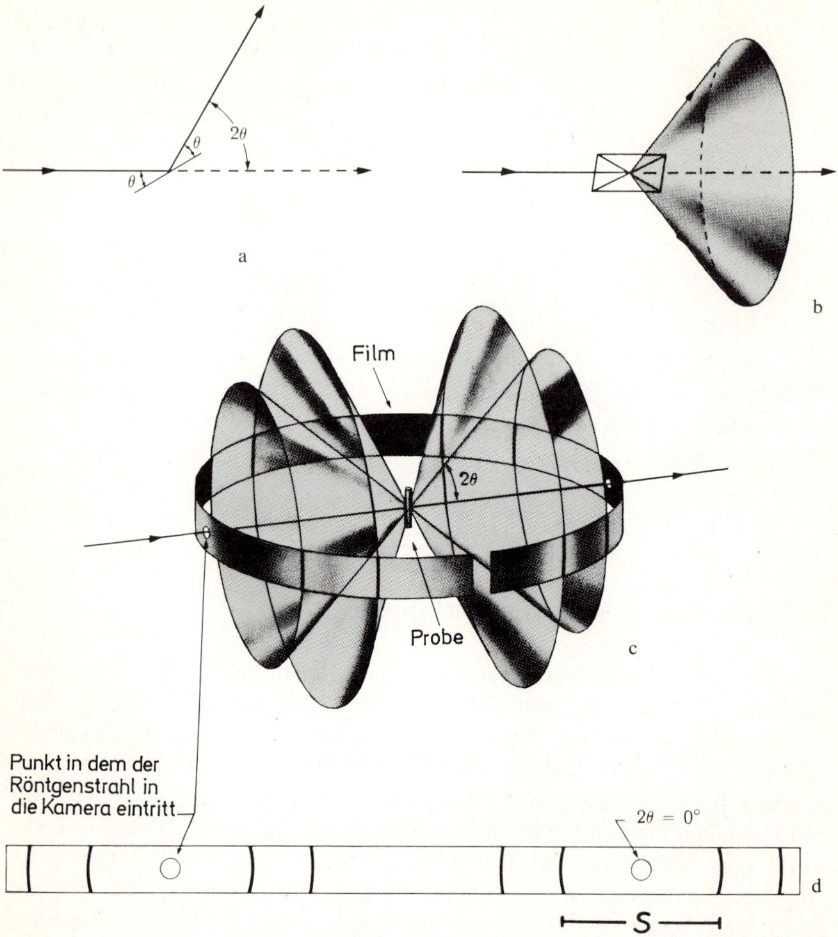

Abb. 12.2. (a) Beziehungen zwischen Primärstrahl und dem an einer Netzebene (hkl) abgebeugten Strahl. (b) Beliebige räumliche Lage einer bestimmten Netzebene (hkl) (Kristallpulver). Der geometrische Ort der an allen gleichartigen Netzebenenscharen unter dem Winkel θ abgebeugten Strahlen ist ein Kreiskegel mit dem Öffnungswinkel 4θ. (c) und (d) Die von verschiedenen Netzebenenscharen abgebeugten Strahlen liegen auf koaxialen Kreiskegeln um den Primärstrahl. Deren Schnittkurven mit dem zylindrischen Film liefern die „Linien" des Pulverdiagramms (nach Cullity [8])

Um aus der Röntgenaufnahme Informationen zu erhalten, ist die Indizierung der Reflexe notwendig, d.h. es muß ermittelt werden, von welchen Netzebenenscharen die beobachteten Interferenzen stammen. Da die θ-Werte aus der Aufnahme leicht abzulesen sind und λ bekannt ist, kann mit der Braggschen Gleichung der Netzebenenabstand d errechnet werden.

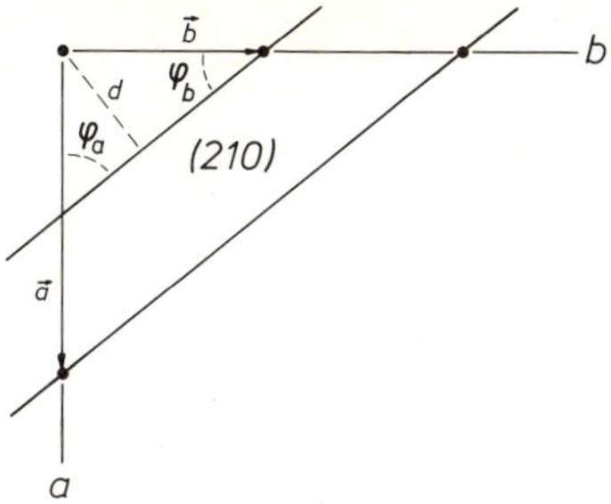

Abb. 12.3. Beziehung zwischen den (hkl) einer Netzebene und dem Netzebenenabstand d

In welcher Beziehung steht nun d zu den (hkl)? Die dem Ursprung nächstgelegene Netzebene (hkl) schneidet in Abb. 12.3 das orthorhombische Achsenkreuz in den Punkten m00 (a-Achse), 0n0 (b-Achse) und 00∞ (c-Achse), vgl. auch Kap. 2.4.3.

Es gilt für eine Netzebene (hkl):

$$\cos\varphi_a = \frac{d}{m \cdot a_0} = d \cdot \frac{h}{a_0}$$

$$\cos\varphi_b = \frac{d}{n \cdot b_0} = d \cdot \frac{k}{b_0}$$

$$\cos\varphi_c = \frac{d}{p \cdot c_0} = d \cdot \frac{l}{c_0}$$ [2]

Quadrieren und nachfolgende Addition erbringt

$$\cos^2\varphi_a + \cos^2\varphi_b + \cos^2\varphi_c = d^2 \cdot \left(\frac{h^2}{a_0^2} + \frac{k^2}{b_0^2} + \frac{l^2}{c_0^2}\right) = 1$$

$$d_{hkl} = \frac{1}{\sqrt{\frac{h^2}{a_0^2} + \frac{k^2}{b_0^2} + \frac{l^2}{c_0^2}}}$$

Diese Gleichung gilt im orthorhombischen System. Im kubischen Kristallsystem ($a_0 = b_0 = c_0$) vereinfacht sie sich zu:

$$d_{hkl} = \frac{a_0}{\sqrt{h^2 + k^2 + l^2}}$$

Setzt man diese Netzebenenabstands-Gleichung in die Braggsche Gleichung ein und quadriert, so erhält man für das kubische System:

---

[2] Bezieht man sich auf die dem Ursprung nächstgelegene Netzebene, so ist $h = \frac{1}{m}$; $k = \frac{1}{n}$; $l = \frac{1}{p}$. Wird die ganze Netzebenenschar berücksichtigt, so besteht nur Proportionalität.

$$\sin^2\theta = \frac{\lambda^2}{4a_0^2}\cdot(h^2+k^2+l^2)$$

Der rechte Teil der Gleichung stellt ein Produkt aus einem konstanten Faktor $\lambda^2/4a_0^2$ und einer ganzen Zahl $(h^2+k^2+l^2)$ dar. Die $\sin^2\theta$-Werte der einzelnen Reflexe verhalten sich also zueinander wie bestimmte ganze Zahlen.

Das Pulverdiagramm des Metalls Wolfram in Abb. 12.4 wurde mit CuK_α-Strahlung ($\lambda = 1{,}54$ Å) aufgenommen. Die Tabelle 12.1 zeigt das Auswertungsschema für diese Aufnahme[3].

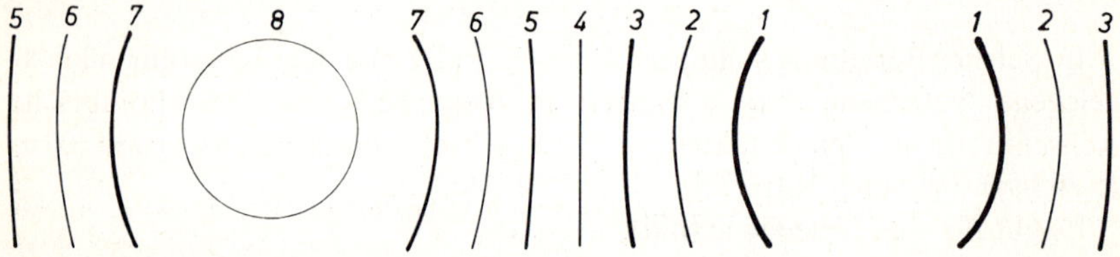

Abb. 12.4. Pulverdiagramm von Wolfram (0,65 verkleinert)

Aus dem konstanten Faktor $\lambda^2/4a_0^2 = 0{,}0592$ wird die Gitterkonstante $a_0 = 3{,}16$ Å errechnet.

Jetzt kann auch Z (Zahl der Formeleinheiten pro Elementarzelle) bestimmt werden (vgl. Kap. 3)

$$Z = \frac{\varrho\cdot V\cdot N_L}{M}$$

$$Z = \frac{19{,}3\cdot 3{,}16^3\cdot 10^{-24}\cdot 6{,}023\cdot 10^{23}}{183{,}86}$$

$$Z \sim 2$$

Eine kubische Element-Struktur mit $Z = 2$ kann nur die Anordnung eines kubischen I-Gitters haben.

In Tabelle 12.1 erscheinen weder 100, 111 noch 210 als Reflexe. Ein solches Fehlen von Reflexen kommt bei Strukturen vor, die zentrierte Translationsgitter besitzen oder Gleitspiegelebenen oder Schraubenachsen enthalten.

[3] In der Tabelle 12.1 fällt auf, daß als Reflexe 200, 220 und 400 vorkommen, die im Widerspruch zur Definition der Millerschen Indizes stehen (kleinste ganzzahlige Vielfache der reziproken Achsenabschnitte). Es sind die mit der Zahl n (Ordnung der Interferenz) multiplizierten Millerschen Indizes. Beispielsweise ist 200 die 2. Ordnung der Reflexion an (100). Man nennt die mit n multiplizierten Tripel hkl auch *Laue-Symbole* und schreibt sie ohne runde Klammer. Aus diesem Grunde ist in der oberen Gleichung das n der Braggschen Gleichung nicht berücksichtigt.

Tabelle 12.1. Auswertungsschema der Wolfram-Pulveraufnahme

Nr. des Reflexes	S [mm]	θ [Grad]	$\sin^2\theta = \frac{\lambda^2}{4a_0^2} \cdot (h^2+k^2+l^2)$	hkl	d_{hkl}[Å]
1	40,3	20,15	0,1187 = 0,0594 · 2	110	2,24
2	58,3	29,15	0,2373 = 0,0593 · 4	200	1,58
3	73,2	36,60	0,3555 = 0,0592 · 6	211	1,29
4	87,1	43,55	0,4744 = 0,0593 · 8	220	1,12
5	100,8	50,40	0,5937 = 0,0594 · 10	310	1,00
6	115,0	57,50	0,7113 = 0,0592 · 12	222	0,91
7	131,2	65,60	0,8294 = 0,0592 · 14	321	0,85
8	154,2	77,10	0,9502 = 0,0592 · 16	400	0,79

Die fehlenden Reflexe sind *ausgelöscht*. Die hkl der Reflexe in Tabelle 12.1 folgen der Bedingung $h+k+l=2n$ (n = kleine ganze Zahl), die für Strukturen mit einem innenzentrierten Translationsgitter typisch ist.

Die Zahl der Reflexe bei einer Röntgenaufnahme ist begrenzt. In der Braggschen Gleichung $\sin\theta = \frac{\lambda}{2d}$ gilt für die Sinus-Funktion $-1 \leq \sin\theta \leq +1$. Folglich ist $\frac{\lambda}{2d} \leq +1$ und $d \geq \frac{\lambda}{2}$.

Nur die Netzebenen können zur Reflexion kommen, deren d-Werte $\geq \frac{\lambda}{2}$ sind. Für CuK_α-Strahlung ($\lambda = 1{,}54$ Å) läge der Grenzwert bei 0,77 Å. Das W-Diagramm enthält keinen Reflex mit einem d-Wert $< 0{,}77$ Å (Tabelle 12.1).

Die große Bedeutung des Debye-Scherrer-Verfahrens liegt darin, Kristallarten zu identifizieren. Jede Kristallart erzeugt ein nur für sie charakteristisches Diagramm im Hinblick auf die Abfolge der Linien und deren Intensitäten. Die Intensität ist näherungsweise proportional der Schwärzung des Films. Die „*A*merican *S*ociety for *T*esting *M*aterials“ hat eine Kartei (ASTM-Index) zusammengestellt, in der alle röntgenographisch untersuchten organischen und anorganischen Substanzen enthalten sind. Jede Substanz hat eine Karteikarte, die außer vielen bekannten kristallographischen Daten die d-Werte der einzelnen Reflexe und ihre Intensitäten enthält. Eine Karteikarte des ASTM-Index zeigt Abb. 12.5 (Wolfram). Beim Aufsuchen der unbekannten Substanz bedient man sich der d-Werte der Linien mit den stärksten Intensitäten, die tabellarisch erfaßt sind.

4-0806 MINOR CORRECTION

d (4-0810)	2.24	1.29	1.58	2.24	W
I/I_1 (4-0806)	100	23	15	100	TUNGSTEN

Rad. CuKα λ 1.5405 Filter Ni
Dia. Cut off Coll.
I/I_1 G. C. DIFFRACTOMETER d corr. abs.?
Ref. SWANSON AND TATGE, JC FEL. REPORTS, NBS 1951

Sys. CUBIC S.G. O_H^9 - IM3M
a_0 3.1648 b_0 c_0 A C
α β γ Z 2
Ref. IBID.

εα nωβ εγ Sign
2V D_x 19.265 mp Color
Ref. IBID.

ANALYSIS OF SAMPLE SHOWS SiO_2 0.04%, K 0.05%, Mo, Al_2O_3 AND FE 0.01% EACH
AT 26°C
TO REPLACE 1-1203, 1-1204

d Å	I/I_1	hkl	d Å	I/I_1	hkl
2.238	100	110			
1.582	15	200			
1.292	23	211			
1.1188	8	220			
1.0008	11	310			
0.9137	4	222			
.8459	13	321			
..7912	2	400			

1850

Abb. 12.5. ASTM-Karteikarte des Wolframs

12.3 Die Laue-Gruppen

Das Reflexionsvermögen der Röntgenstrahlen an der oberen und der unteren Seite einer Netzebene ist in der Regel gleich groß. Der Reflexionsvorgang muß deshalb als inversionssymmetrisch angesehen werden. Die Symmetrie-Aussage von Röntgenaufnahmen ist darum beschränkt. Man kann nicht die 32 Punktgruppen unterscheiden, sondern nur die 11 Punktgruppen, die ein Inversionszentrum enthalten. Diese 11 Punktgruppen werden auch als Laue-Gruppen bezeichnet (vgl. Tabelle 8.4).
Als Beispiel sollen nun die Laue-Gruppen des tetragonalen Kristallsystems erläutert werden. Zu den einzelnen Punktgruppen wird jeweils $\bar{1}$ hinzugefügt:

Laue-Gruppe 4/m:

$4+\bar{1} \Rightarrow 4/m$ (I. Symmetrie-Gesetz)
$\bar{4}+\bar{1} \Rightarrow 4/m$ (vgl. Abb. 5.10). Läßt man auf die von einer $\bar{4}$ erzeugte Punktanordnung in (a) $\bar{1}$ einwirken, so entsteht die Punktanordnung in (b) $\equiv 4/m$

Laue-Gruppe 4/m 2/m 2/m (4/mmm):

$422 \;+\bar{1} \Rightarrow 4/m\ 2/m\ 2/m$ } I. Symmetrie-Gesetz
$4mm+\bar{1} \Rightarrow 4/m\ 2/m\ 2/m$ }
$\bar{4}2m \;+\bar{1} \Rightarrow 4/m\ 2/m\ 2/m$ ($\bar{4}+\bar{1} \equiv 4/m$ vgl. oben; und I. Symmetrie-Gesetz)

Berücksichtigt man das I. Symmetrie-Gesetz und die Beziehungen $3+\bar{1}\equiv\bar{3}$ und $\bar{6}+\bar{1}\equiv 6/m$, so ist es außerordentlich einfach, auch die Laue-Gruppen der anderen Kristallsysteme aus den Punktgruppen abzuleiten.

12.4 Die Bestimmung einer Kristallstruktur

Mit dem Pulververfahren können nur die Strukturen einfacher Substanzen bestimmt werden. Es wurden Techniken entwickelt, die gestatten, speziell an Einkristallen die Reflexe vieler Netzebenen zu messen. Aus den „Auslöschungen" kann auf die Raumgruppe geschlossen werden. Aufgrund einer Dichtebestimmung kann Z errechnet werden (Kap. 12.2). Damit ist die Anzahl der Atome in der Elementarzelle bekannt. Die Intensität eines Reflexes hängt von der Besetzung der Netzebenen mit Bausteinen ab. Da die einzelnen Netzebenen von unterschiedlich vielen und unterschiedlich schweren Bausteinen (in bezug auf die Zahl der Elektronen) besetzt sind, kann aus den Intensitäten einer sehr großen Zahl von Reflexen auf die Anordnung der Bausteine in der Elementarzelle geschlossen werden.

Aufgabe 12.1. Es ist bei einfachen Kristallstrukturen möglich, aufgrund weniger kristallographischer Daten einen Strukturvorschlag zu machen.

An einer Kristallart wurde bestimmt:

1. Gitterkonstanten: $a_0=4{,}59$ Å $c_0=2{,}96$ Å
2. Raumgruppe: $P4_2/mnm$ (vgl. Abb. 9.13)
3. Chemische Formel: TiO_2
4. Dichte $\varrho=4{,}26$ [g/cm^3]

Der Tabelle 11.3 können die Ionenradien für $Ti^{4+}=0{,}64$ Å und $O^{-2}=1{,}32$ Å entnommen werden.

a) Bestimmen Sie Z.

b) Wählen Sie die Punktlagen der Raumgruppe aus, die die O- und Ti-Bausteine formal besetzen können.

c) Unterbreiten Sie unter Berücksichtigung der Ionenradien von O^{-2} und Ti^{4+} einen Strukturvorschlag.

13. Kristallbaufehler

Ein Kristall von der Größenordnung 1 cm^3 enthält ungefähr 10^{21} Bausteine. Nach der Gittertheorie müßten alle Kristallbausteine dem Prinzip eines Translationsgitters folgen. Alle Bausteine müßten der Symmetrie einer der 230 Raumgruppen gehorchen. Die äquivalenten Punkte einer Punktlage müßten vollständig und zwar durch Bausteine gleicher Art besetzt sein. Dieses theoretische Bild eines Kristalls trifft aber nur für den Idealfall, den *Idealkristall,* zu.

Betrachtet man eine größere Zahl von Kristallen, so fällt auf, daß auch Risse und Sprünge vorhanden, daß die Kristallflächen oft nicht vollkommen eben sind. Auf Spaltflächen wird sogar erkennbar, daß einzelne Kristallbereiche gering gegeneinander geneigt sind. In Kristallen können Einschlüsse beobachtet werden, die kristallin, flüssig und gasförmig sein können. Man sieht, daß der tatsächlich gewachsene *Realkristall* von der oben skizzierten vollkommenen Ordnung beträchtlich abweicht.

Alle Abweichungen vom Idealkristall sollen als *Kristallbaufehler* bezeichnet werden. Viele wichtige Eigenschaften der Kristalle beruhen auf Baufehlern, z. B. die Lumineszenz, Diffusion, mechanische Eigenschaften usw.. Aber trotzdem ist die ideale Kristallstruktur auch weiterhin Ausgangspunkt der Betrachtungen an Kristallen.

Die einzelnen Baufehler zeichnen sich durch eine große Mannigfaltigkeit aus. Sie lassen sich auf der Grundlage ihrer Ausdehnung einteilen (Tabelle 13.1).

13.1 Punkt-Defekte

Bei den Punkt-Defekten handelt es sich um atomare Baufehler.

a) *Fremd-Bausteine:* Beim Idealkristall müßte, was die chemische Zusammensetzung betrifft, eine 100%ig reine Substanz vorliegen, die es natürlich nicht gibt. In jedem Kubikzentimeter des reinsten Kristalls ($\sim 10^{21}$ Bausteine) befinden sich immer noch $\sim 10^{12}$ Fremd-Bausteine. Diese Fremd-Bausteine sind in der Regel größer oder kleiner als die Bausteine der Struktur, deren Plätze sie besetzen. Außerdem können zum Fremdatom unterschied-

Tabelle 13.1. Einteilung der Kristallbaufehler

13.1. Punkt-Defekte	13.2. Linien-Defekte	13.3. Flächen-Defekte
a) Fremd-Bausteine b) Mischkristalle c) Schottky- und Frenkel-Fehlordnung	a) Stufenversetzung b) Schraubenversetzung	a) Kleinwinkelkorngrenze b) Stapelfehler c) Zwillingsgrenze

liche Bindungen auftreten. Dies führt dazu, daß weitere Störungen vom Fremdatom ausgehen, die auch nicht mehr punktförmig sein müssen.

Zum anderen züchtet man Kristalle mit bestimmten Verunreinigungen. So beruht die Leitfähigkeit einiger Halbleiter auf Spuren von Verunreinigungen.

b) *Mischkristalle:* Auch die statistische Verteilung der Bausteine in Mischkristallen (Kap. 11.7) stellt Punkt-Defekte dar.

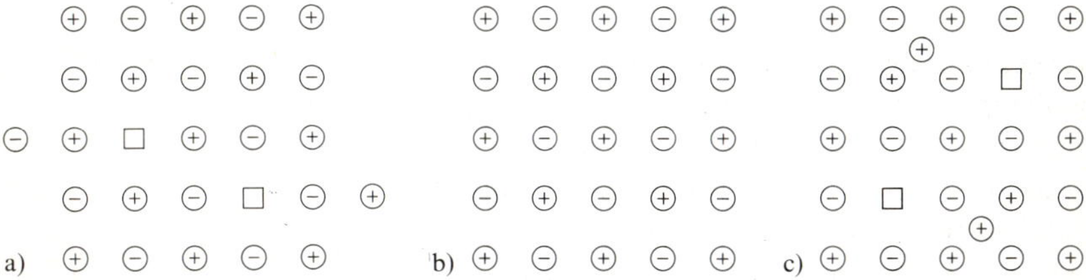

Abb. 13.1. Schottky-Fehlordnung (a) und Frenkel-Fehlordnung (c) in einem Ionenkristall (□ Leerstelle), (b) der Ideal-Kristall

c) *Schottky- und Frenkel-Fehlordnung:* Jeder Kristall enthält Leerstellen; das sind Plätze in einer Struktur, die von ihren Bausteinen verlassen wurden. Sind diese Bausteine „zur Kristalloberfläche gewandert", spricht man von einer Schottky-, sind sie auf Zwischengitterplätze[1] gerückt, von einer Frenkel-Fehlordnung. Beide Fehlordnungstypen sind in Abb. 13.1 für einen Ionenkristall dargestellt. Die Fehlstellenkonzentration steht mit dem Kristall im thermischen Gleichgewicht. Die Zahl dieser Baufehler nimmt mit steigender Temperatur zu. Welcher Fehlordnungstyp auftritt, hängt von der Struktur an sich, ihrer Geometrie und den Bindungsverhältnissen ab. In den Alkalihalogeniden überwiegt die Schottky-Fehlordnung, bei den Silberhalogeniden jedoch die Frenkel-Fehlordnung. Durch Dichtebestimmungen

[1] Plätze zwischen den Bausteinen der Struktur.

ist es möglich, Aussagen über den Fehlordnungstyp zu machen, da die Schottky-Defekte die Dichte erniedrigen (Volumenvergrößerung bei gleicher Masse), während bei den Frenkel-Defekten das Volumen und damit die Dichte nicht verändert werden.

Der Wüstit (NaCl-Strukturtyp) kommt nicht mit der stöchiometrischen Zusammensetzung FeO vor, da ein Teil der Eisenionen als Fe^{3+} vorliegt. Der Ladungsausgleich verlangt eine entsprechende Anzahl von Leerstellen bei den Kationen ($Fe_{1-x}O$).

Auf diesen Fehlordnungen beruht eine Reihe von Eigenschaften. Diese Defekte ermöglichen die Diffusion von Bausteinen durch den Kristall. Preßt man einen Gold- und einen Silberkristall aneinander und erhöht die Temperatur, so diffundieren Ag-Bausteine in den Gold-, Au-Bausteine in den Silberkristall (Mischkristallbildung). Ionen-Kristalle (z.B. NaCl) zeigen bei höheren Temperaturen eine geringe elektrische Leitfähigkeit, die nicht wie bei den Metallen auf dem Transport von Elektronen, sondern von Ionen beruht. Diese Ionenleitfähigkeit wäre ohne die Fehlordnung nicht möglich.

Die Reaktionen zwischen Festkörpern sind überwiegend auf diese Fehlordnung zurückzuführen. Erwärmt man ein Gemisch von feinkörnigen ZnO- und Fe_2O_3-Kristallen auf Temperaturen, die weit unter den Schmelzpunkten liegen, so kommt es zu einer Reaktion zwischen den Festkörpern und zu einer Bildung von $ZnFe_2O_4$ (Ferrit-Spinell). Die Reaktionsgeschwindigkeit bei den Festkörperreaktionen ist erheblich geringer als bei Reaktionen im flüssigen oder gasförmigen Zustand. Sie nimmt jedoch mit steigender Temperatur zu, da auch die Fehlstellenkonzentration und damit die Diffusion größer werden.

13.2 Linien-Defekte

Diese Baufehler verlaufen entlang von Linien, den Versetzungslinien.

a) *Stufenversetzung:* Der obere Teil des Kristalls in Abb. 13.2a wurde gegen den unteren längs der Ebene ABA′B′ um den Betrag BC (= B′C′) in der Weise verschoben, daß die Linie AA′ (Versetzungslinie) die Grenze der Verschiebung kennzeichnet. Für die Ebene senkrecht zur Versetzungslinie AA′ sind die strukturellen Verhältnisse in Abb. 13.2b gezeigt. Der Verschiebungsvektor, der eine Translation (= BC) beträgt, wird als Burgers-Vektor $\vec{b}$ bezeichnet. Er steht auf der Versetzungslinie AA′ senkrecht.

b) *Schraubenversetzung:* Im Kristall in Abb. 13.3 ist durch Verschiebung der Kristallteile nur längs der Ebene ABCD eine Schraubenversetzung mit der Versetzungslinie AD entstanden. Im Bereich der Versetzungslinie besteht der Kristall nicht aus übereinandergestapelten Netzebenen, sondern aus

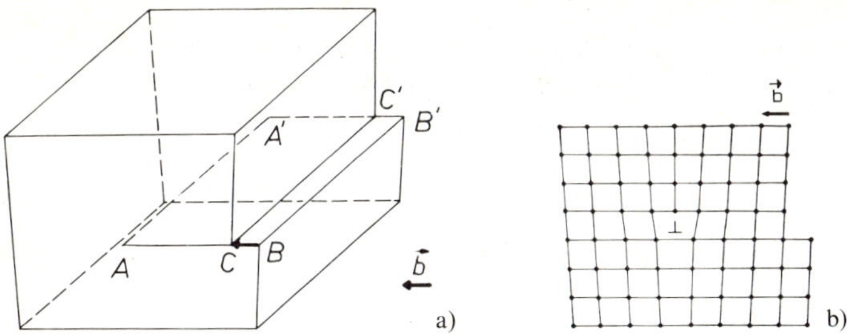

Abb. 13.2. Stufenversetzung; Schema (a), strukturelle Darstellung (b) (⊥ Ausstichspunkt der Versetzungslinie)

einer einzigen Bausteinschicht, die sich in Form einer Wendeltreppe (Schraubenversetzung) durch die Struktur windet. Der Burgers-Vektor $\vec{b}$ liegt hier parallel zur Versetzungslinie.

Die Stufen- und die Schraubenversetzung in der dargestellten Form sind nur Grenzfälle, es gibt alle Übergänge. Die Versetzungen sind bei der plastischen Verformung der Metalle (Kap. 11.2) wesentlich beteiligt (Wandern von Versetzungen).

Die Schraubenversetzung spielt eine wichtige Rolle beim Kristallwachstum. Eine Anlagerung von Bausteinen an einer Stufe ist energetisch besonders günstig, und diese Stufe bleibt während des Wachstums erhalten.

Die Versetzungen sind aktive Bereiche in einer Kristallfläche, an denen sich beim Ätzen vorwiegend Ätzgruben ausbilden (vgl. Tafel 8.21). Durch Ätzen ist die Zahl der Versetzungen pro cm^2 bestimmbar. Die Zahl der Versetzungen pro cm^2 erstreckt sich von 10^2 bei den besten Germanium-Einkristallen (Halbleitermaterial) bis zu 10^{12} in stark deformierten Metallkristallen.

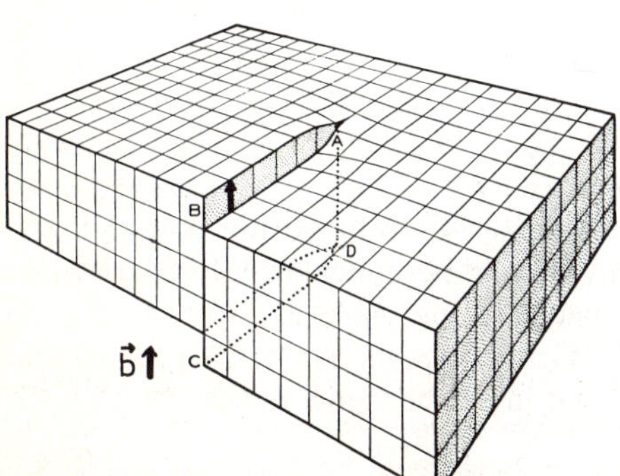

Abb. 13.3. Schraubenversetzung. Nach Read [26]

Es gibt Whisker-Kristalle[2], die nur eine Schraubenversetzung parallel zur Nadelachse besitzen. Sie verfügen über ausgezeichnete mechanische Eigenschaften. So beträgt z. B. die Zerreißfestigkeit eines NaCl-Whiskers (1 μm Durchmesser) $\sim 110\ \text{kp/mm}^2$.

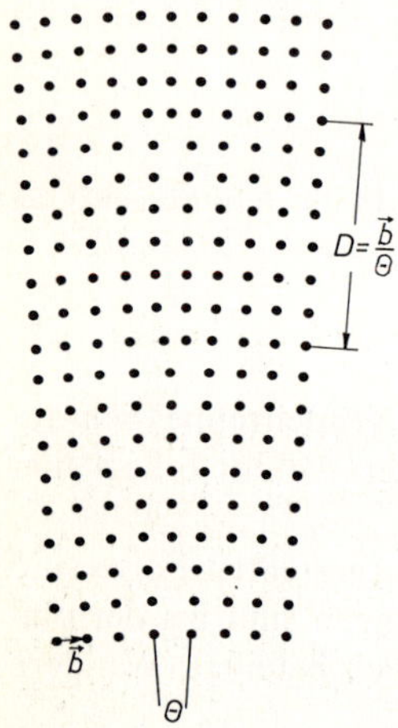

Abb. 13.4. Aus Stufenversetzungen aufgebaute Kleinwinkelkorngrenze (θ = Neigungswinkel)

13.3 Flächen-Defekte

a) *Kleinwinkelkorngrenzen:* Verschiedene Bereiche eines Einkristalls sind häufig um geringe Winkel gegeneinander geneigt. Ihre Grenzflächen sind Kleinwinkelkorngrenzen, die sich aus einer Reihe von Versetzungen aufbauen. Eine Kleinwinkelkorngrenze, die nur aus Stufenversetzungen besteht, ist in Abb. 13.4 dargestellt. Der Neigungswinkel θ der Kristallbereiche gegeneinander kann aus dem Burgers-Vektor $\vec{b}$ und dem Abstand der Versetzungen D berechnet werden, da

$$\theta = \frac{\vec{b}}{D}.$$

b) *Stapelfehler:* Die Stapelfehler sind Störungen in der normalen Schichtenfolge beim Aufbau einer Struktur. Sie sind besonders bei Metallkristallen (kubisch und hexagonal dichteste Kugelpackung, Abb. 11.2 u. 11.3) und bei bestimmten Schichtstrukturen (z. B. Graphit, Abb. 11.15) zu beobachten. Kobalt kristallisiert in der kubisch und in der hexagonal dichtesten Kugel-

[2] Whisker-Kristalle sind sehr dünne, nadelförmige Einkristalle.

packung, aber es kommt vor, daß sich beide Schichtabfolgen (ABCA...; ABA...) unregelmäßig abwechseln. Eine solche Anordnung ist nur noch zweidimensional periodisch, entspricht also nicht mehr der Definition eines Kristalls.

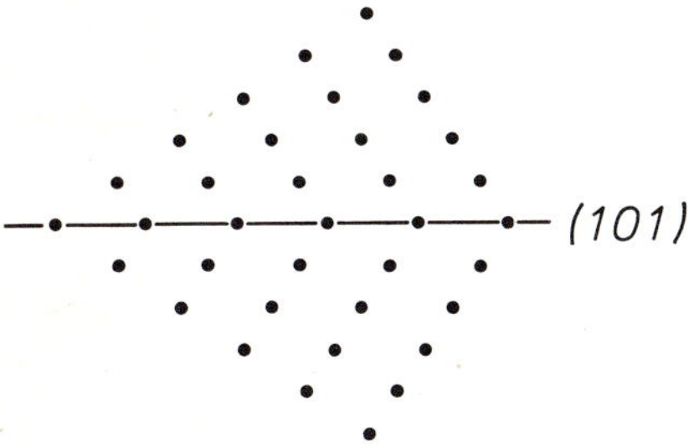

Abb. 13.5. Zwilling mit Zwillingsebene (101)

c) *Zwillingsgrenzen:* Ein Zwilling ist eine gesetzmäßige Verwachsung von Kristallbereichen gleicher Art. Die Kristallbereiche liegen symmetrisch zueinander. Als Zwillingselemente kommen in der Regel m und 2 infrage. Zwillinge können während des Wachstums (Wachstums-Zwillinge) und durch mechanische Beanspruchung (Deformationszwillinge, mechanische Zwillingsbildung) entstehen. In Abb. 13.5 ist das Zwillingselement eine Spiegelebene // (101).

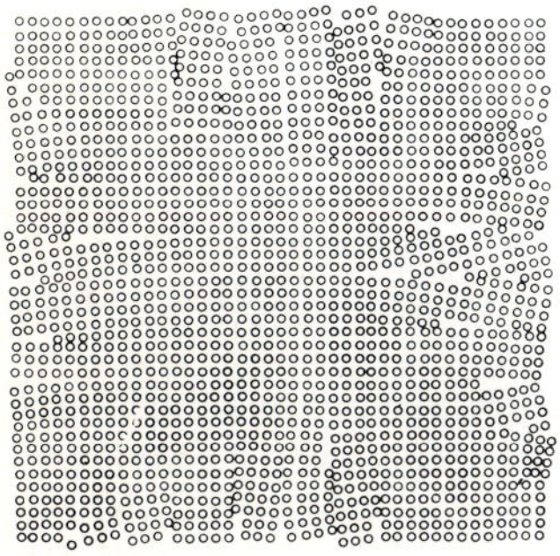

Abb. 13.6. Ebene eines Realkristalls mit Mosaikbau. Nach Azâroff [1]

Im allgemeinen kann man sich einen Kristall aufgrund der Kleinwinkelkorngrenzen aus kleinen Mosaikblöcken aufgebaut denken, die nur gering gegeneinander geneigt sind. Die Abb. 13.6 zeigt einen solchen Mosaikbau, dabei sind die Neigungswinkel übertrieben groß dargestellt.

14. Physikalische Eigenschaften der Kristalle

In Kap. 8.6 wurden schon einige physikalische Eigenschaften der Kristalle behandelt, weil diese in einem engen Zusammenhang mit den Punktgruppen stehen und nur bei bestimmten Symmetrie-Verhältnissen auftreten können.

Aus der Definition der Kristalle resultiert, daß das physikalische Verhalten in Kristallen im allgemeinen richtungsabhängig ist. Solche Eigenschaften sollen als richtungsabhängige Eigenschaften bezeichnet werden. In symmetrisch äquivalenten Richtungen sind die Beträge einer physikalischen Eigenschaft immer gleich groß.

Daneben gibt es die skalaren Eigenschaften (z. B. Dichte, spezifische Wärme), die von der Richtung unabhängig sind.

Von den richtungsabhängigen Eigenschaften sollen die thermische Leitfähigkeit und die Härte behandelt werden als Beispiele für das Anisotropieverhalten der physikalischen Eigenschaften.

14.1 Thermische Leitfähigkeit

Die thermische Leitfähigkeit verhält sich inversionssymmetrisch, d. h. Richtung und Gegenrichtung können in bezug auf diese Eigenschaft nicht unterschieden werden.

Das Wärmeleitvermögen k ist jene Wärmemenge, die pro Sekunde durch einen Würfel mit der Kantenlänge von 1 cm zwischen zwei gegenüberliegenden Würfelflächen fließt, wenn zwischen ihnen ein Temperaturgradient von 1°C besteht und die anderen Würfelflächen wärmeisoliert sind. Die Einheit von k ist Watt/(m · Grad). Für Kristalle ist der Betrag von k richtungsabhängig und wir müssen bei den einzelnen Kristallsystemen unterschiedliche Verhältnisse erwarten.

Orthorhombisches Kristallsystem: Denkt man sich eine punktförmige Wärmequelle in einen orthorhombischen Kristall ($a_0 \neq b_0 \neq c_0$) gesetzt, so fließt nach allen Richtungen Wärme ab. Bestimmt man nach einer Zeit t alle die Bereiche im Kristall, die eine Temperatur T erreicht haben, so erhält man eine Isothermenfläche. Diese Isothermenfläche ist die Oberfläche eines dreiachsigen Ellipsoids, dessen Hauptachsen $A \cdot \sqrt{k_a}$, $A \cdot \sqrt{k_b}$ und $A \cdot \sqrt{k_c}$ parallel zu den kristallographischen Achsen a, b, c verlaufen (A ist eine Konstante). Daraus läßt sich ein dreiachsiges Ellipsoid des Wärmeleitvermögens mit den Hauptachsen k_a, k_b und k_c ableiten (Abb. 14.1), aus dem der Betrag von k für jede Richtung ablesbar ist.

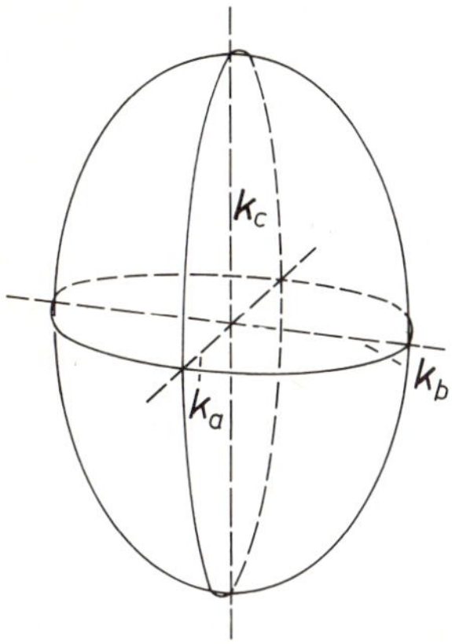

Abb. 14.1

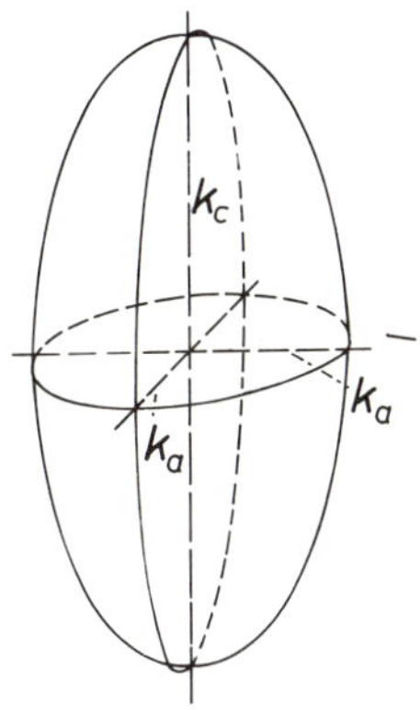

Abb. 14.2

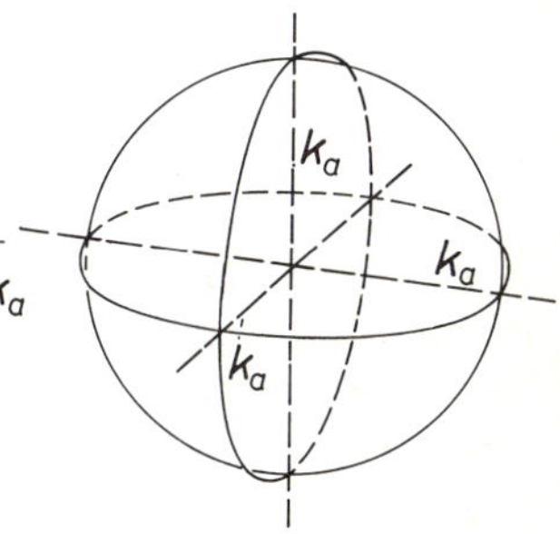

Abb. 14.3

Abb. 14.1. Dreiachsiges Ellipsoid der Wärmeleitfähigkeits-Koeffizienten orthorhombischer, monokliner und trikliner Kristalle

Abb. 14.2. Rotationsellipsoid der Wärmeleitfähigkeits-Koeffizienten trigonaler, tetragonaler und hexagonaler Kristalle. In der Ebene senkrecht zu k_c erfolgt isotropes physikalisches Verhalten

Abb. 14.3. Kugel der Wärmeleitfähigkeits-Koeffizienten kubischer Kristalle. Isotropes Verhalten in allen Richtungen

Wirtelige Kristallsysteme: Zu den wirteligen Kristallsystemen gehören das trigonale, tetragonale und hexagonale Kristallsystem. Es gilt $a_0 = b_0 \neq c_0$. Aus dem dreiachsigen Ellipsoid (Abb. 14.1) wird ein Rotationsellipsoid mit k_c als Rotationsachse (Abb. 14.2). Das Rotationsellipsoid wird bestimmt durch k_c und k_a ($k_b = k_a$). Wirtelige Kristalle verhalten sich in der Ebene senkrecht zu c isotrop.

Kubisches Kristallsystem: Im kubischen Kristallsystem ist $a_0 = b_0 = c_0$, und das Ellipsoid vereinfacht sich zu einer Kugel (Abb. 14.3), d.h. kubische Kristalle verhalten sich in bezug auf die thermische Leitfähigkeit isotrop!

Monoklines Kristallsystem: Das Ellipsoid ist ebenfalls dreiachsig (Abb. 14.1). Eine Hauptachse des Ellipsoids ist parallel zur b-Achse angeordnet.

Triklines Kristallsystem: Auch hier ist das Ellipsoid dreiachsig (Abb. 14.1). Seine Lage in bezug auf die kristallographischen Achsen ist beliebig.

Wie man sieht, stehen die Ellipsoide eindeutig im Zusammenhang mit der Symmetrie der Kristalle.

Die Absolutbestimmung der Wärmeleitfähigkeit ist verhältnismäßig schwierig, aber es gibt eine einfache wenn auch nicht sonderlich genaue Methode zur Ermittlung der Relativ-Werte, auf die bereits im Kap. 1.e eingegangen wurde (vgl. auch Abb. 1.3). Das Verhältnis der Achsen III und I der Isothermen-Ellipse in Abb. 1.3 ist gleich $\sqrt{k_c/k_a}$. Der Winkel zwischen Achse III und der c-Achse von 17° ist eine Materialkonstante für die Kristallart Gips.

Tabelle 14.1. Wärmeleitfähigkeits-Koeffizienten einiger Kristalle in W/(m · Grad), nach Dreyer [10]

Kristallart	Kristallsystem	k_a	k_b	k_c
Kupfer Cu	kubisch	406,1		
Diamant C	kubisch	545,3		
Steinsalz NaCl	kubisch	6,5		
Fluorit CaF_2	kubisch	10,1		
Zinkblende ZnS	kubisch	26,6		
Korund Al_2O_3	trigonal	31,2		38,9
Quarz SiO_2	trigonal	6,5		11,3
Calcit $CaCO_3$	trigonal	4,2		5,0
KH_2PO_4	tetragonal	1,4		1,2
Rutil TiO_2	tetragonal	9,3		12,9
Graphit C	hexagonal	355,0		89,4
Baryt $BaSO_4$	orthorhombisch	1,8	1,7	1,6
Topas $Al_2\,[F_2/SiO_4]$		21,9	22,3	23,4

In Tabelle 14.1 sind die Wärmeleitfähigkeitskoeffizienten einiger Kristalle – nach Kristallsystemen geordnet – zusammengestellt. Der Diamant hat ein sehr hohes Wärmeleitvermögen. Das Wärmeleitvermögen der Metalle ist erheblich größer als das der Ionenkristalle. Beim Graphit fällt die hohe Anisotropie der Wärmeleitfähigkeits-Koeffizienten auf. Parallel zur Schicht (vgl. Abb. 11.15) wurde gegenüber der dazu senkrechten Richtung der etwa vierfache Wert der Leitfähigkeit gemessen.

Entsprechende Betrachtungen wie bei der thermischen Leitfähigkeit kann man auch bei anderen physikalischen Eigenschaften wie der elektrischen Leitfähigkeit und der Lichtbrechung in Kristallen anstellen.

14.2 Die Härte

Die thermische Leitfähigkeit verhielt sich im kubischen Kristallsystem isotrop. Dagegen ist bei der Härte auch im kubischen System Anisotropie gegeben.

Unter Härte versteht man den Widerstand, den ein Kristall dem Eindringen eines anderen Kristalls entgegenbringt. Am Disthen war bereits in Kap. 1.d die Anisotropie der Ritzhärte beschrieben worden. Der Diamantkristall hatte unter den gleichen Bedingungen parallel zur Längsrichtung und senkrecht dazu unterschiedlich tiefe Ritzspuren erzeugt. Die Breite der Ritzspur kann als Maß für die Härte (reziprok) genommen werden. Führt man auf Kristallflächen in verschiedenen Richtungen solche Ritzuntersuchungen unter den jeweils gleichen Bedingungen durch, und werden die erhaltenen Härte-Werte in den entsprechenden Richtungen abgetragen, so erhält man für die betreffende Kristallfläche eine *Härtekurve*. In Abb. 14.4 und 14.5 sind solche Härtekurven für einige Flächen des Fluorits CaF_2 (m3m) und des Calcits $CaCO_3$($\bar{3}$m) angegeben[1]. Die Härtekurven stehen eindeutig im Zusammenhang mit der Symmetrie der Fläche. Die Flächensymmetrie ergibt sich aus der Punktgruppe des Kristalls, wenn man nur die Symmetrieelemente berücksichtigt, die senkrecht auf der entsprechenden Fläche stehen. Diese Flächensymmetrie ist für die betrachteten Kristallflächen in Abb. 14.4 und 14.5 ebenfalls dargestellt.

Die Anisotropie der physikalischen Eigenschaften kann natürlich nur an Einkristallen bestimmt werden, da sie im allgemeinen bei polykristallinem Material verlorengeht.

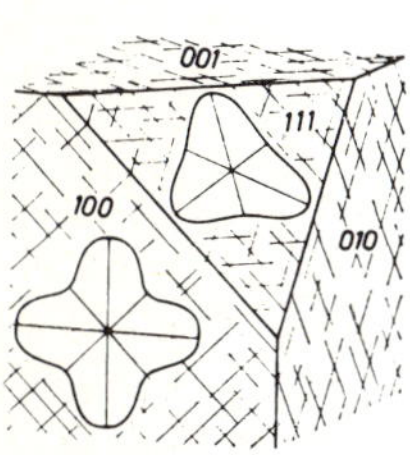

a)

Abb. 14.4. Härtekurven auf einem CaF_2-Kristall, der der Punktgruppe 4/m $\bar{3}$ 2/m (m3m) angehört (a); in (b) ist die Härtekurve auf (100) der Flächensymmetrie dieser Fläche (4mm), in (c) die Härtekurve auf (111) der Flächensymmetrie dieser Fläche (3m) gegenübergestellt

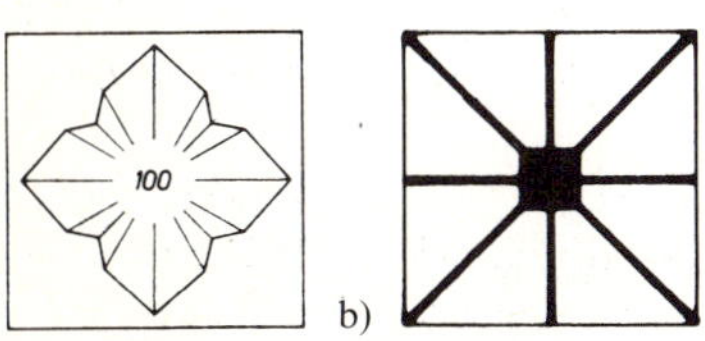

b)

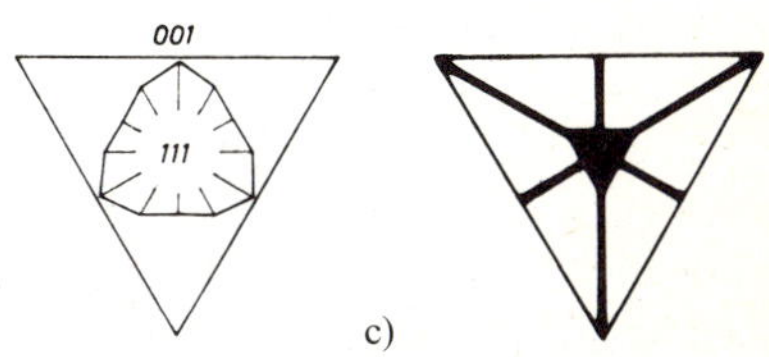

c)

[1] Die Härtekurven sind aus [25] entnommen.

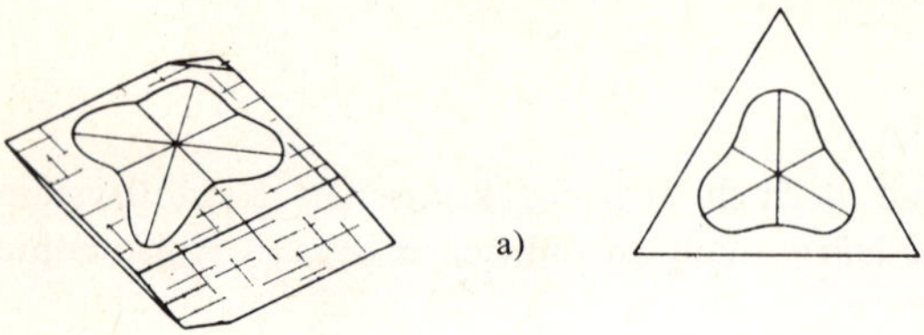

a)

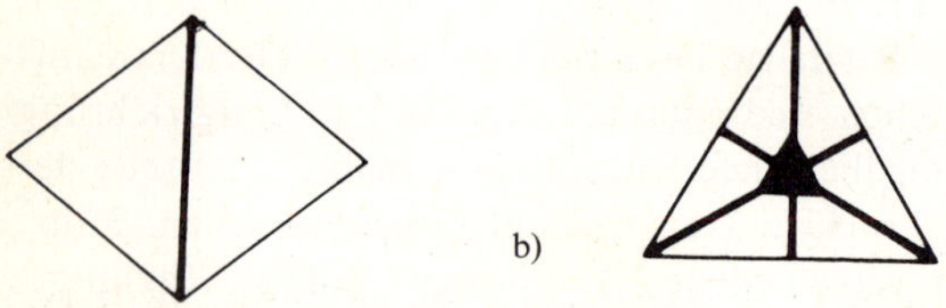

b)

Abb. 14.5. Härtekurven auf den Flächen eines Calcit ($CaCO_3$)-Kristalls, der der Punktgruppe $\bar{3}m$ angehört (a); (b) zeigt die Flächensymmetrie dieser Flächen

Härte-Bestimmungen spielen in der Technik eine große Rolle. Man bestimmt hier aber nicht die Ritzhärte, sondern verwendet die Vickers-Methode. Hier drückt man unter dem Mikroskop durch eine bestimmte Last eine Diamantpyramide auf die Materialoberfläche. Aus der Last und der Eindruckstiefe ergibt sich dann der Härte-Wert.

15. Anhang

15.1 Kristallprojektionen

Kristalle sind dreidimensionale Gebilde. Um mit ihnen auch in der Ebene operieren zu können, benutzt man Projektionen auf eine Ebene. Es haben sich die folgenden Projektionen als praktisch erwiesen:

a) *Parallelprojektion bei Kristallstrukturen.* Alle Kristallbausteine werden längs paralleler Geraden auf eine Ebene projiziert (Parallelprojektion). Man vergleiche dazu die Abb. 9.14.

b) *Stereographische Projektion bei der Morphologie.* Das Prinzip der stereographischen Projektion ist in Abb. 15.1 dargestellt. Ein Kristall (Galenit PbS) steht im Zentrum einer Kugel. Seine Flächennormalen, die man vom Zentrum der Kugel ausgehen läßt, durchstoßen die Kugeloberfläche in den markierten Punkten (Flächenpolen). Der Winkel zwischen zwei Flächenpolen entspricht dem Winkel zwischen zwei Kristallflächen. Es handelt sich nicht um den Flächenwinkel, sondern um den Normalenwinkel. Beide Winkel stehen in der Beziehung: Normalenwinkel $=180^\circ -$ Flächenwinkel. Die Flächenpole sind auf der Kugeloberfläche nicht regellos verteilt, sie liegen im allgemeinen auf wenigen Großkreisen[1]. Die Flächen, deren Flächenpole auf einem Großkreis liegen, gehören einer Zone an. Die Zonenachse steht auf der Ebene des Großkreises senkrecht. Betrachtet man die Kugel als Globus, so werden alle Flächenpole der Nordhalbkugel unter Verwendung des Südpols als Projektionspunkt auf die Äquatorebene projiziert (Abb. 15.2); entsprechend die Flächenpole der Südhalbkugel zum Nordpol. Die Flächenpole von der Nordhalbkugel werden in der Äquatorebene durch einen Punkt • oder ein Kreuz +, jene von der Südhalbkugel durch einen Kreis ○ markiert. Für die Flächenpole, die auf der Peripherie des Äquators liegen, verwendet man Punkt oder Kreuz.

Die Abb. 15.3 zeigt ein Stereogramm des Kristalls in Abb. 15.1; es sind aber nur die Flächen, die zur Nordhalbkugel gehören, berücksichtigt. Die Projektionspunkte der Flächenpole, die einer Zone angehören, liegen auf Projektionen von Großkreisen. Die den einzelnen Flächen entsprechenden

---

[1] Der Radius eines Großkreises ist gleich dem Kugelradius.

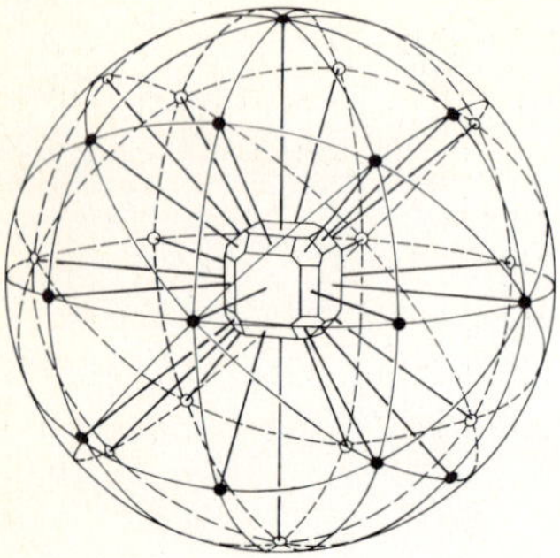

Abb. 15.1

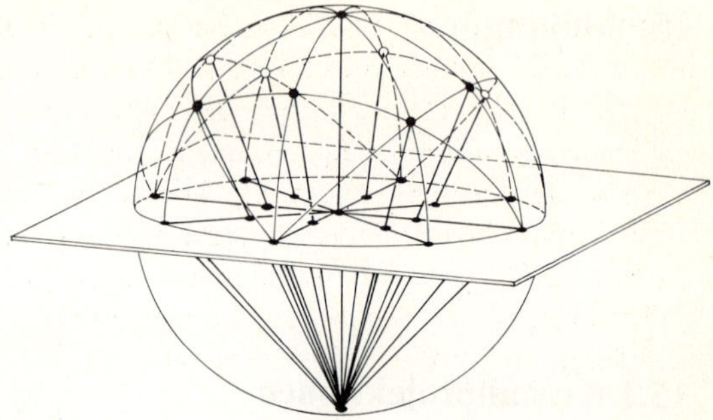

Abb. 15.2

Abb. 15.1. Beziehung zwischen Kristallflächen und Flächenpolen bei der stereographischen Projektion

Abb. 15.2. Beziehung zwischen Flächenpolen und Projektionspunkten bei der stereographischen Projektion

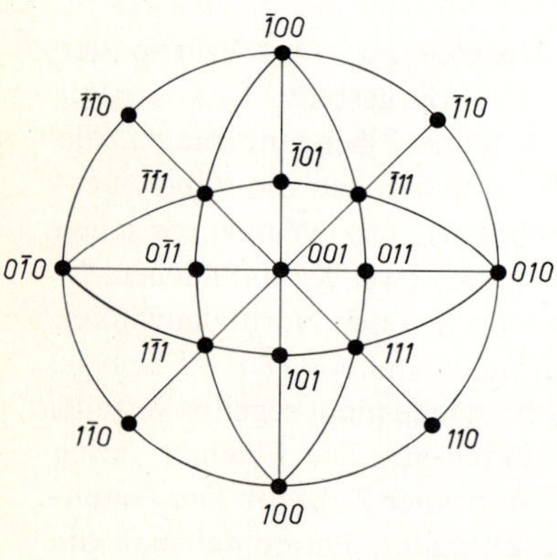

Abb. 15.3. Stereographische Projektion des Kristalls in Abb. 15.1; vgl. auch Abb. 4.1b

Projektionspunkte sind indiziert. Die Kombination besteht aus Würfel {100}, Rhombendodekaeder {110} und Oktaeder {111}.

Um nun Winkel schnell in die stereographische Projektion eintragen zu können, wird das *Wulffsche Netz* verwendet. Das Wulffsche Netz ist die stereographische Projektion des Gradnetzes eines Globus in der Weise, daß die N′-S′-Richtung des Globus in der Ebene der stereographischen Projektion liegt (Abb. 15.4). Alle Längenkreise und der Äquator des Globus sind Großkreise. Alle Breitenkreise außer dem Äquator des Globus sind Kleinkreise. Winkel dürfen nur auf Großkreisen abgetragen werden!

Die Lage eines Flächenpols kann durch die Winkelkoordinaten φ (Azimut) und ϱ (Poldistanz) in der in Abb. 15.4b gezeigten Weise festgelegt werden. Der Flächenpol P hat die Winkelkoordinaten $\varphi = 90°$; $\varrho = 60°$. Zum praktischen

Arbeiten haben sich Wulffsche Netze mit einem Durchmesser von 20 cm und einer 2°-Teilung durchgesetzt[2]. Man zeichnet auf Transparentpapier, das mit einem Stift im Zentrum des Netzes drehbar angebracht wird.

Die stereographische Projektion ist auch für die Darstellung der Punktgruppen von großer Bedeutung. Hier wird von dem üblichen Prinzip der stereographischen Projektion abgegangen. Man berücksichtigt bei den Drehachsen und Drehinversionsachsen jeweils die Durchstichspunkte der Achsen durch die Kugeloberfläche und bei der Spiegelebene den Großkreis, der als Schnittfigur von m und Kugel entsteht.

15.2 Indizierung eines Kristalls

Heute wird man kaum noch einen Kristall indizieren müssen, dessen Gitterkonstanten nicht bekannt sind. Aus den Gitterkonstanten kann in der Regel

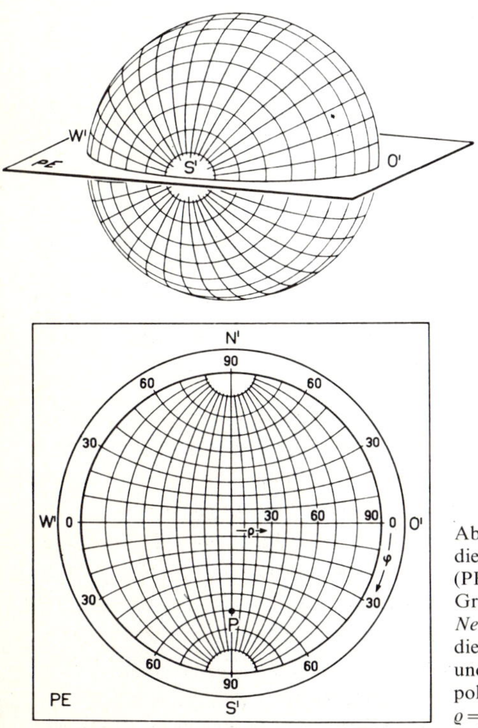

Abb. 15.4. Das Gradnetz eines Globus und die Ebene der stereographischen Projektion (PE) (a), stereographische Projektion des Gradnetzes eines Globus erzeugt das *Wulffsche Netz*. Die Lage eines Flächenpols wird durch die Angabe der Winkelkoordinaten φ (Azimut) und ϱ (Poldistanz) festgelegt (b). Der Flächenpol P besitzt die Winkelkoordinaten $\varphi = 90°$; $\varrho = 60°$. Nach Strunz

[2] Vgl. letzte Seite. Die Seite mit dem Wulffschen Netz aus dem Buch heraustrennen und auf mindestens 1 mm dicke Pappe aufkleben.

zwar nicht geschlossen werden, welche Flächen an einem Kristall auftreten können, aber man kann ein Stereogramm mit allen den Flächenpolen zeichnen, die vom Raumgitter her möglich sind. Da die Kristalle in der Regel von niedrig indizierten Flächen begrenzt sind, ist die Zahl der Flächenpole, die man bestimmen muß, nicht groß.

Stereogramm der Flächenpole eines orthorhombischen Kristalls. Im folgenden soll das Stereogramm der Flächenpole eines Topas-Kristalls, der der Punktgruppe mmm angehört, gezeichnet werden. Die Gitterkonstanten lauten: $a_0 = 4{,}65$ Å, $b_0 = 8{,}80$ Å, $c_0 = 8{,}40$ Å. Die sechs Flächen (100), $(\bar{1}00)$, (010), $(0\bar{1}0)$, (001), $(00\bar{1})$, die senkrecht zu den kristallographischen Achsen angeordnet sind, können sofort in die stereographische Projektion eingetragen werden (Abb. 15.5). Diese Flächen liegen auf den folgenden Zonenkreisen: $[100] \mathrel{\hat{=}} [(001)/(010)]$, $[010] \mathrel{\hat{=}} [(100)/(001)]$, $[001] \mathrel{\hat{=}} [(100)/(010)]$. Auf der Ebene des Zonenkreises steht die Zonenachse senkrecht, sie verläuft parallel der Gittergeradenschar, welche den der Zone angehörenden Netzebenen gemeinsam ist.

Die Abb. 15.6 zeigt einen (010)-Schnitt durch das Gitter des Kristalls mit den zur Zone [010] gehörenden Netzebenen (001), (101) und (100). Der Winkel δ ist der Normalenwinkel zwischen (001) und (101), und da $\tan\delta = \frac{c_0}{a_0}$, ist $\delta = 61{,}03°$. Entsprechend kann man anhand der Abb. 15.7, die einen (100)-Schnitt durch das Gitter zeigt, den Normalenwinkel zwischen (001) und (011) bestimmen. Es ist $\tan\delta' = \frac{c_0}{b_0}$ und $\delta' = 43{,}67°$. Die Winkel δ und δ' können mit Hilfe des Wulffschen Netzes auf den entsprechenden

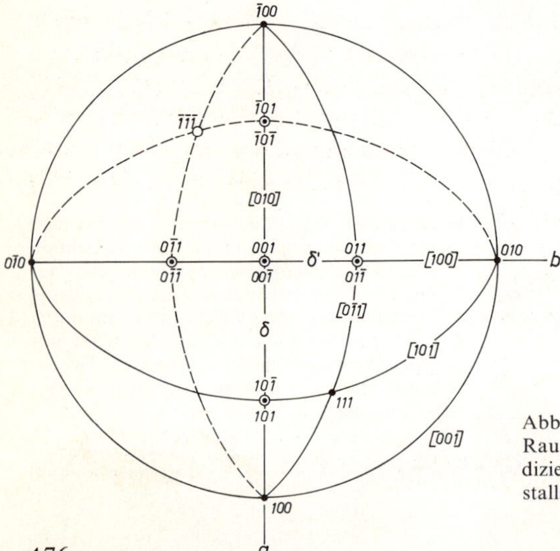

Abb. 15.5. Stereogramm einiger vom Raumgitter her möglichen, niedrig indizierten Flächenpole eines Topas-Kristalls

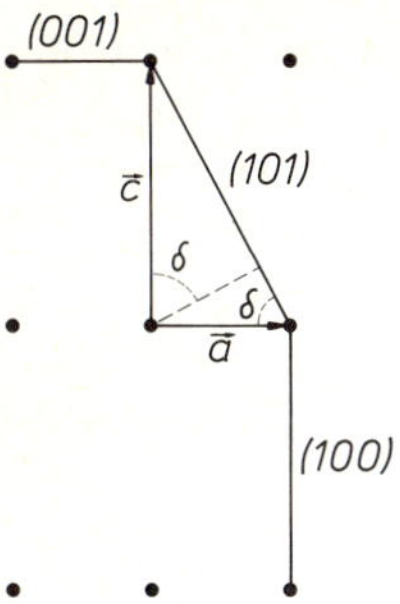

Abb. 15.6

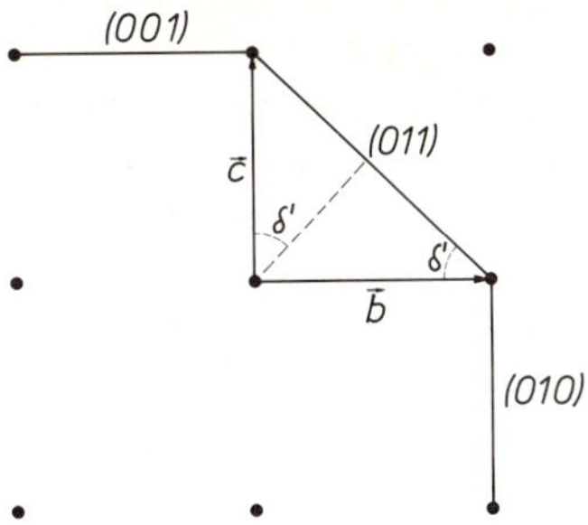

Abb. 15.7

Abb. 15.6. Schnitt parallel (010) durch das Raumgitter eines Topas-Kristalls mit den Spuren der zur Zone [010] gehörenden Netzebenen (001), (101), (100). δ ist der Normalenwinkel zwischen (001) und (101)

Abb. 15.7. Schnitt parallel (100) durch das Raumgitter eines Topas-Kristalls mit den Spuren der zur Zone [100] gehörenden Netzebenen (001), (011), (010). δ' ist der Normalenwinkel zwischen (001) und (101)

Zonenkreisen [010] und [100] abgetragen werden, und man erhält die Lage der Flächenpole von (101) und (011). $(\bar{1}01)$, $(10\bar{1})$ und $(\bar{1}0\bar{1})$ haben die gleiche Neigung zu den kristallographischen Achsen wie (101); $(0\bar{1}1)$, $(01\bar{1})$ und $(0\bar{1}\bar{1})$ die gleiche Neigung wie (011) und können deshalb ebenfalls ins Stereogramm eingetragen werden.

Zeichnet man nun die Zonenkreise [(100)/(011)] und [(101)/(010)] ein, so ergeben sich für die beiden Schnittpunkte der Zonenkreise, die Flächenpole darstellen, die Millerschen Indizes (111) und $(\overline{111})$. Die Zonenkreise auf der Südhalbkugel sind gestrichelt eingetragen[3].

Durch das Zeichnen weiterer Zonenkreise ergeben sich neue Flächenpole. Von diesen können jene, die die gleiche Neigung zu den kristallographischen Achsen wie (111) haben, mit $(\bar{1}11)$, $(1\bar{1}1)$, $(\overline{11}1)$, $(11\bar{1})$, $(\bar{1}1\bar{1})$, $(1\overline{11})$, $(\overline{111})$ indiziert werden. Bei den anderen Flächen nimmt man die Zonengleichung zu Hilfe. Man erhält dann im Endeffekt ein Stereogramm der Flächenpole, wie es in Abb. 15.8 für die (hkl) mit $\bar{2} \leq h, k, l \leq 2$ dargestellt ist. Die $(hk\bar{l})$ sind in Abb. 15.8 nicht berücksichtigt.

Einen Topas-Kristall zeigt Abb. 15.9.

---

[3] Die Anwendung der Zonengleichung führt zu:

$$\begin{array}{c|cccc|c} 1 & 0 & 0 & 1 & 0 & 0 \\ 0 & 1 & 1 & 0 & 1 & 1 \\ \hline \multicolumn{6}{c}{[0\ \bar{1}\ 1]} \end{array} \qquad \begin{array}{c|cccc|c} 0 & 1 & 0 & 0 & 1 & 0 \\ 1 & 0 & 1 & 1 & 0 & 1 \\ \hline \multicolumn{6}{c}{[1\ 0\ \bar{1}]} \end{array} \quad \text{und} \quad \begin{array}{c|cccc|c} 0 & \bar{1} & 1 & 0 & \bar{1} & 1 \\ 1 & 0 & \bar{1} & 1 & 0 & \bar{1} \\ \hline \multicolumn{6}{c}{(1\ 1\ 1)} \end{array}$$

Vertauscht man die [uvw], so ergibt sich $(\overline{111})$. Zwei Zonenkreise schneiden sich in *zwei* Flächenpolen. (hkl) und $(\overline{hkl})$ sind in der Morphologie zwei zueinander parallele Flächen, die aber nur *einer* Netzebenenschar (hkl) (oder $(\overline{hkl})$) zuzuordnen sind.

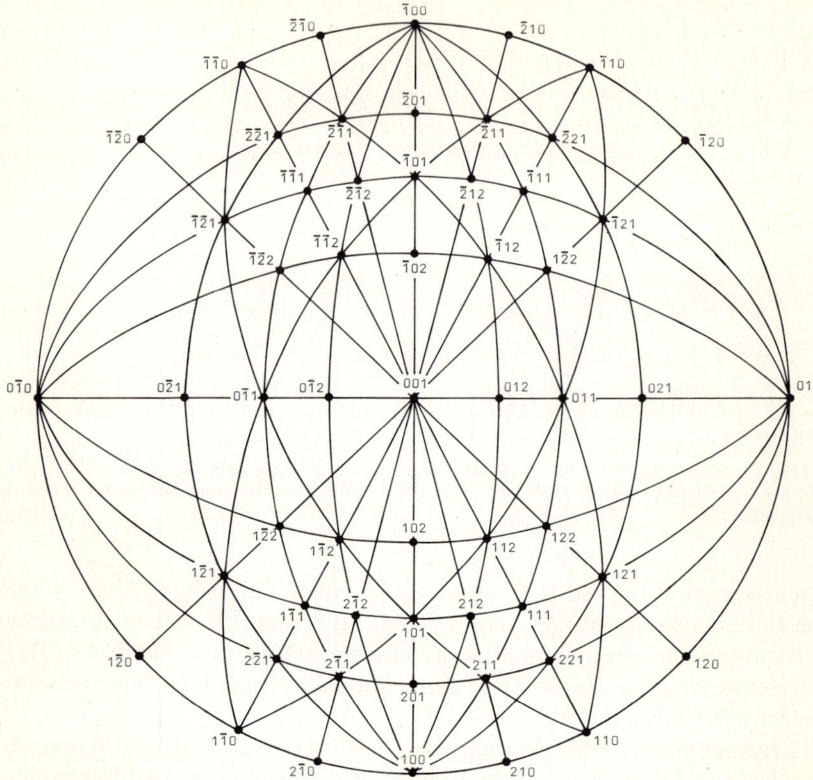

Abb. 15.8. Stereogramm der vom Raumgitter her möglichen Flächenpole eines Topas-Kristalls ($\bar{2} \leq h, k, l \leq 2$). Die ($hk\bar{l}$) sind nicht berücksichtigt

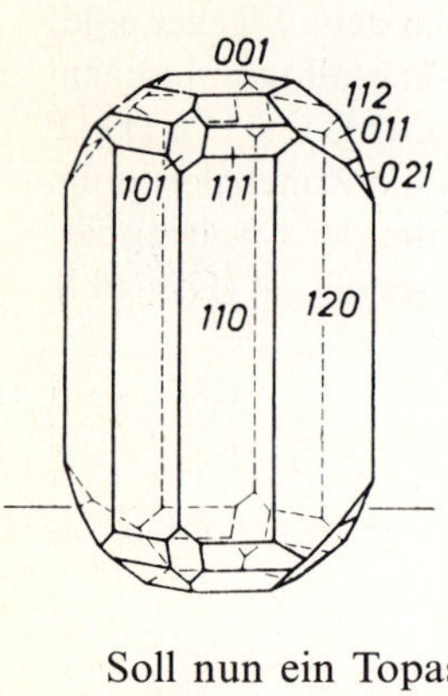

Abb. 15.9. Topas-Kristall. Nach Strunz

Soll nun ein Topas-Kristall anhand des Stereogramms indiziert werden, so müssen nur einige Winkel am Kristall gemessen und mit jenen im Stereogramm in Übereinstimmung gebracht werden.

Die Erstellung eines Stereogramms der Flächenpole für eine Kristallart ist im monoklinen und triklinen Kristallsystem schwieriger, in höhersymmetrischen Kristallsystemen aber erheblich einfacher. Jede kubische Kristallart hat das gleiche Stereogramm der Flächenpole! Die Beziehungen zwischen Flächen und Zonenachsen sind aber in allen Kristallsystemen die gleichen.

15.3 Symmetrie-Elemente

a) Symmetrie-Elemente (Ebenen)

Symmetrie-Element	Gleitkomponente $\lvert\vec{g}\rvert$	Symbol	Graphisches Symbol ⊥ Projektionsebene	Graphisches Symbol ∥ Projektionsebene[4]
Spiegelebene Symmetrieebene	—	**m**		
Gleitspiegelebenen mit axialer Gleitkomponente	$\frac{\vec{a}}{2}$	**a**		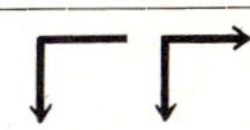
	$\frac{\vec{b}}{2}$	**b**		
	$\frac{\vec{c}}{2}$	**c**		
Gleitspiegelebenen mit diagonaler Gleitkomponente	$\frac{\vec{a}+\vec{b}}{2}$	**n**		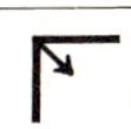
	$\frac{\vec{a}+\vec{c}}{2}$			
	$\frac{\vec{b}+\vec{c}}{2}$			
	$\frac{\vec{a}+\vec{b}+\vec{c}}{2}$[5]			
„Diamant"-Gleitspiegelebenen	$\frac{\vec{a}\pm\vec{b}}{4}$	**d**		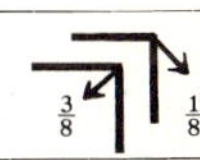
	$\frac{\vec{a}\pm\vec{c}}{4}$ $\frac{\vec{b}\pm\vec{c}}{4}$ $\frac{\vec{a}\pm\vec{b}\pm\vec{c}}{4}$[5]			

[4] Angaben über die z-Koordinate nur dann, wenn sie von 0 und $\frac{1}{2}$ abweicht.
[5] Nur im tetragonalen und kubischen Kristallsystem

b) Symmetrie-Elemente (Achsen)

Symmetrie-Element	Schraubungs-komponente $\|\vec{s}\|$	Symbol	graphisches Symbol
einzählige Drehachse	—	**1**	
Inversionszentrum Symmetriezentrum	—	$\bar{1}$	○
zweizählige Drehachse	—	**2**	 ⊥ Projektions-ebene
			⟶ ‖ Projektions ebene[4]
zweizählige Schraubenachse	$\frac{1}{2}\|\vec{t}\|$	2_1	 ⊥ Projektions-ebene
			⇀ ‖ Projektions-ebene[4]
dreizählige Drehachse	—	**3**	▲
dreizählige Drehinversionsachse	—	$\bar{3}$	△
dreizählige Schraubenachsen	$\frac{1}{3}\|\vec{t}\|$	3_1	
	$\frac{2}{3}\|\vec{t}\|$	3_2	
vierzählige Drehachse	—	**4**	■
vierzählige Drehinversionsachse	—	$\bar{4}$	
vierzählige Schraubenachsen	$\frac{1}{4}\|\vec{t}\|$	4_1	
	$\frac{2}{4}\|\vec{t}\|$	4_2	
	$\frac{3}{4}\|\vec{t}\|$	4_3	
sechszählige Drehachse	—	**6**	⬢
sechszählige Drehinversionsachse	—	$\bar{6}$	

Symmetrie-Elemente (Achsen)

Symmetrie-Element	Schraubungs-komponente $|\vec{s}|$	Symbol	graphisches Symbol
sechszählige Schraubenachsen	$\frac{1}{6}\,c_0$	6_1	
	$\frac{2}{6}\,c_0$	6_2	
	$\frac{3}{6}\,c_0$	6_3	
	$\frac{4}{6}\,c_0$	6_4	
	$\frac{5}{6}\,c_0$	6_5	

15.4 Berechnung von Atomabständen und Winkeln in einer Kristallstruktur

Bestimmte Atomabstände und Winkel zwischen besonderen Bindungsrichtungen sind oft von großem Interesse.

Atomabstände: Die Berechnung des Abstandes l zwischen den Atomen A in x_1, y_1, z_1, und B in x_2, y_2, z_2 kann nach den unten angegebenen Formeln erfolgen:

Kristallsystem	l
triklin	$\{(\Delta x)^2 a_0^2 + (\Delta y)^2 b_0^2 + (\Delta z)^2 c^2 + 2\Delta x \Delta y\, a_0 b_0 \cos\gamma +$ $+ 2\Delta x \Delta z\, a_0 c_0 \cos\beta + 2\Delta y \Delta z\, b_0 c_0 \cos\alpha\}^{1/2}$
monoklin	$\{(\Delta x)^2 a_0^2 + (\Delta y)^2 b_0^2 + (\Delta z)^2 c_0^2 + 2\Delta x \Delta z\, a_0 c_0 \cos\beta\}^{1/2}$
orthorhombisch	$\{(\Delta x)^2 a_0^2 + (\Delta y)^2 b_0^2 + (\Delta z)^2 c_0^2\}^{1/2}$
tetragonal	$\{((\Delta x)^2 + (\Delta y)^2)\, a_0^2 + (\Delta z)^2 c_0^2\}^{1/2}$
trigonal, hexagonal	$\{((\Delta x)^2 + (\Delta y)^2 - \Delta x \Delta y)\, a_0^2 + (\Delta z)^2 c_0^2\}^{1/2}$
kubisch	$\{((\Delta x)^2 + (\Delta y)^2 + (\Delta z)^2)\, a_0^2\}^{1/2}$

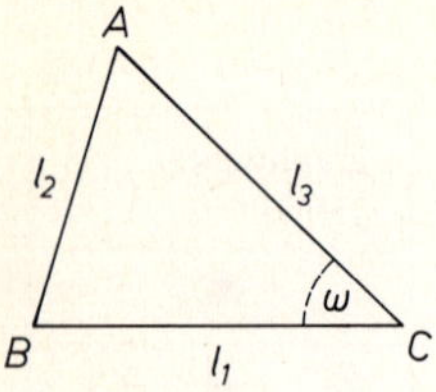

Abb. 15.10. Das von den Atomen A, B und C gebildete Dreieck

Winkel: Der Winkel ω, den die Atome ACB miteinander bilden (Abb. 15.10), läßt sich am zweckmäßigsten berechnen, wenn man im Dreieck ABC die Abstände l_1, l_2 und l_3 bestimmt und dann den Cosinus-Satz verwendet:

$$\cos\omega = \frac{l_1^2 + l_2^2 - l_3^2}{2\, l_1 l_3}$$

Aufgabe 15.1. Zeichnen Sie ein Stereogramm der Flächenpole eines Rutil-Kristalls. Die Gitterkonstanten können der Tab. 9.4 entnommen werden. Vergleichen Sie das Stereogramm mit dem Kristall in Tafel 8.15.

Literaturverzeichnis

Dieses Verzeichnis erhebt keinen Anspruch auf Vollständigkeit. Es gibt nur einige Hinweise auf weiterführende Lehrbücher und Tabellenwerke, insbesondere die im Text zitierten:

1. Azâroff, Leonid V.: Elements of X-Ray Crystallography. New York St. Louis San Francisco Toronto London Sydney: McGraw-Hill Book Company 1968.
2. Bhagavantam, S.: Crystal Symmetry and Physical Properties. London New York: Academic Press 1966.
3. Bijvoet, J. M., Kolkmeyer, N. H., Macgillavry, C. H.: X-Ray Analysis of Crystals. London: Butterworths Scientific Publications 1951.
4. Bloss, F. D.: An Introduction to the Methods of Optical Crystallography. New York: Holt, Rinehart and Winston 1961.
5. Bloss, F. D.: Crystallography and Crystal Chemistry. New York Chicago San Francisco Atlanta Dallas Montreal Sydney: Holt, Rinehart and Winston, Inc. 1971.
6. Buchwald, E.: Einführung in die Kristalloptik. Berlin: W. de Gruyter & Co. (Sammlung Göschen) 1952.
7. Buerger, M. J.: X-Ray Crystallography. New York: John Wiley & Sons, Inc. 1949.
8. Cullity, B. D.: Elements of X-Ray Diffraction. Reading Massachusetts London: Addison-Wesley Publishing Company Inc. 1956.
9. Donnay, J. D. H. and Ondik, H. M.: Crystal Data.
   Vol. I: Organic Compounds 1972.
   Vol. II: Inorganic Compounds 1973.
10. Dreyer, W.: Materialverhalten anisotroper Festkörper. Wien New York: Springer 1974 (Applied Mineralogy Vol. 7).
11. Evans, R. C.: An Introduction to Crystal Chemistry. Cambridge: University Press 1966.
12. Fischer, E. Einführung in die mathematischen Hilfsmittel der Kristallographie. Freiberg: Bergakademie – Fernstudium 1966.
13. Hermann, C.: in Internationale Tabellen zur Bestimmung von Kristallstrukturen Bd. 1. Berlin: Gebrüder Bornträger 1935.
14. Jaffe, H. H. and Orchin, M.: Symmetrie in der Chemie. Heidelberg: Dr. Alfred Hüthig 1967.
15. Johnson, A.: in: Seifert, H.: Strukturgelenkte Grenzflächenvorgänge in der unbelebten und belebten Natur. Braunschweig: Vieweg 1971.
16. de Jong, W. F.: Kompendium der Kristallkunde. Wien: Springer 1959.
17. Kirsch, H.: Applied Mineralogy. London: Chapman & Hall and Science Paperback 1968.
18. Kitaigorodskii, A. I.: Organic Chemical Crystallography. New York: Consultants Bureau 1961.
19. Kleber, W.: Angewandte Gitterphysik. Berlin: W. de Gruyter & Co. 1960.
20. Kleber, W.: Einführung in die Kristallographie. Berlin: Verlag Technik 1973.
21. Krebs, H.: Grundzüge der Anorganischen Kristallchemie. Stuttgart: Ferdinand Enke 1968.
22. Landolt-Börnstein: Kristallstrukturdaten anorganischer Verbindungen (Bd. 7). Berlin Heidelberg New York: Springer 1973.
23. Meyer, K.: Physikalisch-chemische Kristallographie. Leipzig: Deutscher Verlag für Grundstoffindustrie 1968.
24. Nye, J. F.: Physical Properties of Crystals. Oxford: Clarendon Press 1957.
25. Ramdohr, P. und Strunz, H.: Lehrbuch der Mineralogie. Stuttgart: Ferdinand Enke 1967.
26. Read, W. T.: Dislocations in Crystals. New York Toronto London: McGraw-Hill Book Company, Inc. 1953.
27. Stout, G. H. and Jensen, L. H.: X-Ray Structure Determination. London: The Macmillan Company Collier-Macmillan Limited 1972.

28. Strukturberichte. Leipzig: Akademische Verlagsgesellschaft 1931–40.
29. Structure Reports. Utrecht: N. V. A. Oosthoek's Uitgevers Mij, ab 1956.
30. Strunz, H.: Mineralogische Tabellen. Leipzig: Akademische Verlagsgesellschaft Geest & Portis KG 1966.
31. Tables of Interatomic Distances and Configuration in Molecules and Ions. London: The Chemical Society 1958 (Supplement 1965).
32. Wells, A. F.: Structural Inorganic Chemistry. Oxford: Clarendon Press 1962.
33. Wilke, K.-Th.: Kristallzüchtung. Berlin: Deutscher Verlag der Wissenschaften 1973.
34. Winkler, H. G. F.: Struktur und Eigenschaften der Kristalle. Berlin Göttingen Heidelberg: Springer 1955.
35. Wooster, W. A.: Experimental Crystal Physics. Oxford: Clarendon Press 1957.
36. Wyckoff, R. W. G.: Crystal Structures. New York London Sydney: John Wiley & Sons 1963 (Vol. 1) bis 1971 (Vol. 6).
37. Zeman, J.: Kristallchemie. Berlin: W. de Gruyter & Co. (Sammlung Göschen) 1966.

Sachverzeichnis

Springer-Verlag
Berlin
Heidelberg
New York

C. W. CORRENS

Einführung in die Mineralogie

Kristallographie und Petrologie

Unter Mitwirkung von J. Zemann und S. Koritnig

2. Auflage. 1968. 391 Abbildungen und 1 Tafel.
XII, 458 Seiten.
Gebunden DM 58,—; US $23.80
ISBN 3-540-04070-6

Aus dem Vorwort

Eine Darstellung der unter dem Begriff „Mineralogie" zusammengefaßten Wissensgebiete erscheint heute bei der rapiden Entwicklung dieser Gebiete besonders notwendig. Die Erweiterung unseres Wissens hatte zur Folge, daß der Stoff der seit langem vergriffenen ersten Auflage völlig neu bearbeitet werden mußte. Der erste Teil wurde von Professor Zemann revidiert. Hier wie auch im zweiten Teil wurde bei der Aufnahme der neuen Ergebnisse und Probleme das herausgearbeitet, was dem Autor im Sinne einer „Einführung" grundsätzlich wichtig erschien, nämlich das, was der Student braucht, um wissenschaftlich weiterzuarbeiten. Es wurde nicht einfach nachgetragen, sondern manches aus der ersten Auflage ausgeschieden, um Platz für Neues zu schaffen. Der Umfang wurde nicht wesentlich vermehrt.

Inhalt

Kristallographie: Kristallmathematik. Kristallchemie. Kristallphysik. Kristallwachstum- und Auflösung. – Petrologie: Einige physikalisch-chemische Grundlagen. Die magmatische Gesteinsbildung. Verwitterung und Mineralbildung im Boden. Die sedimentäre Gesteinsbildung. Die metamorphe Gesteinsbildung. Geochemische Ergänzung. – Anhang.